韩念勇　刘书润

恩和　额尔敦布和

著

对话尘暴

中国科学技术出版社

· 北 京 ·

图书在版编目（CIP）数据

对话尘暴 / 韩念勇等著. —北京：中国科学技术出版社，
2018.4
ISBN 978-7-5046-7779-2

Ⅰ．①对… Ⅱ．①韩… Ⅲ．①草原保护－生态环境保
护－研究－中国②尘暴－研究－中国Ⅳ．①S812.6
②P425.5

中国版本图书馆CIP数据核字（2018）第002447号

责任编辑	张金　汪晓雅
版式设计	金彩恒通
责任校对	杨京华
责任印制	马宇晨

出　　版	中国科学技术出版社
发　　行	中国科学技术出版社发行部
地　　址	北京市海淀区中关村南大街16号
邮　　编	100081
发行电话	010—62173865
传　　真	010—62173081
网　　址	http://www.cspbooks.com.cn

开　　本	787mm×1092mm　1/16
字　　数	320 千字
印　　张	27
版　　次	2018年4月第1版
印　　次	2018年4月第1次印刷
印　　刷	北京长宁印刷有限公司

书　　号	ISBN 978-7-5046-7779-2/P·195
定　　价	58.00元

（凡购买本社图书，如有缺页、倒页、脱页者，本社发行部负责调换）

序

"20世纪以来我国北方强沙尘暴呈急剧上升趋势，50年代发生5次，60年代发生8次，70年代发生13次，80年代发生14次，90年代发生23次。21世纪初我国沙尘暴加剧，2000年沙尘暴发生15次，2001年发生18次。2002年发生11次……2013年春季共出现了7次沙尘天气过程。"

—— 摘自《北京尘暴与环境》

沙尘暴是当今重要的全球环境问题之一。而草原退化又是沙尘暴的起因之一，反过来发生在草原的沙尘暴也是草原环境恶化程度的一个重要指示。2000年前后频繁发生在内蒙古草原的沙尘暴促成了国家对草原生态治理的巨大投入和一系列有关草原生态政策的出台，同时也牵引着人们对其成因展开深入探究。因而也才有了本书的问世。

沙尘暴只是结果和现象，它的发生潜藏在社会文化经济的变迁之中。本书的几位著者从草原生态状况的演化、变迁中的草原文化、经营体制的转变、土地制度的变更，四个方面讨论了内蒙古草原上的沙尘暴发生的背景、过程和原因，并提出了一些鲜见的看法。这是本书的重要内容组成。本书的另一重要内容是通过访谈形式，由几位著者将发生在内蒙古草原的沙尘暴与发生在美国西部大平原的沙尘暴进行的对比性思考，这已在本书的题目上有所显示。问题是为什么本书的结构采取了这样的设计？

沙尘暴 —— 这个当它袭来时能把一切都吞噬于其中的生态灾难，已经发生在地球的许多地方，成为一种标志性的环境事件，给受其影响地区人民的生产和生活造成了难以估计的损失。人们不免要通过对这些地区的类比来探讨它产生的缘由，以便遏制它的再发生，这是人类面对这一灾难自然要去做的一件事情。本书所述仅仅是进行这种类比和探究的一个初步尝试。由于条件所限，本书著者无法对内蒙古草原和美国大平原这两个地区做系统全面的对比研究，更无条件去美国大平原进行实地考察，但是好在有关美国大平原沙尘暴已经有了诸多现成的历史记述，其中以历史学家唐纳德·沃斯特所著的《尘暴》《在西部的天空下》等为代表的几部书，是我们所见到的对美国大平原沙尘暴做出的最为翔实和思考最为深刻的记录。这使我们得以用"偷懒"的方式做一个大概的思考性的对比。尽管这样的对比是极为粗线条的，但是我们还是感到有其不可取代的作用。因为，通过比较我们可以清醒认识面临的类似问题，并对我们解决同类问题能有更明确的方向，哪怕通过这样的对比只是提供一些观察和思考的新视角也是有益的。特别是当这种对比集中于教训的汲取，而不是浮于对先进经验的学习和照搬，其意义就有了不同寻常之处。

在沃斯特看来美国西部大平原是地球上一个绝好的实验室，那里发生着具有世界意义的故事。因此他也希望他所讲述的美国西部的故事能在中国赢得众多关注生态问题的读者。沃斯特所说的"世界意义"指的是什么呢？发生在世界各地的沙尘暴或许已经给了我们答案：人类必须学会与自然打交道。许多日常看似千真万确的发展信条都是在无视自然的情况下被奉若圭臬的。一旦回归真实的自然，那些千真万确的信条便免不了被打折扣。在150多年前美国对西部地区第一次颁布了宅地法，在废除奴隶制赋予个人自由方面不可否认这是社会的一次巨大进步。然而几十年过后这一地区发生的震惊世人的尘暴，引发了对宅地法的尖锐质疑，而后政府又颁布了土地新政。尽管新政在沃斯特看来也未能根治大平原的生态问题，但是毕竟一个曾经被忽略了的重要维度 —— 自然生态的维度，开始被纳入人们的视域，它比社会、经济维度更为终极。缺失了这个维度的所有信念都不可避免地会遭到来自大自然的"质疑"。如今，发生在中国内蒙古草原的故事同样不例外，也同样会对世界具有意义，这便使我们产生了梳理和讲述中国内蒙古草原故事，并展开一次与美国大平原尘暴对话的念头。在内蒙古草原许多彰显进步的美好故事正在发生，但同时生态状况却令人日益堪忧，沙尘暴在当地已经成为司空见惯，其外部性的阴影也并未消除。尽管内蒙古草原与美国大平原在许多方面都不可完全类比，但是从反思的意义上，这两个地区出现了殊途同归的特征。这或许是人类步入生态文明过程中的一种必然现象。虽然无法苛求前人在历史局限中去预见他们所做的事情将可能带来的负面结果，但是当事情发生后则没有理由拒绝从教训中学习和获取纠错的能力。反思就是学习和纠错过程的必要一步。

我们在此书用了绝大部分篇幅讲述内蒙古草原的故事，目的是尽量将发生在那里的事情抒出一个较为清晰的轮廓。尽管我们如此设想却仍难免到挂一漏万。一是因为草原放牧业是一个依赖于自然的生产系统，是一个巨大而复杂的系统，其中充满着未知和不确定性，我们对它的认识总是十分有限的。二是由于发生在内蒙古草原的剧烈的社会经济转型还在进行之中，所有的事物都在变化之中，而一切变化都不断为认识这个复杂系统提供新的视角，这使我们总是处在学习的过程中。正如同沃斯特对美国西部大平原的定义：这是"一片我们一直未真正学会与之和平共处的土地"。

也正是由于处在向大自然不断学习的过程之中，本书在保持各位著者的着眼角度和叙事风格的同时，也保持了他们各自的观点，包括对同一事物的不同看法（尽管这样的情况不多），以提供更多的看问题的视角。对此顺便做一说明。

本课题是北京人类生态工程学会的"深度对话"项目之一，也是又一关于草原话题的出版物。在此特向白爱莲老师和她的同事们对本课题的支持和帮助表示感谢。也向长期关注草原的学会负责人张小艾、顾龙沙、苏琳真给予的多方面支持表示感谢。

韩念勇

2017年11月

目 录

文·化·篇

生·态·篇

制·度·篇

土·地·篇

简述：美国大平原尘暴历史与反思

文 / 郑宏

"每个国家都必须从别的国家所犯的环境错误中接受教训。"

—— 唐纳德·沃斯特

《尘暴 —— 1930年代美国南部大平原》，作者唐纳德·沃斯特向我们讲述的不只是美国大平原的黑风暴的故事，它更像是对20世纪30年代那个充满了黑色、绝望、末日的时段的追忆与总结。1934—1936年，美国中西部地区遭遇有气象记录以来的最严重的大旱，风暴刮起农田土壤变成尘土飞扬得到处都是，大量居民迁徙逃亡。史称"Dust Bowl"，灰碗，意思是尘暴像个碗一样罩着大地。

在20世纪30年代美国水土保持局（the Soil Conservation Service）编制的一个地区范围的所有尘暴的发生频率表中，记载着当时的尘暴严重程度：以能见度不到一英里为准，1932年为14次，1933年38次，1934年22次，1935年40次，1936年68次，1937年72次，1938年61次，1939年30次，1940年17次，1941年17次。之后，在几年风调雨顺后，大平原再次遭遇旱灾，尘暴卷土重来，1945年1次，1952年10次，1974和1976年多次发生。

历史总是在不断重演，20世纪30年代在美国大平原上发生的被沃斯特称为"末日"的这一幕，70年后在中国重现，甚至愈演愈烈。就像沃斯特在《尘暴》一书的前言中强调的那样"每个国家都必须从别的国家所犯的环境错误中接受教训。"到底是什么导致了尘暴？ 占主要因素是人为还是归结于气候的干旱？人类是否能够依靠技术来医治被破坏的生态？下面是《尘暴》一书及沃斯特的另一本书《自然的经济体系》中对那段历史的叙述和分析摘要。其后则是四位中国学者对内蒙古牧区从传统文化、经营制度沿革、生态状况及重要的土地制度的论述，希望能够通过这种比较给我们正在经历的尘暴带来一些思考和启发。

虽然黑风暴从1900年左右就开始袭扰美国大平原，并一直持续到20世纪70年代，不过《尘暴》一书则主要讲述的是20世纪30年代尘暴集中爆发的十多年时间。用他的话来说，"1934年春天，风突然变成了一个恶魔"。

4月14日，一场来自北方的巨大黑色尘暴翻滚着冲向得克萨斯，它在一个巨大的碗中旋转和滚动，使太阳暗淡，随风而来的高达20英尺①的沙尘遮盖了大地。5月10日，另一场巨大的风暴东移到了芝加哥，在这个城市倾泻了200万吨大平原的尘土。

1932年，1913年，甚至1894年和1886年都发生过严重的尘暴，但是每次都仅限于当地，没有如此凶猛和狂烈。20世纪30年代的风暴意味着到处都是尘土。1934年受影响的是22个地区，1935年为40个，1937年68个，1939年是72个。在西部平原上肯定出了根本性的严重问题。

大风之后就是严重干旱，这种干旱对当地原生草更具破坏性，对农作物的破坏尤其大。在堪萨斯的托马斯县，1933年、1935年、1936年和1940年，小麦颗粒无收，在这些年间的年份里，平均产量最多也只是旱灾前年产量的三分之一。到1935年，美国这个自诩为全世界面

---

① 1英尺＝0.3048平方米

包篮的国家也被迫从其他国家进口小麦了。

随着干旱和尘土，大批移民从得克萨斯涌向加利福尼亚，1935到1939年，尘暴难民总数为30万人。

在这一切发生之前，大平原是属于野牛和放牧业的，1862年5月，林肯签署了《宅地法》，规定每个美国公民只交纳10美元登记费，便能在西部得到160英亩土地，连续耕种5年之后就能成为这块土地的合法主人。这一措施从根本上消除了南方奴隶主夺取西部土地的可能性，同时也满足了广大农民的迫切要求，农业开始进入大平原，并在持续耕作中渐渐孕育了尘暴的发生。

19世纪70年代初，白人家庭开始定居在原定的印第安保留地。当1903年俄克拉荷马成为一个州的时候，农场中一半以上是由佃农耕种的小块土地，到1935年则超过了60%。这些佃农们曾经在南方留下了粗放耕作和榨干地力的劣迹，现在又在迅速滥用着俄克拉荷马的土地。他们破坏了土地的表层土壤，但也因此断送了维持自己生计的任何可能的机会。

在沃斯特的叙述中，众多佃农们对地力的压榨使得土地的表层土壤被破坏掉，引起干旱，而新兴的生产机器的普及则推动了人口的流动。但是使这些人离开他们的土地投向西海岸的工厂式农场的并不仅是旱灾和尘土，沃斯特认为，主要原因是社会力量。

在尘土弥漫的10年的前半期，约有15万人迁出了大平原。不是旱灾而是机器把这些农民中的大部分赶出了家园，但是为其自尊，很容易把他们的不幸归咎于大自然。一场巨大的人类悲剧发生在尘暴的年代。尤其在南部大平原上，飘动的尘土经常与破产和福利携手并进。1935年，在这个地区的一些县里，有多达80%的家庭依靠救济生活，从1934年到1936年间，有500万英亩的土地遭到严重风灾，到1938

年，这个数字升至900万英亩①，涉及5100万英亩的区域。

尘暴的原因十分复杂，文化因素多于自然因素，而且肯定不能用旱灾这个事实来概括。正是人对草原的破坏导致尘土到处飞扬。通过犁出长长的笔直的犁沟这类愚蠢的实践，大片原野被剥去了植被，用单一的经济作物取代了比较多样化的植被生命，而且最重要的是，毁掉了原有的天然草甸——一种不可缺少的抵御风和干旱的保护层。是农民自己无心地引发了他们所遭受的大部分贫困和障碍。

沃斯特将尘暴这场生态灾难与社会灾难联系在了一起，在他看来，就像资本主义势必会导致经济危机的出现一样，在大平原上，资本主义也势必会导致尘暴的发生。

20世纪30年代是一个资本主义大危机的时代，这在美国，事实上也在全世界都是显而易见的事实。而尘暴，我认为就是同一个危机的一部分。它的形成是因为美国的那种不断膨胀的能量最终触及到了一片多变的边际土地，破坏了那里已经演化出来的脆弱的生态平衡。我们谈论大平原的农场主和耕作以及他们所造成的危害，但这还远远不够。把他们引到这地方来的，是一种社会制度、一套价值观念和一种经济体系。没有一个词能像"资本主义"那样可以充分地概括这些因素了。

资本主义——我坚持认为——一直是这个国家利用自然中的决定因素。为了更充分地认识这种利用，我们必须说明尘暴是怎么和为什么发生的，就如同我们从1929年股票市场危机和随之而来的工厂停工的角度，去分析我们的财政和工业发展问题一样。在亚当·斯密看来，它是一种从封建主义的束缚中解脱出来的经济体系——一种制

①1英亩＝4046.86平方米

造、购买和销售东西的"天赋的自由权"。

土地在这种文化中，和在其他任何一种文化中一样，是按照一定的特许方式所理解和使用的。

我们可以把它们概括为三句名言：

1．自然必须被当作资本。树木、野生动物、矿产、水以及土壤，都只不过是既可以开发也可以被运载的商品，因为它们的归宿就在市场；

2．为了自身不断地进步，人有一种权利甚至是义务去利用这个资本；

3．社会制度应该允许和鼓励这种持续不断的个人财富的增长。社会团体的存在是帮助个人发展并承担环境的代价。

美国农业在世界上一直是具有极大的诱惑力的，即使对那些声音是按照不同的原则生活的国家也是如此。在一个较稳定的自然区域，这种农业对土地的滥用可能会不受阻碍地延续很长时间。但是在大平原，冒险的成分要比他们在这个国家任何别的地方都要高，资本主义的破坏因素也更具突发性和戏剧性。

美国实际上仍然是一个以企业为本位的社会，它的农业一直朝着亨利·福特的为赚取更多利润而使用机器和大量生产的模式演变，甚至走得更远。我们仍然天真地确认，科学和技术会治愈我们留给地球上的创伤和痛苦，可此时此刻的那些创伤事实上比以往要更多，也更恶化了。

在冷静分析了尘暴发生的社会因素后，沃斯特追述了资本主义带着科学技术及它特有的价值观是如何一步步深入到大平原上的。

19世纪80年代，农夫们来到大平原并开始征服大平原。最终胜利，有待于几种技术发明的完成：铁路、钢犁、风车和铁蒺藜。其中最重要的就是由宅地拥有者花钱投入的几乎是被神化了的技术创作 —— 刚犁的使用。人们自信地认为，钢犁之后接踵而来的就是沃土，并且认为大平原在被开垦之前一直是无生机的，也毫无用途。1881年，一名叫做威尔伯的土地投机商甚至使用了一个充满希望和冒险精神的口号"雨水随犁而前"。

于是，农夫们涌入大平原，1890年，堪萨斯最西部，人口近5万，4倍于1880年，得克萨斯潘汉德尔的居民数量也增加到6倍。接着就是1894—1895年的灾难性干旱，居民们全线撤逃。

按爱德华·希格比的说法，如果实行的是西班牙-墨西哥式的土地赠授系统而不是1862年的《宅地法》，这些大平原上的旱灾的结果就不会是那样近于毁灭性的。早在1825年墨西哥政府就倾向于在这个地区建立一种放牧而非种植的经济体系，向每个同意成为农场主的居民提供4000英亩土地，认为放牧是利用这篇短茎草地区的唯一安全的方式。然而美国政治体制不会容忍这种"封建"的非民主的政策。

但是在1895年的干旱之后，1900年后雨量出奇充足，造成了大平原上的再一次繁荣期，包括政府都对"新型干旱农业"充满了信心。随着战争爆发，出现了"为美国种植小麦"的动力。这种爱国主义的压力加上价格吸引力，迅速取得了效果。1918年美国比前一年多收获了1400万英亩小麦，其中很大部分给了欧洲盟军。农场主们将钱更多投资到土地和种庄稼的机器上去。然而随着停战，繁荣的市场突然间崩溃，但是要挽救战后10年的危机就必须加倍投资的观念，使得大批拖拉机、康拜因及卡车来到了大平原。

1925年到1930年，更多草甸被开垦，而因为粮食市场价格过低，大量的田地又被撂荒，任其风蚀。同时保留原生草和用作放牧的土地越来越少，而且这一小部分也很快出现了过度放牧的问题。

为了应对尘暴，20世纪30年代的美国，从公众到政府都做出了各种努力，而这些努力却收效甚微，沃斯特认为，症结恰在于无法改变的资本主义的价值观及发展方向上。

1934年春天，公众中开始出现各种试图解决尘暴的提议，最直接的做法就是将"灰碗"覆盖起来。有人提议用防水纸，也有公司推荐5美元一英亩的"柏油乳液"，有人建议用混凝土将地面覆盖起来并留出洞用以播种，或者从山里拉石头来盖上它，还有人提议将东部城市的煤灰、垃圾、森林里的落叶运到大平原上穿凿一个保护层，恢复土壤里有黏性的腐殖质。甚至有些人建议树立250英尺①高的混凝土或木质的导风板，将风引走，或者建立松树、紫苜蓿、灌木等的防护带。

对于大平原的居民来说，解决问题的关键就是水。一个得克萨斯的牧场主希望用天然气管道把密西西比河泛滥的洪水引到大平原来。深井灌溉是另一种解决方案，据说，5000个深井只需要花费1750万美元。还有一些满怀希望的造雨者，用各种"科学"方法试图从无云的天空引出雨来。

罗斯福的顾问们制定了一个比较平缓但也比较昂贵的大平原规划。1934年国会拨款52500万美元用于赈济旱灾，其中最大的一笔27500万美元给了牧牛人，用于提供紧急饲料贷款，收购濒死的牲畜，并将这些牲畜宰杀制成罐头分给穷人。另外这个计划还收购不宜耕种的土地，把农村人口安置到较好的环境中，为青年人创建志愿劳动营，为新作物提供种子贷款。罗斯福则提出了"防护林带规划"。

20世纪30年代，美国政府购买了被风灾严重破坏的近600万英亩土地，并努力尽快使其稳定。1934年《泰勒放牧法》在国有土地中保留了另外8000万英亩土地租给牧场主，从而一举废止了宅地法。另一部分努力是用凿子和起垄机翻起沉重的土块以固定尘土，并在一些区域种植防护林。1935年联邦政府实施的紧急"起垄"计划，在开出又深又宽的犁沟的同时，把土翻成高起的田垄，创造出一种灯芯绒一样的地面来缓解风蚀，农场主必须不断犁地以保持田垄。根据1936年土壤保护和家畜分配法案，有200万美元被用在这项工作上。1937年尘暴地区的农场主们共起垄800多万英亩。到1941年，大平原已经组织起了75个土壤保护区。

1936年，大平原委员会提交了一份《大平原的未来》的报告，其中认为，尘暴完全是一种人为的灾害，是由于过去错误地把一种"不适于大平原的农业系统强加在这个地区"的产物。并提出警告，如果不结束这种改造自然的状态，这片土地便会变成荒漠，而政府也将无止无休地就赈济和救援实民体出昂贵代价。

滥用大平原的真正根源，不仅是自然科学上的疏忽，更重要的是一系列传统的美国价值使然。按大平原委员会的说法，包括：组合性的工厂或农场比小型的家庭操作更为理想；市场将无限发展；对个人利益的追求和不受控制的竞争有助于社会的和谐；湿润地带的农业实践可以原样照搬到大平原上来。还有那种拓荒者的看法，认为美国丰富的自然资源可以永不枯竭。他们认为，大平原最终需要的是一个彻底的全新的环境观。美国的农场主一定要学会在地球上比较谦虚地行走，要学会使他的经济体系顺从自然体系而不是反其道而行之。

《大平原的未来》切中要害，水土保持局的前官员芬尼尔这样描述接下来的20世纪40年代："几个州通过了资源保护法规，而且证明非常成功。但是当自然危机的压力减轻时，公众的心情又趋于平静，法律被废止了，对土地的掠夺重新开始。"40年的丰沛雨量让人们忘记了曾经的干旱与灰尘，但是20世纪50年代黑风暴卷土重来，再次让大平原陷入困境。

旱灾于1952年夏天再次光临南部大平原，并且带来了另一轮严重尘暴。"污秽的50年代"。这次旱灾比20世纪30年代拖的时间短一点，于1957年结束，但是旱灾延续期间，情况却更加严重。1952年发生了10次大尘暴，1954年再次出现黑风暴，牛群甚至因为过多的可吸入颗粒物被窒息而死。从1954年到1957年，大平原上每年遭风蚀的面积是1934—1937年的两倍。

事情没有完结。1974年，严重的旱灾重返大平原，一直延伸到红杉树的海岸。沙尘又开始飞扬，大部分来自大平原上从前的400万英亩的草地，其中一些自20世纪30年代就不耕作了，却在1972年随着俄国大规模购买小麦又被重新开垦，并且种上了粮食。到1976年2月，已经有1000多万英亩的土地受到严重侵蚀，100多万英亩土地遭受严重破坏。但是1977年雨水再次降下，这段历史又被人们迅速遗忘。

因为深井灌溉时代到来了，就像一位官员在20世纪70年代前期声称的，"我们在大平原上有了一种不受气候影响的农业"。地下水成了最新的致富资源，必须尽快地开发出来，以免别人占了先机。

然而到了20世纪70年代，很多水井干涸了，其他水井的水位也在降低。

在20世纪，草原曾3次被踩躏，并被迫为小麦让出空间。每次扩张之后，再次干旱尘暴就发生了。自然是有极限的，这种极限既没有弹性，也非固定不变，但确实是存在的。新的生态灾难可以被大平原上的人创造出来，而且在规模上要比以前所经历的任何一次都更大。

唐纳德·沃斯特用一个真实的历史过程向我们展示了一场人类与自然之间的两败俱伤的战争。与大多数谈论黑风暴时将注意力集中在人类是如何克服困难让文明在那片土地上存活下来的文章不同，沃斯特把这场灾难的主要责任都归结在了"资本主义的掠夺"上，虽然政府和民众不断使用诸如"起垄法""深耕法""防护带法"等来对抗尘暴的发生，虽然科技不断发展，大机器生产与深机井的使用都提高了劳动生产率，让大平原能够产出更多利润，尘暴的魔咒却如影随形。一次次，土地被开垦滥用 — 干旱 — 尘暴，不断循环重复发生，在这个过程中，人类社会的无限制的发展与自然体系有限制的承载力之间的矛盾被不断激化，就像是近代几十年的一个缩影，人进草退，生态恶化。

美国大平原从大开发之前的充满勃勃生机和富饶产出，到人们不断地开垦耕地，以越来越先进的技术手段抽取更多地下水灌溉田地，资源逐渐耗竭，只用了50年的时间，便导致了最糟糕的人为生态灾难 —— 尘暴。沃斯特在书中指出，把挽救局面的希望寄托于技术的革新，或者是政策的调整是无法解决问题的，一切问题的根源都在于"资本主义"，更确切地说，是资本主义自由发展理念下的民众个人欲望的无限膨胀，以及由此而来的无休止的扩大生产所造成的。"在那里，我们的机制甚至再过一百年，都是不适宜和不匹配的。"沃斯特认为，记录下这段历史的意义和价值也在于此，"这种不适也许正是这个地区最重要的价值 —— 作为一种我们可以从中了解我们的文化漠视生态的模式"。

文・化・篇

文＼恩和

引言

许多人愿意用信息时代、科技时代、物质主义时代等术语，称呼我们的当今时代。但如在更宏观的视野中分析我们的时代，真正起主宰作用的是经济。信息、科学、技术、资本等，都是聚集于经济的周围发挥各自的功能的。因此，我们仍处于经济时代。人们把1776年认定为经济时代的起算年，因为这一年世界发生了足以对未来世纪产生深远影响的三件大事：美国"独立宣言"的签署，为其提供了发展经济的舞台，奠定了推广其价值观的基础；詹姆斯·瓦特的蒸汽机被应用于工业实践，从而打开了工业革命的大门；亚当·斯密《对国民财富的性质和原因的研究》（即《国富论》）一书问世，确立了至今仍在大行其道的那些经济运行原则。

240年来的经济时代，在物质财富的积累、科学技术的进步以及生产力的提高诸方面取得了令人瞩目的成就，进而创造了现代世界体系。但它对整个世界带来的政治、经济、环境、社会、技术方面的严重问题，已不是个所谓"用发展的办法"来解决的"发展中的问题"。

世界政治仍不太平，自由主义、民主制度对每个国家都在产生深远的影响。不管在哪里很难找出其政治意识形态、宪政安排、官僚实践、政府结构或地理边界上没有经历根本转变的一个国家。

因国际经济秩序更加重视私营部门和市场的作用，更强调商业投机，致使财富和权力集中在更少数人的手里，世界被分割成更大的贸易集团。全球化加剧了这一进程，发达国家与落后国家、富人和穷人之间的差距迅速拉大。显然，世界新的经济现实表明：连续增长和扩大的日子已经结束，而调整、节俭、节约的日子已经来到。

自然资源正在以惊人的速度被消耗，可耕地的减少尤为严重。触目惊心的污染、饥荒、贫困和失业，离奇古怪的传染病的扩散，都在说明一个问题 —— 世界性的环境危机正在加剧。

为解决世界范围内出现的这些棘手问题，人们在现代世界体系中翻了个底朝天：现代世界体系的思想、价值、理论、生活方式和意识形态，甚至连历史的陵墓也被挖出来看了看。结果逐渐明确起来的是：看待世界体系的方式出了问题。人们埋头于世界体系的某些特定方面，难以把世界作为一个整体来看待和处理，对一个问题的解决变成另一个更严重问题的成因。经济增长了，环境却被污染了；政治或军事强大了，生态系统却面临了威胁；技术进步了，社会价值却被破坏了。事实上，经济时代维持的时间越长，其结果就越危险，尤其会导致自然环境的进一步恶化，它以惊人的速度继续消耗着世界上更多宝贵的再生性和不可再生性资源，使消费者的需求和期望膨胀至无法满足的程度，使穷富国家和穷富人民之间在收入和财富方面出现更大的差距，无法实现"人性化发展"，最终使全球生态系统整体崩溃的潜在危险进一步加大。著名学者弗里肖夫·卡普拉的精彩论述，触及到了问题的要害：当代的所有难题，无论是经济难题、环境难题、社会难题还是政治和人类难题，都是"同一个危机的不同方面而已，而且这一危机本质上是感知的危机"。即卡普拉把"看"这一要素强调为有效解决问题的先决条件。如何看待我们的世界，即世界观的危机带来了诸多棘手问题。

而世界观的问题恰好是个文化问题。在持续两个多世纪的经济时代，人们用经济世界观认识和对待了世界。经济世界观认为，经济是人类所面临诸多问题的中心，其他问题都属于边缘；经济问题解决了，其他问题都会迎刃而解。以经济和文化这两个推动社会力量之间的关系为例，我们至今还在坚守着把经济归入"基础"，把文化归入"上层建筑"的前人类学观点，一直是把前者作为"因"，把后者作为"果"处理的。一直以来在草原牧区举办的多次文化活动，实际上都是"文化搭台，经济唱戏"。鉴于内蒙古草原牧区的困境，一方面是在同农耕文化间长期互动中形成的，因而属于中国的问题；另一方面是在步入"现代化"期间同外来文化相互碰撞中形成的，因而也属于世界问题的一部分。这说明，以正在形成中的文化世界观为指导，认真分析草原牧区问题的来龙去脉，十分必要。因为人类看待世界的观念，首先体现于他们的土地观和自然观，我们就从此入手，做了一次文化根源分析的尝试。

尘暴现象与文化透视

1 草原治理的效应及其文化根源

内蒙古草原的退化，实际上是从上世纪60年代初才首次发现，随后进入人们视野的一个问题。纵观历代的史料文献，至今未发现类似于当今人们所认识的草原大面积退化问题的描述。这说明，内蒙古草原水草丰美的原貌一直保持到了20世纪50年代初。这是众所周知的第一个事实。与此形成鲜明对照的是，当今内蒙古草原的退化却在近几十年内发生了；加速退化，更是近三十年间凸显的现象。这一点也是众所周知的事实。人们一般认为是自然原因和人为原因的耦合作用导致了草原的退化。但对哪一类人为因素成为草原退化加剧的首要原因，主流观点认为，"超载过牧"是草原加剧退化的首要原因（以下简称为"超载过牧"论），因被官方的认可，这一观点不仅成为社会的主流观点，而且在实践中已成为"唯一原因"。这一类观点指认的责任者，都是养畜人 —— 其中主要是草原牧区的广大牧民。但是，如果以上面提到的两个事实作为前提，单凭常识逻辑，人们就会提出两个问题：

（1）内蒙古高原上延续数千年的草原畜牧业为什么没有导致草原的大面积退化，而这种退化在最近的几十年内却不断加剧了？

（2）草原加速退化的三十年，为什么恰好是出台和实施一系列草原治理政策的三十年？ 难道这是一个偶然的巧合？

持有"超载过牧论"观点的人们没有注意到或根本不愿意看到一个事实：近三十年恰好是出台并实施一系列治理草原退化政策的时段，即退化治理政策的强化时期与草原加速退化时期两者，是相互重叠的。这就产生一个问题 —— 30年来推行的草原牧区政策，究竟发生了何种效应？ 30

年固然在人类历史的长河中只是一瞬间，但对于涉及一个民族地区的政策来说，它已经达到甚至超过了一代人。无论如何，总结成败得失的时刻早已来临。如果这些政策没有达到预期目的，那么是否应当从政策背后的主导文化上，其中首先从决策思想上寻找原因，以期达到总结经验教训，使未来的牧区政策真正贴近牧区的实际？这些就是我们试图探讨的问题。

为使读者清晰理解我们的论述与分析，这里拟对一个常用词语——草原牧区，给出必要的解释。

"草原牧区"一词虽然尚未成为被人们普遍接受的术语，但成为人们在正规场合和日常交流中经常使用的词汇，可能已有二三十年之久了。推敲其含义，首先需弄清"牧区"一词的意义。"牧区"，是晚近时期形成的概念。清朝末期以来内地农耕民族进入蒙地开垦种田的规模逐年扩大，随之在蒙古民族游牧地区内形成了星罗棋布状的诸多村落。20世纪30年代日本人对这一情景的描述中曾出现"半农半牧"这一词语。但直到20世纪40年代末、50年代初，对不同经济—文化类型区推行不同政策的问题提到决策者议事日程之后，"纯牧业地区""游牧地区""农业地区""农村地区""半牧业地区"等不很规范的术语才开始出现。后来的"牧区""农区"和"半农半牧区"等名称，就是从这些词语逐渐演变而来的。但在此过程中却形成了"牧区 = 24个牧业旗"的社会共识。甚至在农业部等部委于1987年联合确定33个旗为牧业旗之后，也许被惯性思维所驱使，人们继续接受了"牧区 = 33个牧业旗"的观念。事实上，20世纪50年代的24个"牧业旗"，不是官方下文命名的行政区划单位，而仅是特指在持续两个多世纪的农耕区域逐渐向畜牧区渗入过程中，其原有畜牧特质得以基本保留或完全保留的蒙古民族游牧地区的别称而已。其中一些旗的地界内，也有以种植业为主的农业村落乃至区（例如西苏尼特旗的新民区），但所占比例不大。另一方面，这24个"牧业旗"以外的旗里，也有一些以游牧业为主，甚至纯游牧业的努图克或巴克（例如，西科前旗的乌兰毛都努图克）。因此，按照20世纪50年代初的自然与社会状况，由24个牧业旗的游牧业区再加上其他旗的游牧业务图克、巴克之后，才是真正的牧区。我们所说的"草原牧区"就是在这种意义上使用的。

2　草原牧区的生态治理政策及其效应

2.1　草原退化的进程与草原治理政策的内涵

从近几十年针对草原牧区所出台方针政策的演进过程看，以追求GDP为核心的经济发展问题逐渐退居次要地位，治理草原退化问题逐渐变为更加重要的政策目标。近几年提出的"生产生态有机结合、生态优先"的基本方针，实际上反映了这一变化。

我们首先梳理一下草原的完好状况在最近的几十年期间发生了何种变化。据草原管理部门的相关资料，20世纪60年代所做的资源调查首次发现，退化草原的面积所占比例达到18%；时过20年，1981—1985年进行的草地资源调查结果却表明，不仅当时内蒙古草原的退化率已经上升至39%，而且整个草原面积比60年代减少了约1.38亿亩，即统计年鉴上一直保留至今的草原面积官方数据的10.4%已经消失；而到了世纪之交，草原的退化比例几乎翻番，攀升到73.5%，而且草原总面积比20世纪80年代还减少了8%。[1]如果按可利用面积计算，

---

① 邢旗、黄国安、敖艳红，"内蒙古草地资源及其利用现状评价"，见额尔敦布和等主编《内蒙古草原荒漠化问题及其防治对策研究》，第42-48页，内蒙古大学出版社，2002年12月。

20世纪50年代初的草原总面积,到世纪之末,已消失24.7%。[1]这些数据表明,内蒙古草原的退化在不断加剧,其完好状况已经受到重创。

我们再看看对草原变化的政策响应。为此,对中国共产党十一届三中全会之后在内蒙古牧区推行的各种名目的政策,可做如下的梳理和分类:

I. "畜草双承包"责任制(1983—1984年)

其内涵是,在推行"牲畜作价,户有户养"的同时,又推行了"草场公有,承包经营"的办法,统称"畜草双承包"责任制。不过对草牧场只承包到联户或浩特,并且是无偿的。

II. 草牧场有偿承包到户的政策(1985—1997年)

决策者们认为,"牲畜作价,户有户养,草场公有,承包经营"的责任制,虽调动了牧民的生产积极性,但也存在不配套、不完善,和由此产生的草牧场责权利不太明确、草原建设后劲不足的问题,变草牧场无偿承包为有偿承包,已成为牧区体制改革的客观要求和必然趋势。1985年9月内蒙古自治区党委、政府颁发的《关于加速发展畜牧业若干问题的决定》中,用政策把草牧场有偿使用问题肯定了下来。

被誉为"实行草牧场有偿承包制度,是畜牧业经济领域的一次深刻变革,是保护草牧场,加快草业建设,促进畜牧业发展的重大措施"的"草牧场管理体制的新一轮改革",经过所谓部分旗的"有偿承包试点"和"现场会",在整个内蒙古牧区全面推行。[2]

1993年,全区推行有偿承包的已有10个盟市、59个旗县、590个苏木乡镇、3998个嘎查、26.9万户牧民、3800万公顷。至此,"草

---

[1] 恩和,"草原荒漠化的历史反思:发展的文化维度",《内蒙古大学学报》(社科版),2002年第2期。
[2] 内蒙古自治区畜牧业厅修志编史委员会,《内蒙古畜牧业发展史》,第242–243、264–265页,内蒙古人民出版社,2000年12月。

原有偿承包在内蒙古牧区、半牧区基本普及"①。

1996年11月20日自治区政府发出《进一步落实完善"双权一制"的规定》("双权"即草原所有权和使用权,"一制"即草原承包责任制),1997年底全区落实草原"双权一制"的有44个旗县市,已承包到户的草场面积为5100万公顷,占全区可利用草场面积的80.27%。②

III."以草定畜,草畜平衡"的政策

内蒙古自治区人大常委会早在1983年7月21日通过的《内蒙古草原管理条例(试行)》中,已经"把实行以草定畜,做到草畜平衡,以法律形式固定下来"。③尽管此项法令的提出本身,在时间上与"草畜双承包制度"几乎同步,两者是相配套的举措;但作为自治区地方标准的《天然草地适宜载畜量计算标准》出台(1990年下半年)④之后,该政策才开始在全区范围内贯彻执行。为加强此政策的执行力度,内蒙古自治区政府于2000年颁布第104号人民政府令——《内蒙古自治区草畜平衡暂行规定》,"草畜平衡"成为各牧业旗每两年核定一次,草原畜牧业生产经营者必须遵守的一项制度。

IV. 21世纪伊始出台的围封禁牧系列政策

与20世纪80年代至20世纪末的牧区政策进程不同,进入21世纪以来的牧区政策,首先以"名目繁多"为特征。我们以这些政策的出台时间为序,将在草原牧区大范围内推行的主要政策大致罗列如下:

①生态移民政策。新世纪伊始(2001年1月4日),内蒙古自治区发展计划委员会向政府申报了《关于实施生态移民和异地扶贫移民试点工程

---

① 内蒙古自治区畜牧业厅修志编史委员会,《内蒙古畜牧业发展史》,第267页,内蒙古人民出版社,2000年12月。
② 内蒙古自治区畜牧业厅修志编史委员会,《内蒙古畜牧业发展史》,第299页,内蒙古人民出版社,2000年12月。
③ 内蒙古自治区畜牧业厅修志编史委员会,《内蒙古畜牧业发展史》,第270页,内蒙古人民出版社,2000年12月。
④ 内蒙古自治区畜牧业厅修志编史委员会,《内蒙古畜牧业大事记》,第206页,内蒙古人民出版社,1997年10月。

的意见》（以下简称《意见》），内蒙古自治区政府于5月23日将其转发各
盟市各单位。该《意见》称："到2000年底……仍有80万绝对贫困人口和
300万未稳定脱贫人口需要继续扶持。这些贫困人口绝大多数分布于荒漠
区或严重缺水区，部分地区甚至已失去了人类生存的基本条件。……扎实
有效地开展生态移民和异地扶贫移民工作，一方面可以减轻迁出区人口压
力，使生态环境得以休养生息。"这便是随后"生态移民65万人口计划"的
由来。

②围封转移政策。据一位决策者的说法，锡林郭勒盟于2001年提
出并开始实施的此项政策，不是简单地把生态恶化地区的草场围起来，
把牧民和牲畜转移出来，以解决局部地区生态问题的权宜之计，而是
经济社会发展全局的战略大计。其内容可概括为"围封禁牧、收缩转
移、集约经营"。①

③禁牧休牧政策。2001年7月13日颁布的《内蒙古自治区天然草
原植被恢复建设与保护项目管理办法（试行）》规定：项目区要严格执
行封育和禁牧、休牧制度，确保项目区草原植被的恢复，巩固项目建
设的成果。2002年9月下发的《国务院关于加强草原保护与建设的若
干意见》中提出的意见 —— "为合理有效利用草原，在牧区推行草原
划区轮牧；为保护牧草正常生长和繁殖，在春季牧草返青期和秋季牧
草结实期实行季节性休牧；为恢复草原植被，在生态脆弱区和草原退
化严重的地区实行围封禁牧"，以及农业部2003年颁布的《休牧和禁
牧规程》，使该项政策成为全国牧区普遍遵循的规范。

④退牧还草政策。2002年10月11日举行的国务院西部开发领导

---

① 内蒙古自治区畜牧业厅修志编史委员会，《内蒙古畜牧业大事记》，第206页，内蒙古人民出版社，1997
年10月。

小组第三次会议指出：在加快退耕还林步伐的同时，要把草原保护提到议事日程上来。要尽快启动"退牧还草"工程，通过实行休牧育草、划区轮牧、封山禁牧、舍饲圈养等措施，促进西部天然草原休养生息，逐步恢复草原植被，把草原建成我国北方的一道天然生态屏障。这是在全国层次上首次出现的以"退牧还草"冠名的政策。内蒙古自治区在上述会议结束只一个月之后（2002年11月22日）以自治区政府办公厅的名义，颁发了《内蒙古自治区退牧还草试点工程管理办法（试行）》，从而成为全国率先推行"退牧还草"政策的省市。不过，该《管理办法》的第一条就出现这样的错误：

为加强和规范退牧还草试点工程的组织、实施和管理，提高工程建设质量和成效，切实搞好退牧还草工程建设，根据《国务院关于进一步做好退牧还林（草）试点工作的若干意见》（国发〔2000〕24号）等有关政策精神，结合我区实际，制定本办法。

其中，所提到的文件（国发〔2000〕24号）的名称应当是"国务院关于进一步做好退耕还林（草）试点工作的若干意见"，即应当是"退耕还林还草"，而不是"退牧还林还草"。

⑤草原生态保护补助奖励政策。2010年10月，国务院决定，从2011年起在全国8个主要草原牧区实施草原生态保护补助奖励机制，中央财政每年将投入134亿元，主要用于草原禁牧补助、草畜平衡奖励、牧草良种补助和牧户生产性补助等。

⑥牧区草原主体功能定位政策。

2.2 政策演进的若干特征及其缘由

如此名目众多、接二连三密集出台的政策，是近30余年政策制定进程的一个显著特征。内蒙古自治区成立以来的68年，可以分为前36年、后32年两个阶段。前36年期间的牧区政策，就是"三不两利""稳、长、宽""禁止开荒，保护牧场""千条万条，发展牲畜第一条"几项。其中除"三不两利"这一民主改革时期的特有政策因其历史使命的结束而后来不需要提及外，其余几项都一直执行到改革开放（文革除外），都是长期坚持的政策。

后32年的牧区政策进程，则与此不同。上文所述的后6项政策，都属于宏观层次即自治区和国家层次的牧区政策。此外还有一些非农业部门在牧区推行的政策（例如，林业部门在牧民的基本草场上实施的公益林保护政策）以及盟、市、旗一级政府自己制定的地方性政策。这一阶段的牧区政策不仅多而杂，而且其中的一些还是内容相似、名称相异的政策。以在2001—2002年密集出台的生态移民、围封转移、禁牧休牧、退牧还草等4项政策为例，其内容本质上没有任何差异，都以转移人口（即生态移民）、转移牧畜（即禁牧休牧）为手段，以期实现"保护草场"目的的举措。因此，完全可以用一个名称将它们统一起来。为叙述的方便，以下我们拟将此4项政策统称为"围封禁牧政策"。那么，为什么这一"围封禁牧政策"拥有了不同名称？只要探究一下它们不同名称的来历就会发现，这些政策原来是出自不同部门的主张。例如，"禁牧休牧"是由当时的畜牧业厅起草的《内蒙古自治区天然草原植被恢复建设与保护项目管理办法（试行）》中首次提出的；"生态移民"是在自治区政府转发发展计划委员会所提交《关于实施生态移民和异地扶贫移民试点工程的意见》提出的；"退牧还草"是国务院西部开发领导小组第三次会议直接提出的；"围封转移"是锡林郭勒盟盟委提出的。这一耐人寻味的现象，值得进一步推敲。

在短期内紧急出台名目繁多的围封禁牧政策，还有一个相对隐蔽的原因 —— 20世纪80、90年代出台和实施的草牧场有偿承包制度和草畜平衡制度，不仅没有达到预期目标，而且草原退化的加剧是与这些政策的贯彻同时发生的。

让我们先看在此期间草原退化的发展。官方资料显示，20世纪80年代中期为39%的草原退化率，到世纪之末却达到了73.5%，退化率增加了34.5个百分点。[1]沙尘天气强度、频率的猛增，更是人所共知的事。过去认为，内蒙古沙尘暴的发源地主要集中在内蒙古西部地区，但至20世纪90年代后期时这个范围已大为扩展。有关资料显示草原牧区沙尘暴的如下动态特征：

1957—2000年（44年）在内蒙古中西部地区共发生193次强和特强沙尘暴，其中：

1957—1989年（33年），大范围沙尘暴次数仅占沙尘暴总次数的1/3；风速≥25米/秒的特强沙尘暴，平均每28.3个月（2年零5个月）才出现一次；其最大风速为28米/秒。

20世纪90年代强度、范围都显著加剧，每两次沙尘暴中就有1次是大范围沙尘暴；风速≥25米/秒的特强沙尘暴，变为平均每14.6个月（1年零3个月）出现一次；仅1998—2000年的3年间，大范围沙尘暴发生7次，其中4次的风速达到30米/秒。[2]

一些超强沙尘暴，打破了历史纪录。巨大的尘团向东移动，袭击东部的省市，所到之处无不遮天蔽日，降低能见度。西风把土壤从中

---

① 邢旗、黄国安、敖艳红，"内蒙古草地资源及其利用现状评价"，见额尔敦布和等主编《内蒙古草原荒漠化问题及其防治对策研究》，第42–48页，内蒙古大学出版社，2002年12月。

② 刘永志、常秉文、邢旗等编著，《内蒙古草业可持续发展战略》，第380–389页，内蒙古人民出版社2006年。

国西部带到朝鲜半岛和日本，那里的人无不抱怨沙尘遮挡阳光，到处蒙上一层灰尘。

步入21世纪后，强沙尘暴还在继续发生。2001年4月18日，《美国国家海洋和大气管理局新闻》登载了"中国沙尘暴袭击美国"的报道；《丹佛邮报》在同一天发表安·施拉德的文章："阴霾：来自中国的最新进口品"。这是因为美国科学家在科罗拉多州博尔德上空10700米处检测到了中国北部刚刚发生过的强沙尘暴的粉尘，报告这次沙尘暴已经来到美国，"从加拿大到亚利桑那都蒙上一层尘土"。落基山丘陵地带的居民，甚至连落基山脉都看不见了。几乎没有什么美国人意识到他们车上的尘土和美国西部的阴霾，实际上是来自中国的尘土。①

至此，人们不禁要问：之前难道没有出台保护草原的政策？当然不是。顾名思义，"以草定畜，草畜平衡"的政策，一定是个草原保护的政策。连"草畜双承包责任制"的政策目标之一，也是保护草原。这一点，从自治区主要领导人于1984年就草原承包到户的问题在《红旗》杂志上发表的题为"谈谈固定草原使用权的意义"的署名文章看，十分清楚。文章写道：

"使经营畜牧业和经营草原紧密挂起钩来，使第一性生产和第二性生产成为一个有机的整体，使生产者在争取获得更多的经济效益的过程中，不得不关心生态效益。归根结底……把同畜与草有关的一切责权利都统一协调起来，以消除由于吃'大锅饭'所产生的各种弊病"②。

显然，当时的决策者们认为只要把草原的使用权"固定下来"即把

---

① 莱斯特·R.布朗著，林自新、戢守志译，《生态经济：有利于地球的经济构想》，第7、53、72页，东方出版社2002年。
② 周惠："谈谈固定草原使用权的意义"，《红旗》，1984年第10期。

"承包制"落到实处，导致草原退化的弊病就得以根除。按此逻辑，之后的更为严峻的退化就不应出现。到1993年，"草牧场有偿承包制度已在全区牧区、半农半牧区基本普及"之后，官方自己评价"取得了综合效益，显示了强大的生命力"。这里所说的"综合效益"，包括经济、社会与生态效益。其中，对已取得的生态效益，做了这样的描述：

> 草牧场有偿承包使用，真正把草原的保护、管理、建设之责植根于千百万牧民家庭之中，对于改变"草原无价、放牧无界、滥牧无妨"的传统观念，对于改变牧民过去用草不管草的倾向，调整草畜矛盾，起到不可估量的作用。①

内蒙古草原牧区推行的草牧场有偿承包责任制上述"效益"，还得到了国家主管部门的肯定。1994年9月6日至10日，国家农业部畜牧兽医司在内蒙古阿鲁科尔沁旗召开全国落实草地有偿承包现场会议，要求全国各地"加大工作力度，力争在较短的时间内"使落实草牧场有偿承包制的工作"有较大进展"。《内蒙古畜牧业发展史》一书对其"进展"描述为：1994年的统计表明，是时，全国已有25个省、市、自治区约7200万公顷草地上落实了不同形式的草地有偿承包责任制，占可利用草地的32%。②

于是，从上述的分析中人们只能得出这样的结论：推行对草原保护起到不可估量作用的政策之后，草原的退化明显加剧，以致出现了惊动全国和世界的沙尘暴。但这显然是个悖论。如果所推行的政策，只要它是起到正面作用的，无须要求它是发挥"不可估量"作用，即

---

① 内蒙古自治区畜牧厅修志编史委员会，《内蒙古畜牧业发展史》，第267页，内蒙古人民出版社，2000年12月。
② 内蒙古自治区畜牧厅修志编史委员会，《内蒙古畜牧业发展史》，第268页，内蒙古人民出版社，2000年12月。

使不能完全遏制草原的退化，也应当减缓退化程度。因此，20世纪
80年代中期所达到的39%的退化率，到20世纪末绝不应反而增长到
73.5%，更不应当出现那些强和特强沙尘暴。但高退化率和强沙尘暴
都没商量地发生了，并且震惊了所有人。经历这场空前洗劫的人们，
在震惊之余，做出了两种反应。一部分人认为问题出在政策上。这部
分人实际上就是在强沙尘暴发生之前就对"草牧场承包到户"政策是否
适合草原牧区的区情，持有异议的人们，只不过在沙尘暴之后更看清
了问题的要害而已。另一部分人则是原有政策的卫士们，其中当然包
括决策者们。不过有意思的是，他们对先前政策的信心也受到了动摇。
他们意识到曾经被他们认为灵丹妙药的政策，也不大灵了，不大管用
了。打个比方说，如果把"草牧场有偿承包责任制"看作一把刀，他们
不想放弃这把刀，因为他们并没有认识到这把刀根本就不能用，而只
认为这把刀不够锋利而已。21世纪初紧急出台（事实上仓促出台）的
名目繁多的"围封禁牧"政策，就是他们新增的几把刀。

2.3　对政策效应的不同评价

在评价政策之前，首先我们应该明确一个问题，就是我们该如何
评价这些草原政策，若按草畜双承包制、以草定畜、围封禁牧这三大
类政策来看，我们是要逐一评价，还是最后对三大政策进行一个总体
评价？在此，笔者认为，只看总体评价就可以，而且后面的围封禁牧
政策的效应实际上就是近三十年来推行的诸项草原牧区政策的总效应。
对其原因，前文已简要提及 —— 因为后面出台的政策是在前面出台
政策被认为"不管用"的情况下制定的。因此，我们只需评价"围封禁
牧"是否起到了遏制退化、保护草原的目的即可。

但是，按照我们的约定，"围封禁牧"包括了"生态移民""围封转移""禁牧休牧""退牧还草"4项政策。鉴于它们是大同小异的政策文件，也不需要逐一评价。我们拟按照"这4项政策中任何一项的效应都是围封禁牧政策的效应"的认定，加以论述和分析。

"围封禁牧"政策从其出台到现在，已经十四五年，其生态效应究竟如何？对此，社会上形成了截然不同的两种评价。

2.4　主流派的评价

"围封禁牧"政策的支持者主要由这些政策的制定者、执行者、媒体人和部分专家学者组成。鉴于政府机关在政策过程中的强势地位，以及主流媒体的舆论优势，人们习惯上称他们为"主流派"。鉴于媒体表示拥护甚至歌颂"围封禁牧"的诸多宣传报道，尚不足以成为此项政策达到预期目的的证据，人们只能从决策者与专家学者们关于政策效果的评价文章中做出判断。我们选择了一篇关于禁牧休牧政策效应的文章。该文对禁牧休牧政策取得的成就，做了如下论证：

随着禁牧休牧轮牧工程的实施，全区草原生态环境逐步改善，取得了明显的生态效益。从2001年与2005年单位面积生物量变化趋势可见，西部地区单位面积生物量从3.3kg/亩[1]增加到8.3kg/亩，增幅为150%；中部地区单位面积生物量从16.7kg/亩增加到35.0kg/亩，增幅为100%；东部地区单位面积生物量从50kg/亩增加到93.3kg/亩，增幅为86%；5年间，草甸草原、典型草原、荒漠草原、荒漠的平均盖度分别提高了15%、15%、4%和3%；天然草原植被明显恢复。[2]

---

① 1亩 = 666.67平方米。

② 纪大才：内蒙古是如何实施禁牧休牧的 —— 在《全国2006年春季禁牧休牧启动仪式》上的发言，2006年4月1日。

我们认为该文是主流观点中的一篇代表作。这是因为：一是它是自治区畜牧业主管部门负责人的讲话，因此它应具有阐述政策效果的严肃性；二是此次发言的场合是由农业部举办的新中国成立以来第一次在全国范围推行禁牧休牧的总动员会场；三是其论证方式具有典型性，证明"围封禁牧"政策已取得"良好生态效益"的文章，几乎无一例外地采取了与这篇讲话相同的论证模式 —— 将围封禁牧之后某一年（通常是一两年）植被的某些指标，同禁牧前相比较。而且许多人在围封禁牧一两年、两三年头上看到"草高了""草原绿了"的景象后，真的以为"植被好转了"，从而认为围封禁牧取得了成效。当时内蒙古自治区领导人在2006年的政府工作报告中宣布的"生态环境实现了'整体遏制、局部好转'的重大转变"的结论，就属于这类思维模式的产物。

2.5 非主流派的观点

为数不少的专家、学者及绝大部分牧民（按习惯说法，以下简称为非主流派）不认同上述评价。在2010年年初自治区领导人就促进牧民增加收入问题而召集的专家座谈会上，与会的30多名专家学者几乎异口同声地指出：自治区生态环境的现状显然没有实现"整体遏制、局部好转"。

需要指出的一点是，主流派的论证在方法论上也是错误的。为说明此问题，我们将内蒙古代表在全国草原禁牧休牧动员大会上的上述论证转写为如下逻辑论证形式：

降水等环境因素没有起到改善草原植被的显著作用。2001年以来推行了禁牧休牧政策。所以，2005年的植被得到了改善。

这是一个由两个前提 ——"降水等环境因素没有改善草原植被的显著作用"和"2001年以来推行了禁牧休牧政策"推导出一个结

论 ——"2005年的植被得到了改善"的逻辑论证形式。其中的第一个前提是隐含的前提，这一点可从内蒙古代表的讲话中完全不提及"降水等环境因素"得到说明。因为植被状况，并不是只有"禁牧"这个单一因素决定的因变量。除禁牧外，还必须考虑诸如降水、光照、温度、风力等环境因素起到何种作用。众所周知，蒙古高原的非平衡生态系统中，降水等环境因素才是决定因素。所以，其第一个前提是个假论述，而至少一个前提是假论述的论证，属于不可靠论证 (unsound argument)。

事实上，尽管2001年和2005年是内蒙古草原牧区的旱年，但1999年、2000年、2001年是连续大旱的三年，并且2001年是近30多年来最严重的旱年。锡林郭勒草原的旱情更为典型。2001年，不仅其西部的整个荒漠化草原，而且部分典型草原在内，近5万平方公里地域内寸草未生①。尽管2005年也是旱年，但其年平均降水量比2001年高几十毫米。包钢等人关于内蒙古1981—2010年降水量的研究，清晰描述了这一情况②

要得到禁牧休牧的改善植被效应，在方法论上必须有两个前提。一是，不能只看一两年、两三年的状况，因为植被是否得到了改善，需要

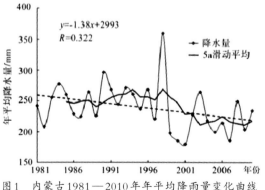

图1　内蒙古1981—2010年年平均降雨量变化曲线

---

① 锡林郭勒盟经验材料——"统筹城乡发展，推进三化互动，保护草原生态，构建生态文明"，2001年。

② 包钢、吴琼、阿拉腾图雅、包玉海，"近30年内蒙古气温和降水量变化分析"，《内蒙古师大学报》（自然科学汉文版），2012年第6期。

较长时期改善的稳定性。二是，用以对照的禁牧区和放牧区之间，除禁牧休牧之外的其他影响植被因素（降水、光照、温度、风力等）都应相同。

据韩念勇团队在阿拉善禁牧区的调查，禁牧三年内的草场植被明显恢复，禁牧三年以上则出现植被枯萎老化现象，时间越长枯萎老化现象越明显。这里列举其中二例：

例1. 阿拉善左旗十三道梁退牧还草项目区禁牧效应考察

草场类型：红砂草场。考察日期：2007年5月22日。

该项目区位于阿拉善左旗东南角，禁牧面积37.3万亩，其中2002年禁牧的面积为16.6万亩。禁牧效应考察者将2002年列入退牧还草项目的一片草场，同其仅以一条公路相隔的放牧区做了对比。因此，对所选定两片对照区而言，只有禁牧与否的不同。

5月下旬，自然放牧的草场已经完全葱绿了，但禁牧5年的草场却黄灰一片，只有走到这枯死般枝条的跟前，绿色的嫩芽虽已露头，却已被虫卵形成的褐色小球覆盖。对牲畜采食可促进牧草的更新这一牧民的常识，决策者们仍不以为然。

例2. 阿拉善左旗吉兰泰镇三队某牧民围封草场的效应考察

草场类型：梭梭草场。考察日期：2007年5月30日。

禁牧区位于2002年列入退牧还草项目的围封草场，围栏外为放牧的草场；

围封禁牧与放牧草场的植被对照表明，春季骆驼采食过的梭梭已经返青一两个月了，封禁区里的梭梭还是枯黄的。对此，牧民反映："围栏里封禁起来的梭梭，其返青越来越晚 …… 照此封禁下去，到项目结束，允许放牧时，这样的草场还有什么用？"①

---

① 项夏，"失去骆驼之后"，《人与生物圈》，2008年第2—3期，第115—119页。

珍珠草场、白刺草场等荒漠地区其他类型的草场中，禁牧的效果也类似于红砂草场和梭梭草场。阿拉善左旗草原站一位业务人员的工作说明，对荒漠草原地区围封禁牧的效应，只要遵循正确的对照方法，谁都能观察到相同的结果。

我们通过应用恢复生态学和草地管理学原理，对项目区内外植被生产力的跟踪动态监测。各类型草场监测结果显示都有的共同表现是：禁牧后前三至四年，禁牧区的主要草场类型，如白刺草场、红砂草场、珍珠草场及梭梭草场，其生物量、盖度、高度、新枝条长度等各项主要指标上都表现出上升趋势，从禁牧后的第四至五年开始其各项指标都显示出下降趋势。①

典型草原地区的禁牧休牧效应如何？刘书润在2004年6月14日对锡林郭勒盟白音锡勒典型草原上1979年和2002年围封的草场同它们围栏外草场进行了比较。其结果为：

围封两年的总产草量（一次剪割量）、羊草比例均有增加，植被向恢复方向发展。1979年围封的总产草量、羊草比例均下降，还不如试验样地外，由羊草演变成大针茅（Stipa grandis）为主。围封区每平方米内的植物物种降为原来的三分之一，而枯草每平方米高达500克，是绿色部分的六倍，六月中旬仍一片枯黄。在科尔沁沙地、呼伦贝尔草甸草原地带，围封五年以上均发生枯草丛生、绿量减少的现象。②

综上所述，对围封禁牧后草场植被的动态变化，非主流派学者们做了如下概括：

---

① 包根晓，"阿拉善左旗荒漠草原禁牧后草地生产力的测定及长期禁牧的不利因素"，游牧与草原保护研究会，2009年10月。
② 刘书润，"退牧还草围封禁牧效果的初步分析"，牧场与草原保护研讨会，2009年10月。

①只凭围封禁牧两三年后的植被长势，不能仓促断定生态效益已经实现。这是因为短期的围封禁牧可促使区域内植物的猛长，但这不是植被改善的标志；这是长期牧压的突然解除后，有些植物突击利用土壤中积累的水分和肥料的结果。从长期看，反而不利于植被的真正改善。

②如果长期围封禁牧，草甸草原和典型草原的围封超过5年，荒漠草原的围封时间超过3年，则植物的生长进入停滞状态，然后某些植物就开始死亡。

在实地调查的过程中，学者们还遇到了一个具有讽刺意味的插曲：2007年9月，一个专业人员告诉调查人员说："有个地方的草原封禁了20多年，长得很好。"调查人员专门跑了几百公里去看，发现那是一片梭梭草场，其梭梭的确长得也很好。但是，当地牧民告诉调查人员说："我们每年冬天一直都在把骆驼群赶进去放牧。"

对于牧区大部分草原，其所有权人原本就是嘎查，但牧民草原使用权证的颁发者却不是所有权人 —— 嘎查，而是旗人民政府。在这样的情况下，嘎查对于草原的所有权几乎完全落了空，一切权利在政府手中。如阿拉善右旗政府设立的"公益林保护"项目从2005年11月开始实施，项目面积覆盖了阿拉腾敖包镇全境、孟根布拉格苏木全境及雅布赖镇的巴音笋布尔、西尼呼都格嘎查的大片基本草牧场。8种植物被列入该项目所要保护的公益林植物名录：柠条 (Caragana korshinskii)、霸王 (Zygophyllum xanthoxylum)、白刺 (Nitraria tangutorum)、梭梭 (Haloxylon ammodendrom)、沙冬青 (Ammopiptanthus mongolicus)、绵刺 (Potaninia mongolica)、蒙古扁桃 (Prunus mongolica)、沙拐枣 (Calligonum mongolicum) 等8种植物作为"公益林保护的""树种"被"保护"了起来。据了解，红砂（Reaumuria soongoria）自2011年起也被列为该项目保护物种。这些被"保护"的"树木"，全部是荒漠地区牧民世代草场的主要牧草，没有一种是乔木，其中生长最高大的梭梭，还是个半乔木。原本应由农牧业部门管理、受他们保护的大片基本草牧场，以"公益林保护"的名义，强制列入"退牧还草"项目区。

2.6　围封禁牧仍在继续

已经推行约30年的牧区政策，实际上并未实现预期目标，有许多地区甚至起到了相反的作用。面对业已出现的状况，有关方面迄今为止仍在陶醉于生态环境"整体遏制、局部好转"的"成就"，仍然没有勇气去总结这些政策的成败得失，仍在义无反顾地推行已出现问题的现行政策。在2011年海拉尔举办的全国牧区工作会议上形成的国务院文件当中还明确指出，"在新的历史条件下，牧区发展必须树立生产生态有机结合、生态优先的基本方针，走出一条经济社会又好又快发展的新路子"。此处所说的"生态"，显然是指近20年来推行的"围封禁牧"等草原治理的那些政策，认为这些政策是在"保护草原生态"。中央政府决定，"到2015年，基本完成草原承包和基本草原划定工作，初步实现草畜平衡，到2020年，全面实现草畜平衡，草原生态步入良性循环轨道"；"加快草原功能区划工作。内蒙古西部等地区，坚持生态保护为主，以禁牧为主要措施，促进草原休养生息"；"内蒙古中部等地区，坚持生态优先、保护和利用并重，适度发展草原畜牧业"；"内蒙古东部等地区，坚持保护、建设和利用并重，全面推行休牧和划区轮牧，实现草畜平衡"[1]，此项政策的继续推行势不可当。文件《禁牧、

① 国发〔2011〕17号文件——《国务院关于促进牧区又好又快发展的若干意见》。

休牧和划区轮牧长期目标》规定："到2010年时将可利用草原的40%纳入项目，到2020年时达到60%，使草原生态系统步入良性循环"，这就表明，错误的政策还将继续推行。

为什么决策者和主流派面对不成功，反面效应凸显的草原环境生态政策视而不见，没有进行及时的回顾总结？这些都是值得我们深思的问题。造成这样的结果包含以下几个因素：一，他们坚定地认为传统畜牧业是个原始、落后的产业，即使现在制定的政策暂时没有成功，总会有成功之时，传统畜牧业终将被淘汰。面对斥巨资进行的一系列不成功的草原生态政策（生态移民工程），他们并没有进行反思，而是认为，这些不成功都只是通向成功路上的必经过程。对传统畜牧业的这种描述，由来已久，随处可见。但这不是草原畜牧业的真正历史，而是人为杜撰的历史。由于这种先入之见，主流派们根本就没有认真倾听对方观点的意愿。二，他们坚定地认为发达国家现代畜牧业的经验已经证明：必须走舍饲畜牧业的发展模式，舍饲才是现代化。这一点，在后面的章节进行论述。

3 决策中的"古为今用"与历史上的草原畜牧业

3.1 主流观点是怎样"古为今用"的？

主流观点对历史上草原畜牧业如何描述的呢？我们选择了被人们认为具有主流背景的两部著作 —— 内蒙古畜牧业厅修志编史委员会编著的《内蒙古畜牧业发展史》（以下简称《畜牧业发展史》）及内蒙古自治区党委党史研究室主编的《守望家园 —— 内蒙古生态环境演变

录》(以下简称《守望家园》)为例,看看这些文献是如何描写传统草原畜牧业的。诚然,迄今为止的大多数文献一直把传统草原畜牧业描述为"原始""粗放",认为是一种"低效益经济",因此要以"现代"的"集约型"产业取而代之。但这两本书对近30余年牧区政策的形成背景、推行原因等,讲得最为清晰、具体。《畜牧业发展史》除了把历史上的草原畜牧业说成"单纯利用自然的过程",认定其为"生产极不稳定"的"粗放型经济"、没有任何管理的"自由放牧"外,[①]对草牧场"有偿承包到户"的原因,做了如下的描述:

"牲畜作价,户有户养",解决了人吃牲畜"大锅饭"的问题,但是,"草场公有,承包经营",虽使所有权和使用权两权得以分离,肯定了承包人对草牧场的使用权,可是,草原无价、放牧无界、滥牧无妨的旧传统游牧方式,又架空了承包人对草牧场的使用权,牲畜吃"草场大锅饭"的问题,未能得到妥善解决。[②]

在这里,该书的编著者们就认为传统草原畜牧业中的草原经营,属于"不懂得草原价格和价值"的毫无管理可言的"自由行为",即"草原无价";其放牧方式属于"放牧无界、滥牧无妨"。这就是他们对拥有数千年历史的蒙古高原草原畜牧业历史的一种描述。在他们眼里,在蒙古高原的任何一片草场上,在自己随意确定的任何时刻,都可以把牲畜赶到那儿放养。他们所说的"草原无价",当然不是"无价之宝"的含义,只是想说明传统畜牧业中的草原使用是"无偿"的,以表明他们的"有偿承包"才是合理之举。

---

① 内蒙古自治区畜牧业厅修志编史委员会编著:《内蒙古畜牧业发展史》,第12、29页,内蒙古人民出版社2000年。

② 内蒙古自治区畜牧业厅修志编史委员会编著:《内蒙古畜牧业发展史》,第264-265页,内蒙古人民出版社2000年。

对历史时期的草畜关系，《守望家园》一书做了这样描述：

传统农牧业以掠夺性开垦和粗放经营为特征。牧业方面，靠天吃饭，盲目增加牲畜头数，大大超过草原的承载力，结果不仅破坏了草场，而且牲畜质量也大幅度下降。这种情况在地域（草原）相对宽广、人口密集度低的条件下表现并不明显。即使生态植被偶有破坏，也可以通过生态环境的自我调节功能得到恢复。①

这一论述表明，在他们看来，家畜的放牧是有害于草原的，即放牧本身就是破坏草场；过去未能严重破坏草原，是因为牲畜数量少所致，即使偶有破坏，生态环境凭借其自愈能力得到了恢复。

当然所有这些观点的提出，既没有文献引用，也没有学理依据。实际上就是这些作者们所杜撰的草原畜牧业的"历史"。把草原牧民认定为"愚昧""落后"的人群，必须用"现代科技""武装"他们，就是上述杜撰历史的自然推论。我们拟在以下的论述中将逐一澄清这些问题。

3.2 历史上草原畜牧业的规模效益

历史时期蒙古高原草原畜牧业是否为一种规模不大的弱小经济？主流观点认为，在内蒙古自治区建立即1947年之前的数千年期间，都未曾有过像自治区成立之后的那种"空前""发展"；与自治区成立以来的"辉煌成就"相比，之前的数千年都黯淡无光，与近三十多年所"创造""发展的奇迹"加以对照，更是不值一提的小打小闹。《畜牧业发展史》做了这样的论述：

在内蒙古几千年的畜牧业发展史上，当代畜牧业的历史 —— 自治

---

① 中共内蒙古自治区委员会党史研究室（张宇主编）:《守望家园 —— 内蒙古生态环境演变录》，第2页，中共党史出版社2009年。

区成立后畜牧业的历史是最辉煌的篇章。这个时期，牧区社会的发展，畜牧事业的兴旺是空前的。特别是中共十一届三中全会以后，在探索建设有中国特色社会主义畜牧业的道路上，创造了发展的奇迹。①

这就是说，内蒙古畜牧业的高度发展是从自治区成立之后才开始的，事实果真是如此吗？

据文献记载，发源于蒙古高原的草原畜牧业在历史上曾经创造发展的奇迹，横跨欧亚大陆的游牧民族朝代 —— 蒙古帝国，就是以草原畜牧业为经济基础建立的。尽管我们对这一时期畜牧业状况缺乏详细的定量数据，从历代文献资料的描述中仍可判断当时的畜牧业规模。

13世纪受罗马教宗英诺森四世派遣而出使蒙古的柏朗嘉宾，曾这样描述当时蒙古人的畜牧业规模：

在牲畜方面，他们都非常富有，因为他们拥有骆驼、黄牛、绵羊、山羊，至于牡马和牝马，据我看来，世界上的任何其他地区都不会拥有他们那样多的数量。他们不养猪和其他牲畜。②

对草原畜牧业历史的研究表明，蒙古高原的草原畜牧业早在匈奴时期已经相当发达，蒙古帝国时期已经相当完善，达到了很高的水平。我们以马匹的种群规模为例，对蒙古高原历史上和现当代的畜牧业进行比较。

根据内蒙古自治区的畜牧业统计，自治区的马匹曾于1975年创造了历史记录——239.0万匹（年中数），而蒙古国的相应数据是1999年的316.35万（年末数）。因此，主流派视野中的蒙古高原马匹的历史记录，不会高于内蒙古与蒙古历史记录之和555.35万匹。但是，如果反观历史，12世纪末、13世纪初蒙古高原马匹的种群规模，很可能超过了这个数。《元

---

① 内蒙古自治区畜牧业厅修志编史委员会，2000. 内蒙古畜牧业发展史【M】。内蒙古：内蒙古人民出版社.
② 柏朗嘉宾，鲁布鲁克，1985. 柏朗嘉宾蒙古行纪·鲁布鲁克东行记【M】。耿昇，向高济，译。北京：中华书局：30-31.

朝秘史》载，在铁木真与扎木合之间的"十三翼之战"中，双方各组织13个古列延，各自出动了3万骑兵。[①] 如果考虑当时蒙古高原游牧部落骑兵交战时一般每人须有2~3匹、有时达4~5匹备用战马的惯例，交战双方的6万骑兵至少拥有18~24万匹，甚至达到30~36万匹战马。据认为，综合考量马群的性别、年龄、体质等因素，战马在整个马群中最多只能占有20%左右的比例。由此可见，"十三翼之战"交战双方马群的种群总规模，至少大几十万，甚至数以百万计；如果再考虑到此次战役仅为蒙古部内部的局部战役这一事实，以及活跃于蒙古高原的众多部落，当时蒙古高原上马群的种群数量，应达大几百万乃至上千万匹。[②] 因此，我们完全有理由相信，12世纪末13世纪初的蒙古高原的马匹种群规模，很可能已经超过了我们现在认为是达到历史记录的马匹的种群规模。正因为这样，许多的历史学家描述当时的畜群规模时，使用了"川纳谷量"这样的词汇。因此，对于古代传统畜牧业的规模，应当重新考量和认定。

当然，在当时蒙古高原草原畜牧业的其他家畜，其种群规模也不会小。在过去的历史文献中，曾有这样的记载，"蒙古等北方民族的经济生活属于'牧羊经济'，通常坚持的马与绵羊的比例为1：6~7"。[③] 由此我们可以推论，当时五种家畜的饲养头只数，不仅不像有些人想象的那样少，而且很可能不亚于甚至超过所谓当今"奇迹"的规模，认为只有"自治区成立后畜牧业的历史"才是"最辉煌的篇章"，畜牧业才达到了"空前兴旺"的主流观点站不住脚。

诚然，蒙古族草原畜牧业的规模，也是会伴随自然环境的变化和

---

① 《蒙古秘史》（Ts. 达木丁苏荣编译，谢再善中译），第129节，第89—90页。北京：中华书局，1957年。
② [蒙古] U. 阿巴尔泽德、T. 索德奈：《蒙古的游牧文明与草原畜牧业》（西里尔文），第38—39页，乌兰巴托，2004年。
③ [蒙古] D. 贡戈尔：《喀尔喀简史 II》（西里尔文），第318页，乌兰巴托，1975年。

民族自身的兴衰而上下浮动的。但即使在草原畜牧业处于低谷的民国年间，他们所保持的牲畜头（只）数，也超出了许多人的想象。我国经济地理学主要奠基人张印堂教授在1933出版的《内蒙古经济发展与展望》一书中做了这样的描述：

根据《中国经济通讯》1925年3月7日关于年度增长百分率的数据，谨对内蒙古地区（包括热河与哲里木草原）各类牲畜的总头数，就可以做出如下推算：

马 ………………… 5,000,000

牛 ………………… 5,555,000

绵羊和山羊 ………… 7,272,000

骆驼 ………………… 15,000

- - - - - - - - - - - - - -

共计 17,842,000[1]

这里需要对张印堂先生的表述做些解释。首先，张先生提到的地域包括了热河省。尽管当时的热河省辖有20个县、20个旗，但其中20个旗和8个县都属于当今内蒙古自治区，而且当时其草原区都在现内蒙古范围内，因此书中提及的"热河省"，对于按现内蒙古自治区所辖地域计算牲畜头数而言，不会产生影响。其次，按照当年所增牲畜（仔畜）数量推算牲畜总头数，是当时畜牧统计的惯例，其结果作为宏观数据，是可靠的。再次，鉴于现在的阿拉善盟当时不属于内蒙古，因此按现内蒙古地域计算的要求衡量，其骆驼头数，少算了很多。即使如此，当时内

---

① Chang Yin-Tang 1933. The Economic Development and Prospects of Inner Mongolia, p.84, The Commercial Press.

蒙古牛的种群规模为555.5万，马的种群规模为500万！就马匹种群规模而言，已经与内蒙古和蒙古官方承认的历史记录相差无几。况且，受光绪二十八年清王朝废止"边禁"、开放"蒙荒"的新政，民国年间"蒙地汉化"政策的影响，20世纪20年代时已有大量内地汉民涌入草原开荒，草原面积已经锐减；清朝政府在蒙古地区蓄意推行的全面保护、利用、奖励藏传佛教和"以政护教"，"以教固政"的政策，使喇嘛人数急剧增加，寺庙星罗棋布，形成了"喇嘛众多、寺庙林立"的局面，致使很多蒙古族的青壮年从事佛教活动，导致从事畜牧业生产的劳动力严重不足。受这些因素的影响，这一年代的草原畜牧业已经步入了萎缩阶段。即使如此，如按现行算法折合为羊单位，张先生得到的牲畜总头数已达到6515.2万羊单位，已与20世纪80年代中期内蒙古草食家畜总头数相当。

英国的两位学者卡洛琳·汉弗莱和戴维·斯尼特在20世纪90年代对布里亚特、蒙古和内蒙古地区草原畜牧业变迁的研究[①]，也说明张

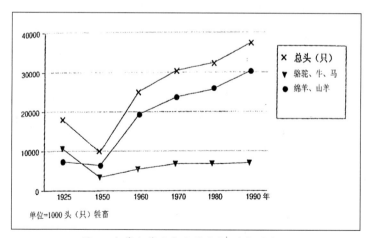

图2 内蒙古草原家畜总头（只）数的变化

---

① Caroline Humphrey and David Sneath 1999. End of Nomadism? p.45, Duke University Press Books.

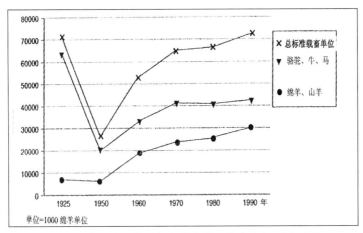

图3　内蒙古草原家畜折合绵羊单位的总头（只）数变化

印堂先生关于1925年内蒙古草原畜牧业规模的结论是正确的。

图2乍一看，1990年的牲畜头数远比1925年（1700多万）高，似乎说明了牲畜已经超载。但按折合绵羊单位的方法绘制的图3却表明，1990年时的载畜水平，实际上与1925年的载畜水平相当。从这一数据我们发现一个很有趣的现象，处于低谷阶段的1925年与被人们认为已经"超载非常严重"的1990年这两个年份的牲畜羊单位总头数却相差无几。如若这样，内蒙古草原岂不在数千年间一直处于超载过牧状态，从而致使草原早已退化得荡然无存？如果1925年是草原畜牧业的低谷年份，从而也是缺载少牧年份，那么，认定1990年草原退化的首要原因是超载过牧，其依据何在？

实际上，当我们考虑家畜种群是否构成草原压力这一问题时，还应考虑家畜以外的草食动物，尤其须要考虑大型有蹄类野生草食动物的种群规模。有关资料显示，历史上普氏野马、蒙古野驴等都曾成群出没内蒙古草原；黄羊的种群规模，据认为曾达到500万以上。

综上所述，"只有自治区成立后的畜牧业"才是"内蒙古几千年畜

牧业发展史"上"最辉煌的篇章"，才"创造了发展的奇迹"的论断，毫
无历史依据。历史上的蒙古族草原畜牧业，并不是一些人所想象的那
种弱小产业。事实上，成吉思汗一生征战，建立横跨欧亚大陆的大帝国，
其经济基础就是今天被一些人一再贬低的传统草原畜牧业。若当时的
草原畜牧业不够强大，是不足以支撑经数十年征战以建立这一宏业的。

3.3　历史上的草原畜牧业体系及其结构

对已有数千年历史的蒙古族草原畜牧业进行研究时，我们不能用
定居民族的养殖业作为思考框架，不能将其简单地认定为"粗放经营"
的产业，需要从整体上重新认识其内涵和结构。

蒙古族经典草原畜牧业经营体系的内涵

蒙古族的典型草原畜牧业经营，有如下主要特点：

（1）以完全适应蒙古高原自然环境的稳定的生活来源 —— 畜牧
业为支撑，随气候的变化在一定范围和界限内迁徙，生活于相对宽阔
的自然地域内。

（2）不同于农耕地区定居民族为满足其生活需求而以直接耕作方
式利用土地，蒙古族通过五种家畜间接地利用土地，并且不是以私人
的，而是公共所有和个人占有、使用的方式加以利用。对此，后文有
进一步论述。

（3）蒙古族的草原利用方式，既不是对大自然的主宰，也不是对
大自然的完全顺从。他们是通过与自然环境相适应，使草原受到保护、
得以恢复的方式，解决自己生活保障的。

（4）草原畜牧业的经营是通过"牧户阿寅勒"–"浩特阿寅勒"–"邻
里阿寅勒"体制实现的。

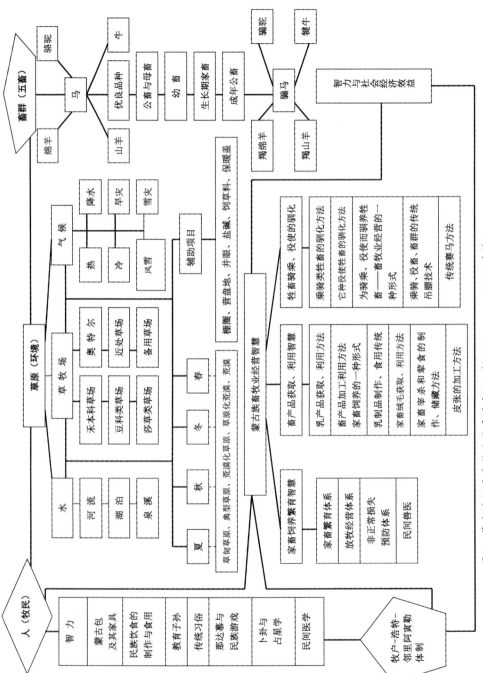

图 4　蒙古族经典畜牧业体系的内涵（据 Erdenetsogt, 1998 改编）

不了解蒙古族草原畜牧业的人把它想象成十分简单，认为放牧就是把牲畜早晨放出去，晚上赶回来。事实上，草原畜牧业的经营是一种十分复杂、精细的庞大体系。蒙古国著名畜牧学家 N. 额尔敦朝格特相当完整地刻画了该体系（见图4）。[①]

由图4可见，蒙古族草原畜牧业经营的完整体系是由（1）牧人、蒙古高原包括草牧场在内的自然环境、草原畜群（五畜）等三个要素组成的三元体系及其各要素继续形成的子体系；（2）作为这些要素相互依存结果的蒙古族家畜饲养智慧体系；（3）使上述两个体系相互联系，进行创造性经营的牧户－浩特－邻里阿寅勒体系三者组成的。

该体系的三要素之间形成相互对称的依存关系。家畜的产品养育了人，但人培育了并维持着家畜的繁育；自然环境（草原）养育了家畜，家畜按照牧人的智慧体系在草原上的放养，维持了草原的健康繁茂；牧人繁衍生息于所处的草原生态系统，又借以自己创造的文化体系保护了这个系统。传统草原畜牧业经营体系三要素的这一对称关系，体现在该体系的各层次子体系及其各个环节中，因此，可将其称之为普适性三元体系关联。

3.4　蒙古族经典草原畜牧业经营体系的结构

蒙古族经典草原畜牧业经营体系的结构，如下图所示：

图5中的主结构，实际上就是图4的简化表示。因此，这里不予详细描述。蒙古族经典畜牧业经营体系的次结构，具有如下几个特点：

①不同于定居民族的次结构那样以相当规模的机械设备、房屋建

---

① N. 额尔敦朝格特. 蒙古国游牧型畜牧业（西里尔文）[M]，第16页，乌兰巴托1998.

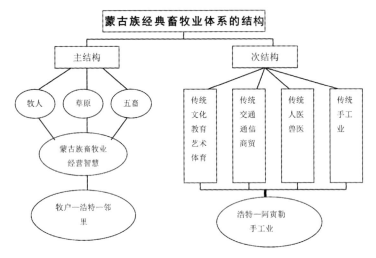

图 5 蒙古族经典草原畜牧业的主结构与次结构

（引自 N. Erdenetsogt. Mongolian Nomadic Livestock, Ulaanbaatar, 1998.）

筑、其他设施为基础，它只以适合游牧畜牧业及其主结构平常、轻便、且不大显眼的形态存在。

②因这种次结构来源于浩特–阿寅勒（对其含义，参见后文 ——作者注）深处，它同其主结构之间既紧密又灵活地相互关联。

③次结构是主结构发展到一定阶段的产物，但其层次往往滞后于主结构的发展水平。

浩特–阿寅勒体制的内涵与功能

由图5和图6可见，浩特–阿寅勒体制在蒙古族草原畜牧业经营体系中处于基础性地位。因此，我们有必要对其内涵加以深入揭示。

（1）浩特–阿寅勒体制的内涵与功能

传统草原畜牧业经营中劳动组织是，依据五种家畜合理的畜种结构、牲畜头数，所选草牧场的承载能力和水源与盐碱资源的分布情况，牧户们劳动力状况以及牧户之间的私人关系、社会心理协调性等因素，自愿组织起来的"牧户阿寅勒"–"浩特阿寅勒"–"邻里阿寅勒"组织体系，简称浩特－阿寅勒体制。在蒙古族经营草原畜牧业的长期实践中，这一体制成为节省劳动、彼此协助、相互合作、交流经验和智慧的最优形式，在完善该组织成员牧户的生产技术、繁育牧畜方面始终发挥了基础性作用。从这个意义上说，蒙古族的传统草原畜牧业就是一种天然的合作经济。

主要由于征战和围猎的需要，在蒙古族的历史上曾经形成集团游牧单位 —— "古列延"（经典文献中写为 küriyen 或 güriyen，现代蒙古文应写为 khuree，表示"圈子"或"环营"的意思）以及牧户游牧单位 —— "阿寅勒"（经典文献写为 ayil，现代蒙古文应写为 ail，表示单个或若干个牧户的意思）。前者规模较大，由数百个甚至近千个帐幕组成，而后者规模较小，常由几家牧户组成。①伴随征战的结束和社会的演进，"古列延"的形态趋于衰微，逐步形成了"牧户阿寅勒"－"浩特阿寅勒"－"邻里阿寅勒"（蒙古语称为 saakhalt ail）体系。其中，"牧户阿寅勒"系指单个牧户，"浩特阿寅勒"系指若干个牧户的联合体，"邻里阿寅勒"系指通常相距 2~3 公里以内"浩特阿寅勒"之间的松散联合体。

"牧户阿寅勒""浩特阿寅勒""邻里阿寅勒"不仅是畜牧业经营的生产组织，而且也是包含发展社会关系、组织文化活动、合理利用生态环境资源等诸多功能的社会组织形式。

"牧户阿寅勒"即单个牧户是畜群的所有者、草牧场的占有和使用者，从而是浩特－阿寅勒体制的形成基础。无边无际而难以罗列的体力兼脑力的艰巨劳动，是蒙古族牧人终年生活的基本特征。"牧户阿寅

---

① B. Y. 符拉基米尔佐夫著，刘荣焌译. 蒙古社会制度史 [M]，第58-60页. 北京：社会科学出版社，1980.

勒"的主要功能是继承和繁荣家业，扩展家庭成员的社会关系，培育子孙后代。其维持生计的地域单元 —— 四季草牧场或四季营盘，恰好构成经营畜牧业的一个生态单元，牧户只有以自己的智慧使自家的人口、家畜、畜牧业经营很好地适应这一生态单元的特征，方能维持正常的生产和生活。

蒙古族牧户不仅是他们物质文化的创造基地，也是包括他们心理、审美乃至其经典艺术在内的本民族精神文化的形成源头。并且，这种精神文化本身也是以他们繁衍生息的生态单元为基础的。

蒙古族的"浩特阿寅勒"组织形式经历了漫长的演变过程。其规模一方面因所处自然环境的不同而各异，另一方面受政治体制与行政建制变化的影响而发生了变化。据记载，在20世纪50年代，其规模在水草相对丰裕的地区一般保持着3~5户，在水草条件较差地区则2~3户。据苏联学者们对蒙古国草原牧区同一时期的调查，其"浩特阿寅勒"规模介于2~10户之间，在个别区域也有13户的规模。[1]

"浩特阿寅勒"组织一般由亲属牧户，有时也由彼此了解、相互信任的朋友牧户组成。其主要功能是：①共同利用草牧场；②轮流放养家畜；③交换种畜，改良畜群；④共同搭棚圈、挖水井；⑤共同剪羊毛、马鬃；⑥共同完成阉割公畜、作耳记、打烙印；⑦为骑乘、役使而调教大畜；⑧刈割饲草，种植小规模谷物、蔬菜；⑨确定迁徙路线、驻扎营地，共同完成移迁或走"奥特尔"；⑩共同完成赶制毛毡等具有一定难度和需要较大体力强度的加工生产；⑪相互交流生产技术和生活方面的经验；⑫组织体育、文艺、游戏等活动。

---

① M. F. 舒利坚科. 蒙古人民共和国的畜牧业（俄文）[M]. 转引自：N. 额尔敦朝格特. 蒙古游牧型畜牧业 [M]，第36—37页. 乌兰巴托，1998.

每个"浩特阿寅勒"都有自己的"浩特长"（蒙古语称 айлын ах 或 хотын ахлагч，前者为阿寅勒首领，后者为浩特首领）。"浩特长"拥有以习惯法确认的职责和义务，协调乃至最终决定该"浩特阿寅勒"内部的诸多合作事宜，筹划、实施同相邻"浩特阿寅勒"即"邻里阿寅勒"之间的合作。

"邻里阿寅勒"是由驻扎于相距几公里范围内的2~3个"浩特阿寅勒"组成的相对松散的合作组织，其主要功能在于暖季期间完成羔羊的换群放养，共同放牧马群和骆驼群，遇有风暴等特殊情况下相互合作等季节性、临时性合作。

（2）浩特－阿寅勒体制的精髓

概括"牧户阿寅勒"－"浩特阿寅勒"－"邻户阿寅勒"体制的总体功能后，就其本质或精髓，我们可以得出如下5个结论：

① 该体制具有较完善的劳动、牧地、智力等三个要素合作功能。如上所述的劳动力合作体现了"1＋1＞2"的组织功能，蕴含着生产劳动专业化的胚胎。草牧场的共同使用适应了蒙古高原生态环境特点，找到了草原的价值体现单位 —— 经营畜牧业的生态单元，富有科学内涵。但从经济学角度看，未能形成现代意义上的牧户之间的资本合作。但这不是游牧方式本身的问题，而是这种游牧社会所处的政治环境等其他因素所导致的问题。

② "牧户阿寅勒"－"浩特阿寅勒"－"邻户阿寅勒"体系不是简单的生产组织，而是把经济、社会、文化等功能集于一身的整体性社会组织。除经济功能外，它扮演着非正规社会化基地、非正规文化活动场所、非正规教育机构的作用。因此，单纯从一个领域、一个角度实施的任何一项牧区政策，都可能削弱乃至破坏草原牧区发展的整体性机制。

③ 该体系具有明显的弹性和灵活性。营地的选择、迁徙的路线、放牧场上的停留时间等，不是固定不变的。整个生产和生活，随气候、降水、植被等自然因素的年际和年内不同季节间的变化，经常处于适当的调整中。这种调整由"浩特长"集富有经验的牧人的判断后做出。

④ 该体系可被认为牧区合作经济的初级形式。

⑤ 该体系不是哪一层"上级机关"或哪一位高明"领导人"规定和强加的官方安排，而是广大牧民千百年来生产实践和生活过程中创造的制度文化。因此，它应成为牧区制度安排的一个出发点。

而新中国成立以来的牧区管理工作当中，曾出现违背自然和社会规律的三个方面的问题。一是单纯追求"一大二公"，把牲畜归为集体 —— 人民公社；二是照搬内地农村的经验，把本应大范围内利用才能实现其价值的草原，强行承包到户，致使草原景观的碎片化；三是"文化大革命"结束以来，把先前由民委系统统一管理牧区工作的传统，改为不同的职能部门各自管理牧区的一部分工作，致使牧区问题的核心 —— 民族发展问题成为无人问津的领域。

3.5 历史上草原畜牧业的经营智慧

事实上，蒙古族牧民并不是因为粗俗和懒惰而选择了游牧业。事实上，它们是根据蒙古高原自然环境、地理特征，以及所拥有的草地资源禀赋，选择了游牧生活。舍饲畜牧业是违背被驯化动物的野生习性，在人为环境下选育的产物；草原畜牧业并不需要改变它们的野生习性，在不改变被驯化动物生存环境条件下，利用自然选择和世代牧人的人工选择培育而成的产业。因此，创建这种畜牧业需要更高的智慧。蒙古高原所拥有的严酷的大陆性气候、相对稀缺的水源和降水、频繁出现的干旱、风雪等自然环境，对种植业完全不适应，它只提供了从事典型游牧型畜牧业的条件。在这样的环境中驯化、培育五种家畜，从事经营草原畜牧业的长期实践中，形成了独具特色的生态智慧体系。这里只论述其中很少被人们注意到的几个方面。

蒙古族游牧人的植物知识

一般认为，当今世界拥有60亿人口，200多个国家和地区，2500多个民族，五六千种语言。在当今世界现有民族中，就蒙古族牧民来说掌握有关植物的知识应该是位列前茅的，因为他们的生活与生产经营环境完全离不开大自然，每天同自然环境、牲畜、野生动物、植被打交道。长年累月的观察、思索，使它们掌握了丰富的动植物知识。下面列举几例。

蒙古族的植物学知识不仅为他们的草原畜牧业奠定了知识基础，还为现代植物学的发展做出了贡献。陈山等（2001）对植物物种现代学名中所使用的"蒙古"一词以及植物命名中的种加词进行整理后发现，植物物种的现代命名中用蒙古文拉丁化命名的属有2个：豆科的锦鸡儿属 Caragana Fabr（Xapraha，蒙古语），禾本科的帖木儿草属 Timouria Roshev（以1370—1405年间建立定都撒马尔罕的著名帖木儿帝国创立者帖木儿的名字命名的属）。植物学名种加词由蒙古文拉丁化命名的植物有190种、2个亚种、9个变种之多。种加词用"蒙古（mongol）"一词的植物有64种之多，可见蒙古族关于植物物种知识的丰富程度。[1]应当认为蒙古族在这方面的知识，为世界植物科学做出了应有的贡献。

在内蒙古大草原，只要是个称职的牧民，对于每种家畜日常食用的牧草都是很熟悉的。与牧民相比，一般农民仅认识有限的几种农作

---

[1] 陈山、田瑞林，"蒙古民族与草原环境"见：刘钟龄、额尔敦布和主编《游牧文明与生态文明》，第4—14页，内蒙古大学出版社，2001年。

物植物，将其他植物统统列入杂草类；而对游牧人而言，没有杂草一说，各种饲草都需要利用，即使不是饲草，也认为是植被所需要的，故杂草这一词语，只是农耕文化的产物。

有经验的牧民还拥有植物营养学方面的特殊知识。他们不是简单地以"草高""茂盛""碧绿"等直观印象断定一块草场是否为自己需要的营地。他们懂得有何种味道的牧草对家畜最有价值，凭直观难以确定一块草场的营养状况时，自己先咀嚼或将牧草煮开后品尝其味道，然后才做决定。试举与选择草场、选择新营地有关的一则民间故事为例，说明他们是如何判断草牧场营养价值的。

有一家牧户的父子二人为寻找新草场而一起出发了。二人走到一处看似水草丰美的草甸后，落脚观看了情况。儿子说："这一片草场真是太好啦！我们该迁到这里了。"父亲点了一袋烟后，顺手点燃了一把草，然后说："咱们不能扎营这里。"于是又出发另寻营地。他们到达一片草的长势稍差的草场。父亲又抓下一把草烧完后说："就在这里扎营吧。"儿子说："这一片草场明明不如先前的那一片，为什么舍优求次？"父亲说："在先前的那一片我烧草时，草立即给点着了，并且烧成的灰是白色的。这说明牧草的营养主要集中到草尖上，因此其质量就差。而现在这一片草场的草，燃烧起来很慢，并且烧成的灰是黑色的。这说明这里的牧草汁液既多营养成分含量也高。"

3.6 同时饲养五种家畜是一项重大创新

对野生动物的驯化，不仅涉及人类自己的辛勤劳动，而且需要被驯化动物本身的生物学、生态学特征以及形态学弹性。正因为如此，在地球上4000余种哺乳动物中，人类业已不同程度驯化的动物，迄今为止还不到60种；使被驯化的动物成为人类稳定的生产和生活资料来源的民族，更是屈指可数！ 世界上资格最老的马戏团已有400多年的历史，但是几百年来他们用于表演的狮子、老虎等动物只不过在驯养员棍鞭威力下被迫表演指定动作而已，并没有进化成为家畜。这一事实再次证实了刚才提到的论断 —— 一种野生动物被驯化成为家畜，不完全取决于驯养者的劳动与智慧，还取决于被驯养动物的自然属性。不难理解，蒙古族的祖先从众多的野生有蹄类动物中能够驯化出自己的五种家畜，一定是经历反复的失败和曲折，才最终成功的。他们丰富的相关知识和独特的动物观，就是在这一实践中形成的。

图6是1993年蒙古国学者在南戈壁省古尔班赛罕山上发现的岩画。

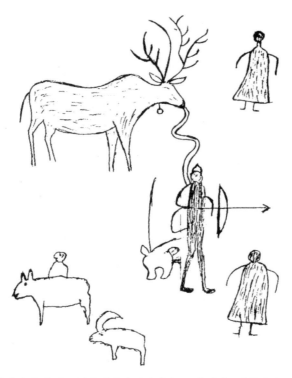

图6　戈壁古尔班赛罕山驯化马鹿岩画（引自 T. 索德奈，《蒙古家畜生态学》）

该岩画所描述的是一个手持弓箭者正在用鼻绳牵着一头脖子系有铃铛的马鹿。[1]这表明，远古时期的人类对多种野生动物都做过驯化尝试，从而得知有些动物可驯化为家畜，有些动物不可以。因此，蒙古族的先民们最终在当今五种家畜野生祖先的驯化上取得的成功，凝结了何等艰巨的劳动和何等高超的智慧。对此，即使认为游牧文明是停滞文明的汤因比，在谈到游牧文明的创造时，还是给予了极高的评价：

如果我们把放弃了农业而仍旧留住在草原上的游牧民族的文明和那些改变了生活地点仍旧维持着农业传统的民族的文明加以比较，我们就会发现游牧民族的文明在好几个方面表现着优越性。首先，驯化动物显然是一种比驯化植物高明得多的艺术，因为在这里表现了人类的智慧与意志力对于一种更难控制的对象的胜利。……的确不错，游牧人的生活乃是人类技能的一种胜利。[2]

既然知道驯化野生动物的难度，那么蒙古族的先人可以驯养家畜，依靠的是什么原理？

家畜饲养中的共生原理（symbiosis）知识

研究表明，蒙古族所饲养的五种家畜不是相互独立的，它们之间具有深层次的相互依存关系。按照现代生态学的术语讲，蒙古族的先民们在数千年前就在实践中利用了互利共生原理，把彼此独立的五种不同的野生动物，遵循相互依存的要求，驯化成了能一起经营的畜群。而共生原理是由德国学者德巴里（Heinrich Anton de Bary）于1879年才首次提出的。后人逐渐发现，这一原理是生物界中存在的普

---

① T. 索德奈，《蒙古家畜生态学》（西里尔文），第107—108页，蒙古草原畜牧业丛书第五卷，乌兰巴托，2008年。
② Toynbee, A. J. 1946. A Study of History (abridgement by D. C. Somervell), London: Oxford University Press, p.202.

遍现象。内共生理论的奠基人、著名生物学家林恩·马古利斯（Lynn Margulis）认为，所有生物之间存在着共生与合作，共生是生物演化的机制，大自然的本性就厌恶任何生物独占世界的现象，所以地球上绝对不会有单独存在的生物。互利共生的例子很多。例如藻类与真菌（共生体为地衣）；固氮菌和豆科植物；昆虫与开花植物；反刍动物与其胃内的微生物；等等。甚至还有些一般人想象之外的例子。例如黄嘴牛椋鸟与非洲水牛之间，因为这种小鸟帮助水牛清理伤口，在清理伤口的过程中得到食物，同时在牛的敌人出现时，它也可以做出预警，帮助水牛逃脱危险。凡此种种，都是互利共生关系。

那么，五种家畜之间又有着怎样的互利共生关系呢？

蒙古族把五畜区分为大畜（бод мал，牛、马、驼）和小畜（бог мал，绵羊、山羊）。一家牧户既有大畜、又有小畜的时候，才能被称为拥有了合理畜群。其道理在于大畜和小畜之间形成的相互依存的共生关系 —— 许多人，包括许多专家、学者在内，至今没有注意到的一个重要的生态学原理。不同的草原植被需要不同的畜群结构，但必须保证五种家畜共存。这里举一例说明大畜是如何依赖小畜的。牛只能排泄粗疏的粪便，而粗疏的粪便不能产生温暖效果，因此在寒冬腊月无法单独过夜，只能在绵羊和山羊（特别是绵羊）过夜的浩特（浩特，即家畜和食草野兽夜间歇息、爬卧之地）才能舒适地爬卧、倒嚼。牛和骆驼往往因缺少暖粪垫而遭殃，在无粪垫的浩特内过夜，过不了几宿，浩特就内就会遍布冰堆。在大畜依赖小畜的同时，小畜也依赖着大畜，冬季的降雪形成表面结冰的情况下放养牲畜的传统方法是，让牛群和马群先行以刨雪破冰，小畜方能在大畜开辟的草场上采食。

蒙古族还把五畜区分为热口动物（халуун хошуут мал，指绵羊、

马）和冷口动物（хҮйтэн хошуут мал，指骆驼、牛、山羊）。在蒙
古语中的五种家畜，其原意为"具有五种不同嘴巴的动物"。因为蒙古
族人深知，家畜与植被的接触是通过嘴巴的采食和蹄子的踩踏来完成
的，通过嘴巴的接触对植被可以产生不同的效应。热口动物的粪便能
形成家畜浩特的温暖地垫，从而保护冷口动物免受地下寒气的侵袭。
甚至热口动物呼出的气，都能使家畜浩特内形成温暖小气候。用羊粪
砖铺垫的浩特内的羊群，能温暖舒适地过冬。实地测量表明，这种浩
特内牲畜之间的温度能保持 + 25℃。[①]牧民们说"绵羊全身都是宝，连
它呼出的气也不例外"，就是这个道理。打个比方，它就相当于既有
地暖、又有汽暖的人类住宅！因此，蒙古人对家畜的冷口、热口之分，
实际上蕴含着五种家畜与植被、五种家畜彼此之间双重相互依存关系。
据笔者所知，世界上经营草原畜牧业的其他民族，似乎还没有这种区
分。美国人把家畜分为禾草类采食者（grazers，指牛、马），杂草与
灌木类摘食者（browsers，指山羊）和各种牧草采食者（intermediate
feeders，指绵羊）。这种三分法，只是家畜采食习性上的分类。

　　在五种家畜中，绵羊的浩特最暖和。在没有绵羊粪垫的浩特过夜的
其他家畜，慢慢都会逃离。冷口动物 —— 山羊，只有依靠绵羊这种热口
动物，才能度过漫长的严冬之夜。绵羊、山羊的野生祖先原本是栖息于不
同生境的动物，蒙古族的先民们通过观察，发现它们各自的特性，将它们
饲养在一起。细心观察羊群浩特的人都会看到山羊紧靠绵羊的脊背爬卧，
有时顶开绵羊后占据它的卧地，体轻灵活的山羊羔索性爬上绵羊的背上爬
着过夜的情景。就是说，山羊是依靠绵羊群的热量过冬的。正因为这样，

①О. 沙格达尔苏荣.《蒙古草原家畜的生物学与游牧型畜牧业的特点》（西里尔文），第38页，乌兰巴托2005年。

同绵羊一起入浩特过夜的山羊,很少消瘦,一般情况下还不容易流产。只有山羊的羊群过冬时,因相互拥挤而常出现一些山羊被压死的情况。

就以羊群而论,山羊也在为互利共生做贡献。绵羊与山羊之所以必须共同成群,还有以下的原因。山羊寻找鲜嫩牧草的能力很强,哪里有适口性好的饲草,它首先能找到而到达那里。相比之下,绵羊是这种本事较差的温顺动物,因此只有山羊的领路,绵羊才能到达长有可口牧草的地块;然后绵羊就稳在那里采食,这时机灵好动的山羊因舍不得离开绵羊伙伴而也跟着稳定下来。蒙古族先人饲养山羊并不是单纯为了食用,更多的是为了整个畜群的发展,所以,在不同地区,不同植被条件下,山羊在羊群中的比例也不尽相同。典型草原牧区的蒙古族中有句谚语:

ᠬᠥᠮᠥᠨ ᠣᠯᠠᠨ ᠤᠨ ᠭᠠᠵᠠᠷ ᠦᠭᠡ ᠪᠣᠯᠤᠭᠰᠠᠨ ᠲᠠᠶᠢᠯᠤ ·
ᠢᠮᠠᠭ᠎ᠠ ᠣᠯᠠᠨ ᠤᠨ ᠰᠥᠷᠥᠭ ᠬᠣᠨᠢ ᠲᠣᠭᠲᠠᠭᠰᠠᠨ ᠲᠠᠶᠢᠯᠤ ''

该俗谚的直译意思为:女人多的地方是非不断,山羊多的群里绵羊不稳。对其第一句这里不做讨论,但其第二句却反映了山羊在羊群中只能占有一定比例的客观规律。

遇有大雪封地,饲草被埋住的情况下,三岁以上的羯山羊(сэрх)开路(动物种群中也存在不同身体状况的分布,一般身体健壮的青年动物处于开路先锋的地位),带领整群到达采食地;无论白天还是黑夜,在野狼入群,甚至只靠近畜群转悠时,山羊就能首先叫唤,从而能帮助主人保护畜群。绵羊容易在冷雨大风中被赶散,这时因山羊是一种"以家为命"的动物,总寻找蒙古包附近的避风处,绵羊这时又舍不得离开山羊,从而稳定整个羊群。绵羊一旦离开浩特,山羊咩叫以给主人报信。这时绵羊又以自己的热量报答山羊。凡此等等,都是牧民最熟悉不过的事例。

3.7 调教五种家畜的动物心理学知识

　　动物心理学作为一门新兴的学科，近年来才开始受到人们的重视，相关研究尚处于探索阶段。但蒙古族牧民早已在实践中掌握了这方面的丰富知识。游牧蒙古族人早已发现不懂人类语言的野生动物，经驯化可以理解人类创造的诸多指示信号。他们除了把当今家畜的祖先驯化成为供人类乘骑、役使的工具外，很早以来把马、驼、犬、鸟驯化为有专门用途的助手。用于套马的乘骑，用于狩猎的骆驼，用于看守畜群、狩猎、寻物追踪的狗，猎鹰等，均属此类。早在13世纪，蒙古族先人就曾驯化犬、狼、虎、海东青等动物，将其用于狩猎活动。用于狩猎的骆驼懂得把主人藏于自己的身旁，宛如一峰通常采食的骆驼以靠近猎物；用于套马的杆儿马能够从数十匹乃至上百匹马中准确无误地辨认出主人想套住的马，在飞快地靠近后，能沿着与被套马的跑向相反的方向用力，巧妙地同主人合作。来牧区旅游观光的许多宾客、亲眼见过此情此景的访问者，往往对此称奇叫绝，从而将其只认定为骑手技艺的高超。例如，有学者对蒙古族牧民的套马作业，做了如下的描述：

　　每一个民族都有自己的文化，在其文化中摸索出来的个人操作技艺是很不相同的。一个俾格米（Pygmy）青年男子可以在脚不沾地的情况下，在树间行走如飞，可以不间断地连发三箭，其技艺水平超过了西方发达民族杂技明星的精彩表演。一个蒙古牧民在套马的劳动操作中所表现出来的娴熟操作技艺，在傣族农民看来近乎是在耍魔术。①

　　但是，这样的看法仅仅是从技术或技能层面的理解。俗话说，"外

---

① 罗康隆、黄贻修.《发展与代价》，第100页，民族出版社2006年。

行看热闹，内行看门道"。如果深入追究其门道，套马作业是一种主人和杆儿马之间的速度、力量和心理上的合作行为，双方先做到了"心往一处想"，才做到了"劲儿往一处使"。由此可以得出这样的结论，即蒙古族先人很早就已经掌握了动物心理学知识，并将其运用于自己的畜牧业经营。

有经验的牧民对家畜习性的了解，不亚于对人的了解。在他们同性情好动、温顺怠惰、暴躁作害、执拗倔强等不同习性的家畜长期打交道的实践中，创造了可称之为"家畜心理学"的独门诀窍，用以影响家畜的"心理"。对蒙古族牧民而言，用悦耳动听的音乐安慰遗弃幼羔的母畜，修复母畜和仔畜之间业已中断的"情感"纽带；用同样办法抚慰羔犊夭折的母畜，使之"领养"其他牲畜的仔畜，消除这种母畜因失去"子女"而产生的悲伤，是一项日常技能。

蒙古族牧人创造了用于驾驭畜群活动的各种声调信号，以引导牲畜的行止。例如，用不同的声调指挥畜群走动的方向、速度，让畜群停下、爬卧、返回或朝指定的方向行动。从远处引导畜群的这种技能，外行人看似简单，但实际上这都是牧民当牲畜尚处于幼小年龄时就开始调教的"从孩子做起"的功夫。于是，牧民可不费多余的劳作，只须借助特殊的声调、口哨等就可指挥畜群；而畜群能准确辨认主人的轮廓、声音、形象，随主人的意图行动。这说明，牧人和家畜之间已经形成空间和心理上的联系。

3.8 传统畜牧业的草牧场所有权与使用权

主流观点断言的"草原无价、放牧无界、滥牧无妨"，涉及传统畜牧业时期的草原所有权和使用权问题。

　　蒙古高原具有数千年历史的传统畜牧业，究竟采用了何种草牧场所有制？ 长期以来，对这一问题的诸多答案一直是混乱的，国内学者对此问题的主流观点，迄今为止几乎都是错误的。

　　对蒙古族牧民而言，草牧场所有权，就相当于通常所说的土地所有权或简而指称的"地权"，即土地所有者在法律规定的范围内占有、使用和处置其土地，并从土地获取收益的权利。我们先看看一些历史文献是怎样描述的。被许多人认定为权威的一个论著 ——《元朝史》是这样论述的：

　　在成吉思汗和他的"黄金家族"看来，整个蒙古国的人民和土地都是他们的共同家产。成吉思汗统一了漠北诸部，又通过对外战争兼并了许多国土，所占有的百姓和牧场扩大了。"太祖皇帝初建国时，哥哥弟弟每商量定：取天下了呵，各分地土，共享富贵"。按照游牧贵族的传统，这份家产必须在亲族中进行分配。①

　　这里作者们表述这一问题时先引用了文献《元典章》中的一句话 ——"哥哥弟弟每商量定：取天下了呵，各分地土，共享富贵"，②再根据"游牧贵族的传统"才认定草原成为成吉思汗家族的私人财产。这就是说，作者们认定草原成为私人财产的真正"依据"是他们自己都没能提供的"游牧贵族的传统"。实际上，成吉思汗的分封制并没有把草原私有化，即没有把对土地（草原）的处置权分给了自己的家族，"哥哥弟弟"们所分到的不是所有权当中的处置权，只是所有权中的其它三项权利而已。按逻辑学常识，断言草原已成为"成吉思汗家族的""私有财产"，也是一种不可靠论证！ 遗憾的是，经如此论证而得

① 韩儒林主编：《元朝史》（上），第171页，人民出版社2008年。
②《元典章》卷九，《吏部》三，《改正投下达鲁花赤》。

到的错误结论，被许多后续研究继承了下来。下面仅举一例 —— 几乎国内蒙古史学家们倾巢出动撰写的一部著作中对明朝时期草原所有权的一段描述：

弘治、正德间，达延汗征服右翼，统一蒙古本部，随后逐层分封，亦克蒙古兀鲁思（汗廷为代表）→兀鲁思（土绵、万户）→鄂托克（部落），形成了明代蒙古史上典型的金字塔式的封建等级制度。大汗代表亦克蒙古兀鲁思，是全部领地和属民的最高所有者和分配者。……鄂托克领主掌握着领地的实际所有权。①

显然，该著作的作者沿袭了《元朝史》等文献关于历史时期草原所有权的结论，认为在明朝时期蒙古地区仍然实行了草原私有制。

与国内学者们相比，有的外国学者倒是比较客观地描述了历史时期的草原所有制状况。日本学者田山茂（Shigeru Tayama）的书做了如下描述：

据伪满康德七年（1940年）《阿鲁科尔沁旗习惯调查》，下层蒙古人可自由利用土地。关于土地所有主体问题，答称："这是旗的土地"。又对于旗是否指旗长（王爷）的问题，答称："王爷是旗，我们也是旗。仅王爷不能成旗，而仅我等亦不能成旗。"据《阿鲁科尔沁旗有关土地的各种习惯及其权利关系》说："在一般旗民的感情中完全不承认旗地是王公私有。现任旗长即原札萨克，在呼吉尔附近进行大垄耕种，也同样缴纳犁杖捐……身为原札萨克而现任旗长的王爷，在土地使用上，与旗民享受同等待遇。"②

从上述的记载中我们不难看出，在牧民的心中，草原是蒙古人共

① 曹永年撰写：《蒙古民族通史》第三卷，第240–242页，内蒙古大学出版社，2002年。
②《蒙古研究》二之一，转引自田山茂（Shigeru Tayama）著《清代蒙古社会制度》，第184–185页，商务印书馆，1987年。

同所有的对象，并不是王公贵族的私人财产。而且，若草场是王公贵族的私人财产，他们若想开发利用，何须自己缴纳税款？综上所述，草原所有权的公有，历来是受到草原人民的认可的。

日本人对蒙古族传统畜牧业中草原所有权问题的认定方式，还具有方法论意义：研究游牧民族历史所应遵循的一个途径，便是深入民众做调查。尽管蒙古族属于拥有悠久法律传统的民族，但其法文化更多地蕴藏于传说、谚语、民歌、故事等世代传承的丰富的习俗与约定俗成的习惯法中。几乎所有内蒙古人（包括许多汉族）都能唱出的草原民歌《嘎达梅林》的一段歌词，也能说明草原的公有制传统：

南方飞来的小鸿雁啊，

不落希拉沐沧河不呀不起飞；

要说造反的嘎达梅林，

是为了蒙古人民的土地。

这段歌词非常清楚地说出了土地是"蒙古人民"的，而不是王公贵族家族的私有财产。但人们恰恰没有注意到或有意回避了这一点，把嘎达梅林认定为"抗垦英雄"，似乎嘎达梅林只是对开垦行为的反对者。事实上，假如被达尔罕王出卖外族的草原是用于放牧的，嘎达梅林照样起义反抗的。定论"抗垦英雄"的做法，实际上是对英雄本色的歪曲。嘎达梅林起义的本质，实际上是在捍卫蒙古人草原所有权的斗争。

蒙古族的传统草原畜牧业经营，是否如同主流观点所断言，"草原无价、放牧无界、滥牧无妨"呢？

蒙古族的草场利用，从来就是以家族、浩特－阿寅勒、邻里－阿寅勒的组织形式经营的。换言之，他们都拥有各自常年使用的四季草场和营地。在一般年景，任何一家牧户不能随意进入其他牧户的营地，连家畜也知道自家的草场在什么地方。只在遇有大旱、暴雪等严重受灾的情况下，才能在事先协商之后到他人的草场和营地。有句谚语"只有自知之明，才能称其为人；只有认识自家的草场，才叫做家畜"，说的就是这个道理。

他们还专门划出敖特尔地（在原放牧营地受灾而无法利用，或者根据年景为使畜群保持更好膘情的情况下使用的备用草场），以应对可能出现的旱灾、雪灾。原则上说，一年四季都可以走敖特尔，但大多数牧户走夏季敖特尔和冬季敖特尔居多。敖特尔草场，也有近处、远处这分。

蒙古族传统畜牧业中的草场利用，包括四季营地的选择、每个营地内草场的合理利用，以及各个季节都可能用到的备用草场的安排。下图反映了全年草场安排的轮廓。

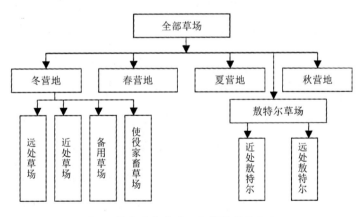

图7　蒙古族牧民的四季草场利用方法

其中最关键的问题是如何选择、分配、调节四季营地，即在一定的地域内如何组织倒场游牧。历史上出现的努图克沁（蒙古语nutugchin 的音译，文献也写为'嫩秃兀臣'，意为牧地的协调、管理者）制度，很好地适应了对蒙古高原草原管理的需要。《蒙古秘史》第279节载，窝阔台即位不久便降旨："牧地的分配、选择、驻营，应由各千户派遣的嫩秃兀臣进行管理"[1]之后，从千户到浩特阿寅勒各级，均由本级嫩秃兀臣专事司营当地牧地的选择、安排、协调以及打井取水等项事务。内蒙古牧区草原管理的嫩秃兀臣制度，一直延续到草原完全有偿承包到户，从而传统游牧方式被取缔为止。

长期以来，"'游牧'='逐水草而居'"一直是许多人的思维定式。殊不知，在像蒙古高原这样的气候条件严酷，植被、水源等状况变化无常的草原上进行游牧，是一件十分复杂的高难度任务。事实上，游牧意味着对如下的诸多问题做出决策，并且经常修订所做的决策的一个完整的体系：在一年的四个季节，甚至在不同的节气之间，在什么样的空间范围内，沿着哪个方向，以何种畜群规模，如何组织迁徙；如何结合具体的人畜情况选定新的草场；如何根据畜群中的不同畜种，在同一畜种中的大小畜、公母畜、成年畜与幼畜、怀胎与空怀等等复杂的区别，利用已选定草场；根据不同季节、不同月份乃至一天期间日照、风力风向、阴晴变化，如何放养畜群等诸多问题。这是一项既懂得草原、又懂得家畜、还懂得人的人，而且是高明的人才能完成的决策。某一季节的营地实际上构成了该地域在该季节内植被、水源、土壤、日照、气温、地形、盐碱、蚊蝇动态等诸多环境条件的综合，即一个生态单元。一个努图克沁只有对方圆数百公里之内地域的天文、地理、风土人情了如指掌，才能组织指挥倒场游牧。蒙古国著名畜牧学家 N. 额尔敦朝格特给出的定义，准确地概括了游牧的本质：为合理利用自然资源以满足人和家畜的

[1]《蒙古秘史》（Ts. 达木丁苏荣编译，谢再善中译），第274页，北京：中华书局，1957年。

需要，维持自然环境的平衡以保障畜牧业生产的正常效益，牧户和浩特-阿寅勒从一个生态单元迁往另一个生态单元的空间移动。[①]

3.9 传统草原畜牧业中的草畜关系

近30多年来所推行的牧区政策，也是以对传统草原畜牧业中人—草—畜关系的偏见为基础的。主流观点认为，"牧民过去用草不管草"[②]，"传统的靠天养畜的畜牧业生产经营方式，决定了牧民只能拼草场、拼资源"[③]，"[传统牧业]以粗放经营为特征。……靠天吃饭，盲目增加牲畜头数，大大超过草原的承载力，结果不仅破坏了草场，而且牲畜质量也大幅度下降"[④]，认为传统草原畜牧业就是牲畜吃"草场的大锅饭"[⑤]。因此，主流观点视野下的人—草—畜关系，即为下图所示"吃"和"被吃"的关系：

图8　主流观点界定的蒙古族传统畜牧业人-草-畜关系

即蒙古族草原畜牧业体系中的人、草、畜三者的关系，就是"畜吃草+人吃畜"的单向关系。而传统草原畜牧业在其形成、发展的众多世纪，实际上是在其人、草、畜三要素之间相互依存、互惠共生的进化、完善进程。下图描述了这一格局。

---

① N. 额尔敦朝格特.蒙古国游牧型畜牧业（西里尔文）[M]，第42-44页，乌兰巴托1998。

② 内蒙古自治区畜牧业厅修志编史委员会，《内蒙古畜牧业发展史》，第267页，内蒙古人民出版社，2000年12月。

③ 刘玉满："围封转移：绿了草原，富了民"，《思想工作》，2005年11月30日。

④ 中共内蒙古自治区委员会党史研究室（张宇主编）：《守望家园——内蒙古生态环境演变录》，第2页，中共党史出版社2009年。

⑤ 内蒙古自治区畜牧业厅修志编史委员会编著：《内蒙古畜牧业发展史》，第264-265页，内蒙古人民出版社2000年。

图 9　蒙古族传统畜牧业的人－草－畜关系

研究表明，在传统草原畜牧业人、畜、草三要素中每两个要素之间的关系，都是相互依存、互惠互利的对称关系。游牧蒙古人及其祖先驯化、培育了五种家畜，五种家畜的产品成为蒙古人衣食住行的主要来源；蒙古高原的辽阔草原（自然环境）养育了五种家畜，按游牧蒙古人智慧体系经营的五种家畜，维系了草原的健康繁茂；世代繁衍生息于这一片广袤地域的草原民族，凭借他们自己创造的文化体系保护了这片草原。对蒙古高原传统草原畜牧业经营体系人、畜、草三要素的这一对称关系，已有学者概括为经典游牧型畜牧业的普适性三元体系关联。①

所谓"牧民过去用草不管草""传统的靠天养畜的畜牧业生产经营方式，决定了牧民只能拼草场、拼资源"之类的说法，完全是子虚乌有的论调。事实上，前文所述及的关于内蒙古草原退化进程的官方结论 —— 直至20世纪60年代初为止，内蒙古草原基本保持了水草丰美的繁茂景观（蒙古高原的北部 —— 蒙古国的草原的原生态则更好，保持到了20世纪90年代），从20世纪80年代中期才开始出现草原的加剧退化，已经否定了他们的结论。

至于草、畜两个要素之间的关系，如从协同进化论视角看，本可以很容易得出两者的相互依存、互惠互利关系。任继周院士曾指出：

---

① N. 额尔敦朝格特. 蒙古游牧型畜牧业 [M]，第28页. 乌兰巴托，1998。

　　大自然创造了各种饲用植物，也创造了多种草食动物。这是草地生态系统存在的依据。草地和放牧家畜这一对冤家对头，历来长期共存，创造了家畜和草地之间的协同进化关系。对草地来说，放牧可以摧毁草原。但放牧也是改良草原的重要手段；放牧是经济有效的草地利用方式。如果用家畜来适当放牧收获，家畜采食可食部分，既促进灌木嫩枝条的发育生长，也使家畜得到营养良好的饲料。实际上适当的放牧，都比不放牧有利于牧草／饲用植物的生长，这是众多试验证明了的。放牧的家畜是不能消灭的，家畜的放牧是不能消灭的。①

　　任继周院士在另一个场合再次重复了这一论断：

　　草地生产分为四个层次：前植物生产、植物生产、动物生产、后社会生产，核心是植物生产和动物生产，草畜平衡就是这两个核心系统很复杂的耦合问题。……草与畜的关系实际上是协同进化的关系，草与畜是草地上两个互相依附的系统。

　　但遗憾的是，这些既被经验证实、又有理论依据的论断，对草原牧区政策的制定没有产生任何影响，主流观点的视域中一如既往地把"畜"当成了"草"的"敌人"。事实上，五种家畜对草原植被，不是只"取"不"予"，而是既有"取"又有"予"，存在相互依存的关系。许多人只考虑其矛盾的一面而忽视了其统一的另一面。牲畜对于草的采食，在短期内可能产生产草量的减少，但是，牲畜对于旧草的消耗会促使新草更快的生长，刺激草场的补偿性生长，从长远的角度来看是利用草原的更新换代，有利于草原的长期发展。这里我们拟以若干具体事例，说明这一点。

---

① 任继周论草畜平衡，见"草畜平衡：刻不容缓的百年方略"，《四川草原》2003年第6期。

◎同时饲养5种家畜，与更少畜种的畜牧业相比，不仅能更充分地利用饲草资源，而且能降低过牧的风险，使草场消耗殆尽的可能性降到最低。因为不同家畜所采食的牧草种类不完全相同，它们采食牧草的部位也存在差异，游牧中的畜群在一次性经过草场时较充分地采食各种牧草，然后倒场到下一个营地。若家畜种类过少，甚至仅饲养单一一种家畜，就很容易造成某些牧草种类的过度消耗，破坏整个草场牧草群落的平衡。看似简单的这一道理，其实就是游牧蒙古人千百年来保持草畜平衡的有效措施之一。据联合国粮农组织一位专家的撰文，全世界的游牧民族共有属于8个语系的80多个民族，唯独蒙古族是同时饲养5种家畜的。① 我们关于"同时饲养五种家畜是一项创新"的结论，也源自这一事实。

◎舍饲畜牧业发达国家家畜粪便，已成为对空气和水体的一个重要污染源。与之相反，草原家畜的排泄物对草原的均匀施肥，是人所共知的常识。草原家畜同草原植被之间，乃至整个草原畜牧业与其所处的生态系统之间，就是千百年来协同进化过来的，从而形成了相互依存的互利共生关系。对此，联合国环境规划署、世界自然保护联盟的一份文献做了如下描述：

草原畜牧业 —— 草原上非集约型（extensive，不应译为"粗放型" —— 笔者）家畜生产，是我们星球上可持续性最好的食物生产制度之一。尽管在许多发展中国家因投入不足和发展误导而其功能已受到削弱，它对于保护世界陆地四分之一地区的自然资本发挥着重要作用。 另一方面，一些工业化国家作为一种多功能家畜管理制度，正在

① FAO Animal Production and Health Paper 150: Pastoralism in the New Millennium, 2002.

展示对草原畜牧业的投资途径，其产生的生态系统服务超出草原地区的范围。鉴于草原生态系统的放牧依赖性，可持续草原畜牧业能够供养土壤肥力和土壤碳，维系水分调节和害虫与疾病控制，生物多样性保护以及火灾调控。全世界50亿公顷之多的放牧地，每公顷每年可固碳200—500千克，对缓解气候变化起到主导作用。如用调整环境正外部性的生命周期方法论评估，草原畜牧业的排放也低于集约型舍饲生产系统。①

◎主流观点的视野中，家畜一直是草原植被的破坏者。如若不然，他们也不会将他们推崇至极的"草畜平衡"等政策戛然终止，不管是否处于平衡，都纳入围封禁牧范围，"连片化""长期化"地断然推行禁牧休牧措施。鉴于对草—畜关系的这一认识具有悠久的农耕文化根源。这里拟举草食动物协助散布种子以建立植物群落的事例，进一步论证"草"和"畜"之间的共生关系。有趣的是，在舍饲畜牧业发源地 —— 欧洲，现在人们已开始认识到家畜在草—畜关系中的这一角色，开始行动起来。在西班牙进行的关于绵羊散布种子的一次试验，超出人们的想象，其结果2006年发表于美国期刊《生态与环境研究前沿》（Frontier of Ecology and Environment）。其摘要如下：

诸如海洋漂流和龙卷风之类进程的一个结果，便是出现种子的极远距离散布。然而，我们时常发现大量具有不同形状的种子（车轴草 Trifolium angustifolium、野胡萝卜 Daucus carota、鼠大麦 Hordeum murinum 和车前草 Plantago lagopus），当其黏附于有蹄类迁徙动物身上时，可散布到相当远的距离。我们的实验确定，附着

---

① UNEP, IUCN and WISP 2014. Pastoralism and Green Economy—a natural nexus? Status, challenges and policy implications.

于进行传统游牧（倒场）的绵羊毛被的种子，能以相当大的数量（占初始种子数量的5%～47%）传播到数百公里之远。考虑到迁徙的绵羊群（野生的和已驯化的）对各大洲历史上和当前的重要性，此项研究的结果确证了种子在动物毛被上的黏附在种子长距离散布中的作用，从而支持了应将有蹄类迁徙动物包括到决定植物快速移动的诸多力量（例如，冰川作用之后的物种侵入或者未来的全球变迁场景）之中。我们的结果还强调了至今未被人们揭示的一个事实——放弃游牧制度造成的生态后果。①

当然，风力和水流都能够传播植物种子。但它们只能把种子带到下风头或水流下游的区域。而迁徙动物，特别是大型食草动物能把种子带到很远距离的上风头或上游地区，以形成自然界的植物群落。大概由于观念上的这些转变，德国、瑞典、乌克兰、格鲁吉亚等国的专家们，近年来已开始进行借助大范围移动放牧，恢复天然植被的试验。②可惜的是，国际上对游牧业认识的转变，还未被大多数国人所认识。

◎在近年间对家畜"破坏"草原"罪行"的声讨中，它们的蹄子也成了一项脱不了干系的"罪证"。殊不知，家畜的蹄子对草原植被和土壤的保护所做的贡献，也是不可磨灭的。如无这些蹄子，家畜如何完成长距离散布种子，建立天然植被群落的"业绩"？如何做到草原上大面积施肥？此外，牲畜蹄子踩出的蹄印，能够更多地存留天然降水，增加土壤水分；能够抑制杂草的蔓延和啮齿类动物种群的规模。蒙古高原风能资源丰富的地区，不少地方的大风天数超过100天。如果没

---

① Pablo Manzano and Juan E. Malo 2006. Extreme long-distance seed dispersal via sheep, Frontier of Ecology and Environment, 4 (5): 244–248.
② Harald Plachter and Ulrich Hampicke (eds.) 2010. Large-Scale Livestock Grazing: A Management Tool for Nature Conservation, Springer.

有家畜的踩踏，掉落的植物种子很快被大风吹散，从而不能被埋入土中。因此牲畜的踩踏，实际上起到了免耕播种的作用。新近的一项研究表明，蒙古高原典型草原样区草食动物的迁徙，还能够起到对干旱草原补水的功能。这一试验的设计者们真是别出心裁，他们在苏尼特左旗选定一片没有地表水的100公顷典型草场，测量了在草原结露期，迁徙家畜的扰动下所溅落露水的重量。他们的试验结果是：在所选定100公顷草场上每天结露水的重量为33.66吨/日，如果有野生动物或家畜经过，露水溅落率达总结露水重量的39.58%，即达到13.32吨/日。设计者们认为，五种家畜的迁徙起到了干旱草原补水的作用，这也可能是数千年来蒙古高原的草原牧民坚持游牧文化，善待家畜和野生动物传统的成因之一。[①]

人们议论中的"蹄灾"所以近30多年间频频发生，主要是"草牧场有偿承包到户"和对合理畜群结构被破坏两个原因促成的人为问题。前一个原因致使大区域迁徙的游牧被替换为家畜只能在一家一户承包的小块围栏草场上采食的"定牧"，天性驱使迁徙的草原家畜总是希望走出围栏外采食，导致其围栏内的反复践踏。对此已有学者做过清楚的论证。[②]此外，对传统草原畜牧业合理畜群结构的破坏，也是一个重要原因。例如，牧区羊群中绵羊与山羊数量的合理比例失调，因政府的主导而盲目提高了山羊的比例，个别地区变成了纯山羊群。由于山羊从其野生祖先开始就是必须采食一定比例的特需牧草（例如某些灌木）的习性，这是山羊的正常生理需求。在小片围栏内采食一遍后

---

① 陈继群："蒙古高原草原法制比较研究"（中蒙学术会议论文），2009年9月2-4日，乌兰巴托。
② 海山："探讨内蒙古牧区草原生态恶化的'真凶'"，见杨东平主编《中国环境的危机与转机》第192-202页，社会科学文献出版社，2008年。

它还要继续找这些特需牧草，从而导致反复践踏，促成了草场的退化。因此，保持合理的畜群结构，也是维持草场完好的一个重要条件。

遗憾的是，在主流观点的视野中，草原家畜对植被的保护功能被完全否认，把"畜"与"草"对立起来。这就是十几年的围封禁牧没有围出生态好转的症结所在。

蒙古族牧民拥有丰富的草—畜关系方面的知识，并将其应用于自己的生产实践，已有众多世纪。在乌审旗乌兰陶勒盖苏木编写的《民间植物志》中就记载了不少这方面的知识，以下只摘录其中的部分内容（其中，植物的学名是由专业人员添加的）：

蒲草 (Lepinoria L. C.)——"原先在我们这里不生长蒲草，而在榆林一带生长。随着有了驼队以后，驼橐里的蒲草通过驼队流动迁移过来的"。（该苏木牧民热西口述）

醉马草 (Achnatherum inebrians)——"据我喇嘛叔叔说，醉马草是随乌拉特一带走场来的马群粪便所带来，然后才在我们这里生长的"。（该苏木牧民巴彦毕力格口述）

白藜或牛藜 (Artiplex centralasiatica)——"记得我小时候，有条驼队路线从我家附近通过，可能是从包头途径乌审召、芒哈图、达布察克，再往西到达定边、靖边、银川的吧。在我家居住的芒哈图哈图陶勒盖阳坡上，那时候有个驼队驻扎的点。那年秋季驼队在此留宿，第二年在驼队留宿处突然长起白色丛生植物。到了秋天，依我爷爷的嘱咐割下收储，羊群吃得未剩一根，然后从羊的粪便上茂密地生长起来的"。（该苏木牧民毕力格达来口述）[1]

---

[1] 乌兰陶勒盖苏木政府：《民间植物志》，内蒙古文化出版社，2010年9月。

实际上，游牧蒙古人早在数千年前就已经掌握了"草"和"畜"之间的互利共生关系。人们只要粗略地浏览蒙古语中的谚语、格言、习语等，就很容易了解这一点。例如，阿拉善、巴彦淖尔地区牧民的一句谚语"牲畜不采食，草场长不好"，鄂尔多斯高原牧民的一句格言"五种家畜本身是带着草场迁徙的"，锡林郭勒、呼伦贝尔一带的牧民都知道的一句谚语"被采食的灌丛（山包）定会绿起来，采食它的下巴定会变为一具白骨"等，都深刻反映了互惠互利的草—畜关系。前文曾提及阿拉善地区红砂草场和梭梭草场禁牧5年的真实效果——放牧区已经完全返青的时候，禁牧区仍处于枯黄一片，正是第三句谚语所说的事实。对此，主流派们不予承认，非主流派的部分专家2007年才正式发现，而我们的牧民们却几千年前就对此了如指掌，并将其一直应用于畜牧业实践，从而保护着草原，直至最近。

4　现行牧区政策的文化根源

面对业已步入困境的牧区政策，为什么主流派仍一意孤行呢？这背后的根本原因在于以不适应草原地区的农耕文化和外来文化作为草原牧区发展的主导文化上。为说明问题，我们首先弄清楚内蒙古草原近几十年退化加剧的根本性质。

4.1　垦殖型退化及其文化根源

上文曾提及，20世纪90年代所出现逐渐加剧的草原退化和世纪之交发生的惊动全国乃至世界的沙尘暴，突如其来地把草原退化问题摆在了国人面前。确定造成退化的根源，成为了学界、政界许多人士的探讨焦点。在主流媒体的推波助澜下"超载过牧论"成为主调的同时，当时也曾出现另一种声音 —— 不少学界人士提出"农耕文化对草原牧区发展的长期主导"才是退化迅速加剧的根本原因。本文作者也是这种观点的支持者，当时在一些学术讨论场合发表的文章，经整理后以"草原荒漠化的历史反思：发展的文化维度"为题，发表在《内蒙古大学学报》上。出乎本人所料，这篇文章对学术界和一些报刊也产生了一定影响。该文发表后不久，《中国社会科学文摘》《高等学校文科学术文摘》长篇转载了拙文。[1]鉴于本人至今认为该文的主要论点及其论证仍然成立，在本文中做了部分节录。

经综合考虑许多世纪以来内蒙古草原变迁的上述情况及其长期影响，笔者认为，从根源上说，内蒙古草原生态恶化的实质是垦殖型荒漠化。

造成草原如此严重的荒漠化，有其深刻的文化根源，主要表现在农耕民族和游牧民族对草原持有的不同价值观上。

首先，农耕与游牧民族持有截然不同的经济价值实现方式。游牧民族，例如蒙古族及其先民们，自古以来就是在人 — 家畜 — 自然界 — 人这种闭循环中，即通过家畜的生产力来满足自己衣食住行经济需求的。因此，草原的丰美程度本身是游牧民族经济生活的必要组成部分，即草原是他们最重要的资源。而传统的农耕民族实际上没有"草地"概念，对他们而言，草地就是荒地，越是水草丰美的草场，越值得垦殖、采挖和种植；否则就是资源的闲置，就是浪费。由于这种

---

[1] 恩和："草原荒漠化的历史反思：发展的文化维度"，《内蒙古大学学报》（文科版），2003年第2期；《中国社会科学文摘》，2003年第3期；《高等学校文科学术文摘》，2003年第3期。

农耕价值观在包括近半个世纪的大部分历史时期扮演了主导文化角色，古代的"主谷制""屯田制"才得以演变到现代的"以粮为纲"和生产建设兵团等。

十分遗憾的是，新中国成立后内蒙古自治区也相继成立，对草原价值的这种错误观念被继承了下来。中国本是个草原大国，拥有约4亿公顷天然草地。但对如此举足轻重的国土资源，直到1985年才出台了专门的草原法；并且在现行宪法颁布（1982年12月4日颁布施行）之前，草原的资源属性在前三部宪法中都没有得到明确反映。以第三部宪法（1978年3月5日颁布施行）为例，把国土资源问题仅表述为"矿藏，水流，国有的森林、荒地和其它海陆资源，都属于全民所有"。显然，这里是把草原当成荒地对待的，而荒地对具有数千年农耕传统的大部分国人而言，只不过就是尚未耕种，因而是尚未体现其经济价值的土地。正是基于这种价值观，近半个多世纪以来在草原地区出现了三次大开垦，从而导致了严重的荒漠化。

其次，农耕与游牧民族对草原社会－精神价值所持的观念也大相径庭。移居草原的农耕民族认为开辟了新的安身之所；而游牧民族因世世代代繁衍生息于辽阔的草原，从而认为草原就是他们社会存在的空间，就是他们的家园，他们就是草原民族；农耕民族的大量迁入定居被认为是自己生存空间的缩小。秀丽山川、辽阔草原早已成为游牧民族文学艺术、音乐舞蹈、绘画雕刻等艺术创作的对象和源泉，成为他们的精神支柱。以蒙古族为例，他们驯化和培育了适应中亚草原严酷自然环境条件的五种家畜，并在经营这一独具特色的畜牧业的悠久岁月中创造一整套生产工艺的同时，相当系统地掌握了关于草原地区动植物群落、地上地下资源方面的知识，形成了自己独特的审美观和生态观。正如俄罗斯著名学者 L. N. 古米列夫所评价："游牧民族在他们自身发展的历史进程中创造了独具特色的社会文化类型。对此，人们不应认为是粗俗、落后和停滞不前的。"而农耕民族对此却没有起码的认识，"逐水草而居"成了他们描述游牧文化落后的代用词。把北方民族视为落后民族，甚至把林海茫茫中以林副业为生的居民视为野人，是中原汉族根深蒂固的观念。难怪1930年国民党政府《蒙古农业计划案》称："食肉酪饮，固无害于体魄之发育；逐草迁徙，实有碍于文化之增进；此蒙古同胞之智慧文化所以逐渐落后也。宜先将农业与人生之体智及社会之文化关系详为宣传，是人人深明农业之重要，而乐耕种。"也难怪汪精卫也称："今日世界最要紧的经济原则，要以较小的土地，养最多的人口，而游牧民族适得其反。故蒙古之生产方式，实有改变之必要。"新中国成立后提出和实施的"定居化"政策，虽在吸收定居文明长处方面有可取之处，但把牧区的贫穷落后统统归于游牧生活造成，进而做出在两个五年计划内使牧区完全定居化的决策，实际上也是"农耕先进，游牧落后"传统思想的沿袭。多次的政治运动，把蒙古族自然保护习俗进行了"横扫"，草原地区民众传承多年的祭祀天地山水、星辰日月、树草敖包等富有生态内涵的习俗从此开始失传或丢失。这场浩劫本身虽在20多年前就已宣告结束，但因为只从政治上进行了拨乱反正，它对草原地区民族传统文化所造成的恶果迄今没有得到清算，即文化上的拨乱反正至今无人着手。

应当指出，20世纪后50年对草原的开垦虽没有前50年（清朝后期至民国结束）的规模，鉴于此时被保留下来的草原更为珍贵，即按其经济（畜牧业）、生态和民族文化价值衡量已显著升值，它对内蒙古草原荒漠化的扩大和加剧所造成的后果却更为严重。众所周知，新中国成立后人民已经当家做主，特别是蒙古族已经成为自治区的主体民族；如上所述，草原又是它们的家园。那么由这两个前提得出的一个直接的逻辑推论便是：近50多年间大量开垦草原就是包括蒙古族在内的"各族人民"的一种自毁家园的行为。因此对这一时期造成的垦殖型荒漠化更有深刻反省的必要。最近已有学者就此问题做出中肯的分析，指出："历史上绝大多数西部少数民族在汉族农耕文化面前，往往没有吸收农耕文化的高生产技术来发展林牧业，更多的是改弦易辙使自己成为农民，丧失了自己的林牧业意识，走向趋农化的道路。"笔者据此认为，造成这种局面的一个重要原因是我们自己 —— 包括"当家做主"的许多蒙古族，丢掉了自己传统文化的诸多优秀特质，已经农耕化了。

4.2　农耕文化主导的诸项草原治理政策

尽管垦殖型荒漠化及其农耕文化根源的结论在学界产生一定影响，对牧区发展的决策进程未能起到应有的作用。近30年来的草原保护治理诸项政策，仍旧是以农耕文化作为了主导的。

首先，我们有必要察看一下草牧场有偿承包到户制度这一政策"产品"来自何处。那么，它的原产地究竟在哪里？其实，弄清此问题，只要对比一下对内地农田承包到户政策和牧区草牧场承包制的评价，答案一目了然。据草牧场有偿承包到户政策完成落实后的官方资料，此项政策取得了如下效益：

"草畜双承包"责任制的普遍推行，真正使社会主义制度的优越性同家庭经营的积极性结合起来，促使广大牧民对提高经济效益的要求更加迫切，建设草原、改变生产条件的积极性更加自觉，从而大大推动了生产的发展。

草牧场有偿承包使用制度的确立和推广，取得了综合效益，显示了强大的生命力。

第一，草牧场有偿承包使用，真正把草原的保护、管理、建设之责植根于千百万牧民家庭之中，对于改变"草原无价，放牧无界，滥牧无妨"的传统观念，对改变牧民过去用草不管草的倾向，调整草畜矛盾，起到不可估量的作用。

第二，草牧场有偿承包使用，不仅解决了草场有价，使用有偿的问题，而且由于具体规定了草原的承包经营权可以依法有偿转让，草原作为畜牧业的生产要素，有了合法流动的依据。

第三，草牧场有偿承包使用，建立起新的草原建设投入机制，拓宽了草原建设的融资渠道。……①

对这些"成就"，上一级的主管部门却高度评价，认为这是一项"创造""值得今后各地在工作中研究借鉴"，将其向全国牧区做了推广。但熟悉内地农村推行农田承包到户政策过程的人都不难看出，上述评价实际上是对农村土地承包制的评价的翻版。我们在关于农村土地承包制度效益的众多千篇一律的评价文章中，随机选择了一篇：

农村家庭联产承包责任制实行以后，把集体所有的土地长期包给各家农户使用，农业生产基本上变为分户经营、自负盈亏，农民生产的东西，"保证国家的，留足集体的，剩下的都是自己的"。这种责任制使农民获得了生产和分配的自主权，把农民的责、权、利紧密结合起来，不仅克服了以往分配中的平均主义、"吃大锅饭"等弊病，而且

① 内蒙古自治区畜牧业厅修志编史委员会，《内蒙古畜牧业发展史》，第245、267-268页，内蒙古人民出版社，2000年12月。

纠正了管理过分集中、经营方式过分单一等缺点，大大激发和释放了农村生产力，许多地方农业生产当年就见成效，农产品总量在短短的五六年中迅猛增长，农民收入大幅度增长，甚至翻了一番或两番，一举解决了困扰中国人几千年的吃饭问题，生活日益富裕起来，衣食住行条件得到明显改善。家庭联产承包责任制的实行唤醒了农民对土地的感情，农民对土地价值有了新的认识，分田到户的农民十分珍惜属于自己的土地，以饱满的热情投入到劳动创造中去，在自己的承包地里大干苦干，生产积极性空前高涨，对生产的投入明显加大，把农业生产摆在十分重要的地位。①

稍加仔细的对照这两个评价文字，人们很容易发现，它们实际论说的是三个相同的命题：一是，承包到户前农民或牧民的责、权、利不清，都在"吃大锅饭"；二是，承包到户空前激发了农民或牧民的积极性，从而解放了生产力，推动了生产的发展；三是，承包到户把农民或牧民的责、权、利紧密结合起来，克服了"吃大锅饭"的弊病，从而提高了对土地或草原投入的积极性。两个评价的不同点仅仅在于前者以"牧民""草牧场"等分别替换了后者的"农民""土地"而已。

如果把内地和牧区承包到户政策的出台背景、内地农民的土地观和牧区牧民的草原观做一简单对比，人们可立即得出这项"创造"究竟是个什么，与其说它是"创造"，还不如说这是在毫无遮掩地"抄袭"或"照搬"。

"草原公有，牲畜私有"是蒙古族传统畜牧业的所有权模式。对其中草原所有权和牧民草原观的历史沿革，前文已有论述。蒙古高原

① 康来云："改革开放30年来中国农民土地观的变迁"，《郑州牧业工程高等专科学校学报》，2009年第2期。

草原的民族公有所有权沿袭数千年，大蒙古国、蒙古帝国时期还是国家所有权。草原的使用权则是按自然形成的浩特－阿寅勒四季营地形成的，只有遇有旱情雪灾时经协商利用其他部落或牧户的草场。传统草原游牧业就是以这种所有权与使用权，在相对宽阔的地域内，遵循人 — 草 — 畜闭循环，经营了千百年。正因为如此，当牧区推行草牧场有偿承包时许多牧民都感到茫然，甚至一些牧民因不知所措，在划分草场时放弃了参与分配。

但内地农民面对土地承包制的心态，完全不同于草原牧区的牧民。鉴于数千年封建土地所有制传统，土地成为农民的命根子。拥有一份属于自己的土地，并不断扩大这份土地几乎成了农民们世世代代的最高人生理想。①孙中山"耕者有其田"的主张和新中国成立之初的土地改革的任务，都是在承认中国农民这种土地观的基础上提出的。土地改革的完成还为农民进一步灌输了农民几千年来一直追求的土地公平私有的思想。尽管长达近30年农业集体化期间的土地所有制为"集体成员所有权"，但这种"集体土地产权意识"在农民的心中并没有真正扎根。在农民看来，"集体的土地就是大家的土地，大家的土地就不是我自己的土地，这是农民常有的一种推理方式。"②土地所有权和经营权重新分离，使农民获得了相对完整的土地经营使用权。鉴于长达30年的使用权实际上成为农民土地私有权的部分回归，"保证国家的，留足集体的，剩下的都是自己的"这一农产品分配，确实激发了农民的生产积极性。当时农村出现的这种局面与牧区曾经出现的"激发牧民

① [法] H. 孟德拉斯著，李培林译：《农民的终结》，引自郭翠英："传统与变迁 —— 从80年代农村改革小说看农民社会文化心理的嬗变"，《西北农林科技大学学报（社会科学版）》，2006年第2期。
② 李保东，王黎锋："论建国后中国土地制度的演变 —— 基于农民土地观的分析"，《武汉职业技术学院学报》，2007年第6期。

积极性"，完全不是一回事。后者的出现仅仅是"畜草双承包制"对人民公社的弊端 —— 几乎取缔"牲畜私有"传统这一弊端加以纠错的结果，决不能把它看作"草原承包到户"的成果。

首先，"草牧场有偿承包到户"的政策不是草原牧区的土特产，而是内地农民"土地承包制"的照搬，因此不是什么"创造"，而是以农耕文化主导牧区工作的结果。

其次，我们梳理一下"草畜平衡"以及之后的围封禁牧逐项政策的出台，有何文化背景。"草畜平衡"制度在内蒙古和全国牧区旗县普遍推行，分别是从2000年6月28日颁布的《内蒙古自治区草畜平衡暂行规定》和2002年农业部制定的《天然草地合理载畜量的计算》国家标准(NY/T 635-2002)开始的。需要强调的是，正当我们大张旗鼓地推行"以草定畜，草畜平衡"时，这一套东西在非洲草原上的推行已经宣告失败，并且，能否将其适用于干旱半干旱地区，已经在理论上被广泛质疑。对此，李文军、张倩已经做了比较清晰、完整的梳理。①以下几段内容，便是根据她们的概括和其他文献，结合笔者自己的思考展开的。

"以草定畜，草畜平衡"形成于20世纪上半期的美国，其依据是以弗雷得里克·克莱门茨植被演替模型为前提的平衡生态系统理论 —— 认为植被对放牧压力的响应呈线性和可逆性，因此通过控制载畜率可以控制植被的理论。而克莱门茨植被演替模型是基于内布拉斯加平原上范围较小、相对湿润草场的案例形成的，推广该模型的实地验证草场也属于美国农业部林务署所管辖的降雨丰沛的较高海拔地区。因此，这种草场科学在其诞生地 —— 美国境内，也没有被普遍推行，除林务署的草

---

① 李文军，张倩：《解读草原困境 —— 对于干旱半干旱草原利用和管理若干问题的认识》，经济科学出版社，2009年。

场内得到强制推行外，其他草场并没有得到普遍遵守。1950年以后美国西南部的牧场上所采用的管理思路（强调轮牧、间歇使用草场，以及高度灵活的载畜率），是与克莱门茨的理论完全不同的一套做法。

以家畜头数控制草原植被的平衡理论在非洲的推行，也宣告失败。在20世纪60年代末，为帮助非洲干旱草原区牧民发展畜牧业，恢复退化草原，国际社会投入了巨额资金，实施了"通过减少牲畜数量、发展集约化畜牧业、明晰产权来恢复草场生产力和畜牧业生产"的诸多项目。但其结果是，不仅畜牧业没有得到恢复，草原生态继续恶化，甚至比外部干预之前更糟糕。因此，众多资助方和国际组织从20世纪90年代初开始放弃所有的发展项目，陆续撤离了这些干旱地区。

其实，"以草定畜"的平衡理论从它开始形成的初期起就不断受到质疑，到20世纪80、90年代已有与之针锋相对的众多理论成果问世。例如，埃利斯和斯威夫特的著名论文"非洲牧业生态系统的稳定性：另类范式及其对发展的意义"[1]指出：那些旨在非平衡系统中实现稳定性的干预，其最好的效果是没有起到任何作用，最糟的效果则反而起到添乱与破坏作用；认为决定干旱半干旱地区生态系统的因素不是放牧，而是降水等非生物因素。这篇文章首次提出了非平衡生态系统的概念，对传统的草场科学理论产生了颠覆性影响。之后，对干旱半干旱生态系统的动态更具解释力的众多理论与模型发表或出版。

那么，在美国本土的草场管理实践中都没有产生广泛影响的这一理论，何以成为"适合其他所有地方"的正统"科学"？有关研究表明，"以草定畜，草畜平衡"成为指导草原管理实践的信条，不是许多人想

---

① 该文发表于美国《草原管理杂志》第41卷第6期（1988），其译文见王晓毅、张倩、荀丽丽编著《非平衡、共有和地方性——草原管理的新思考》第20–45页，中国社会科学出版社，2010年。

象的那样纯粹基于草原生态系统的特点形成，而是受到当时美国特定政治和经济环境影响的产物。当时的政治背景是，林务署所属的农业部未能掌握所有非林地带的联邦土地，因此部门利益之争导致农业部有极大地激励去推广和应用该模式。到20世纪下半叶，已取得正统地位的这一模式输出到世界许多地区，也是伴随美国科技的发展和国力的强盛，被不当复制的结果。

　　不过，与非洲人相比，中国人接受"草畜平衡"理论，有自己的特色。"以草定畜"在非洲的推行是由国际援助机构主持操作，以"发展项目"形式实施的，况且当时对非洲人言还没有其他理论或模式借以参照。但中国的情况不同。在20世纪80、90年代和21世纪初，从中央到旗县政府数以万计的众多官员多次出访美国等发达国家，学到的就是"以草定畜"这一套，因此中国人是主动出击，予以"消化吸收"的。而且，中国人决定大力推行这一做法的时候，已经有了否定"草畜平衡"理论在干旱半干旱草原的有效性的众多论著，因此中国人的"消化吸收"，是在彼此不同的两种理论和模式中加以选择的结果。笔者认为，这种"中国特色"与包括我们决策者们在内的许多人源远流长的农耕文化观有关。国人所传承沿袭的农耕文化观中有一个重要观念 —— 使"草"与"畜"对立起来的观念。多数人长期以来只谈论"草畜矛盾"，从不提及"草畜依存"，就是明证。因此，中国人对"草畜平衡"理论的引进，所看中的实际上是该理论中暗含的"草畜矛盾"思想，并不是它的完整含义 —— "合理载畜量下的适度放牧能够维持植被的正常状况"。这恰好就是21世纪初紧急出台名目繁多的"围封禁牧"政策的文化根源。不然，把偌大面积的草原，不管其是否处于"草畜平衡"中，一律划入"围封禁牧"项目区，作何解释？事实上，决策者们认为的是："草畜平衡"那把刀不太麻利，还不如"将采食的畜群和经营这些畜群的人口统统迁移出去"这把中国刀痛快，"围封禁牧"诸多政策的出台，就是这种思维逻辑的产物。

4.3　走向主导地位的外来文化

近30多年间，中国的畜牧业现代化加快了进程。不过，像许多第三世界国家那样，中国的畜牧业现代化也是从学习那些已经"现代化"国家的模式开始的。在诸多畜牧业发达国家的经验中，美国畜牧业的模式成为首要的效仿对象。几十年来，国人学习美国经验热度始终不减，诸多农业访问团的出访计划中，美国一定是首要的访问国；专家学者连篇累牍的文章，无一例外地都言必称美国。国人学到的"现代化"究竟是什么？改革开放前夕赴美考察的中国农业访问团的报告，从五个方面归纳了美国农业现代化的经验，其中提到：

美国的农业现代化有以下几个标志。

第一，机械化全面地高度发展。据美国农业部1977年统计，全国有拖拉机438万台，各类收割机12万台，农用卡车318万辆。从耕地、播种、中耕、施肥、喷药、收获，到排灌、运输、烘干、贮存、加工、全部实现了机械化。……

第二，一整套现代科学技术用于农业。这方面主要包括良种、化肥、除草剂、农药和水利。各种作物普遍采用良种，种子纯度高，庄稼长得整齐平衡。畜牧和家禽也大搞良种。我们参观过的威斯康星州的牛奶和奶制品产量在美国名列第一。这个州的全部奶牛都是由专门的奶牛种牛场生产冷冻精液，采用人工授精办法配种，全州180万头奶牛，平均每头一年产奶12000磅[①]。施用化肥，他们对土壤进行了普查，建立了土壤档案，从土壤实际状况出发，施用氮磷钾浓缩复合肥料，1976年全美国用化肥4910万吨，包括微量元素220万吨，平均每亩用化肥50斤，比1960年增加了一倍。他们还普遍采用了灭草剂防治杂草。过去有人以为美国完全靠优越的自然条件吃饭，不搞什么农田水利建设，其实不然，在非搞水利不可的地方搞得很有成效，干旱地方，自走式喷灌发展很快，已占灌溉面积的一半。

第三，农业生产的区域化、专业化和农、林、牧三结合。美国各州根据本地气候和土壤条件，以一两种作物为主，实行区域化、专业化种植，以利于大规模地采用现代化机械和科学技术。比如，从俄亥俄到明尼苏达这一带的各个州，土壤肥沃、雨量充沛，都大量地种植玉米，形成著名的玉米带。依利诺斯州地处玉米带中心，玉米地连成一片，一望无际，好像玉米的海洋。

美国的农场，根据不同条件，有的以畜牧为主，养猪养牛养鸡。搞畜牧的，一般都兼种一定数量的青饲料。养猪养牛养鸡农场，都是机械化工厂化经营，现代化水平高。[2]

国人心目中的"畜牧业现代化"概念由此形成。有文章将其进一步细化为"从狭义上讲畜牧业现代化就是养殖业机械化，即在饲养管理上的机械化，从畜禽进入舍内，包括自动供（喂）料，自动饮水，定时光照，自动刮粪，消毒，直到出栏淘汰的操作过程；广义上严格地讲是高度的集约化和大规模工厂化，生产操作过程全面机械化和自动化，包括与养殖有关的种畜禽生产，畜禽的饲养及出栏淘汰屠宰加工

---

① 1磅＝453.59克
② 中国农业代表团，"现代化的美国农业"，《世界农业》，1979年第2期。

和粪便的清理烘干等相关行业的机械化操作过程均采用电脑控制进行的，使之按规定程序自动有条不紊地顺利进行，称为畜牧业现代化。"[1] 正是对美国模式的这般效仿，才把他们"草原围栏""舍饲圈养"作为"现代化""科学管理"经验消化吸收，向草原牧区推行的。

应予以指出，决策者们在引进这一发展模式时，既忽略了它对美国人脚下的土地 —— 大平原究竟造成了什么后果，也没有认真考虑它对我们自己脚下的土地 —— 内蒙古草原将会带来哪些影响。乍一看，如美国人所标榜，他们的畜牧业已经成为"世界的肉库"，似乎成就惊人。但这一"成就"是以几乎占美国大草原1/3的高草草原99%的永久消失，剩余草原的显著退化，奥加拉拉含水层的超量开采，大片土地的严重污染为代价取得的。[2]马克思曾精辟地分析资本主义农业的发展，指出"资本主义农业的一切进步，都不仅是榨取劳力的技艺上的进步，而且也是榨取土壤的技艺上的进步"。[3]这就是说，美国畜牧业的那些"美誉"实际上是剥削土地的产物。不知"睁眼向洋看世界"的"侦察兵"们是否因为发现"腐朽的资本主义"原来是"腐而不朽"，连其"现代化"背后的资本主义土地观、自然观也一同移植了过来，而后走向了主导草原牧区发展的价值观。现行《草原法》第一条所述的"为了保护、建设和合理利用草原，改善生态环境，维护生物多样性，发展现代畜牧业，促进经济和社会的可持续发展，制定本法"；第三十五条所述的"国家提倡在农区、半农半牧区和有条件的牧区实

① 王京峰，"畜牧业现代化的现状与对策"，《饲料与畜牧》，2000年第1期。

② 唐纳德·沃斯特著，侯文蕙译《尘暴：1930年代美国南部大平原》，第321–324页，生活·读书·新知三联书店，2003年。

③马克思：《资本论》，转引自唐纳德·沃斯特著，侯文蕙译《尘暴：1930年代美国南部大平原》，引言，生活·读书·新知三联书店，2003年。

行牲畜圈养……逐步改变依赖天然草地放牧的生产方式"等条文，以及对现行《畜牧法》的官方解释等，都已从法律上清晰无误地确认了美国模式的"现代化"文化在草原牧区的主导地位。

耐人寻味的是，在移植上述外来文化时，一些专家、学者无中生有地编造所谓的"外国经验"，作为论证现行政策正确的依据。下面举两个例子加以说明。

例1. 所谓"发达国家通过禁牧彻底扭转草原退化"的经验

农业部主管的综合指导类期刊《中国牧业通讯》曾发表题为"我国为何要推行草原禁牧休牧轮牧"的一篇文章，对草原牧区推行的这一政策的理由作了这样的论述："农业发达国家，如美国、加拿大等均通过采用禁牧、休牧、轮牧措施，彻底扭转了草原退化的状况，使草原处于良性循环中。科学家也对禁牧、休牧、轮牧措施的合理性在理论上给予证明"。①

该文所说的"措施"包含禁牧、休牧、轮牧等三项内容。鉴于后两项其实是所有游牧民族传统畜牧业中长期实行的制度，根本没有必要虚张声势地拿出一副要推行一套新制度的架势，当然无须讨论。关于是否有"科学家"提供过关于"禁牧的合理性"的"理论上"的"证明"，所查到的最早期报刊资料是2001年8月12日《人民日报》登载的题为"内蒙古切实保护草原生态，造福子孙后代"的通讯报道。这肯定不能作为科学家的理论证明，况且其日期也在内蒙古政策文件下发30天之后，因此所谓"科学家"给出了"理论证明"云云，只能被认为事属子虚。笔者孤陋寡闻，尚未看到加拿大的相关资料。因此，这里只讨论

---

① 时彦民："我国为何要推行草原禁牧休牧轮牧"，《中国牧业通讯》，2007年第9期。

美国是否推行过对天然草原大面积禁牧的政策。我们考证的结果是，美国社会有强烈的禁牧呼声，但没有因"超载过牧"推行禁牧的事实。美国律师、野生动物学家德博拉·窦娜秀（Debra L. Donahue）的专著《重访西部草原：从公共草地上移除家畜以保护本土生物多样性》，是主张禁牧的代表性文献。窦娜秀开宗明义，在该书序言中论述了关于在西部草原上实施禁牧的一则诉讼被联邦法官否决的经过，指出了联邦法官的错误判决是代表不同利益集团的政治势力相互较量的结果，而不是基于生态环境的考量。在正文中，作者据理力争，从草原生态学、保护生物学、法学、经济学等多学科视角，系统论证了在西部公有草原（11个州）上禁牧的必要性和紧迫性。[1]有人也许会认为，既然美国有禁牧的依据，我们效仿它也无可厚非。但是，作者主张禁牧的主要依据是美国的家畜不是本土物种，经营畜牧业的牛仔们也不是在当地把野生动物驯化为家畜的牧民，侵入物种会对当地的生态环境造成不良影响。即 Debra L. Donahue 所说的禁牧，不是针对"超载过牧"的举措，而是禁止外来物种在美国大平原的放养。这与内蒙古的实际情况完全不同。考古发现证明，蒙古高原的五种牲畜是对本地野生动物的驯化品种。既然如此，效仿美国"经验"，在内蒙古草原牧区推行禁牧，岂不成了无本之木、无源之水？

不过，美国从20世纪中期起陆续设立了若干小片"禁牧"区（grazing exclousure），但都是为了科学研究。例如，20世纪50年代建立的美国新墨西哥州查科峡谷国家公园（Chaco Canyon National Park）就是把世世代代在此地放牧的印第安人主要部族 —— 纳瓦霍人

---

① Debra. L. Donahue 1999. The Western Range Revisited: Removing Livestock From Public Lands to Conserve Native Biodiversity, vii–xii, University of Oklahoma Press.

的羊群全部赶出去，还投入数百万美元拉了网围栏并进行了水土流失治理的禁牧区。但时隔40年后一看，公园内的植被同纳瓦霍人继续放牧的公园外的植被没有什么两样。非洲赞比西河沿岸所建国家公园的情况，也是类似的。[①]在美国最经典的草原管理教科书《草原管理：原理与应用》中也有这种小片禁牧区的描述，但其结论是"与禁牧区相比，控制良好的放牧（对草原）更能够产生正面的影响"。[②]无人不知，这种小片区的经验不应成为在大片天然草原上推行禁牧的依据。

例2，所谓美国"退牧还草"的"成功经验"

2014年，一个由农业部畜牧业司、中国农业科学院北京畜牧兽医研究所、中国农业大学有关专家和人员组成的考察团（以下简称为考察团），赴美国进行了为期2周的草原保护和草原畜牧业问题专题考察。该考察团回国后发表的考察报告称："美国草原生态保护政策和措施到位，……实现了草原在保护中发展、在发展中保护的良性循环。美国在草原保护与利用方面好的做法和成功经验，对中国草原保护和可持续发展有着重要的借鉴意义。"该文所罗列的三个"长期稳定的草原保护建设支持政策"中的一个，便是"退耕（牧）还草"项目。[③]

该项目的原文为 Conservation Reserve Program，简称为CRP。考察团的文章对它的中译文显然在认为该项目由"退耕还草"和"退牧还草"两部分组成，从而明确认定了美国具有"退牧还草"的"成功"经验。为弄清CRP是否包含"退牧还草"，我们对这两个项目的

---

① Allan Savory, Jody Butterfield. Holistic Management: A New Framework for Decision Making, pp.14 – 15, 21 – 22, Washington, D. C. Island Press 1998.

② Jerry L. Holechek et al. 2011. Range Management: Principles and Practices (6th ed.), pp. 115 – 118, Pearson.

③ 农业部赴美国草原保护和草原畜牧业考察团："美国草原保护与草原畜牧业发展的经验研究"，《世界农业》2005年第1期（总第429期）。

实施地域和两国有关机构和专家学者对它们的理解，做一简要梳理。

"退牧还草"，是中国在广大草原牧区推行的政策项目，其实施地域是天然草原。而 CRP 是美国里根政府立项，历经五届总统任期，至今还在推行的项目。因此，国内已有不少介绍 CRP 的文章发表。也许是由于 CRP 的中文翻译本身有点别扭，大家使用的中文名称不尽一致，有"土地休耕""土地休耕保护计划""休耕保护""联邦休耕""环保休耕项目""保护储备项目"等。但对哪种类型的土地是该项目实施地域这一点上，都说得很清楚：除考察团的文章外，之前的诸篇文章都认为是耕地或庄稼地，而不是天然草原。当然，这一问题不能用少数服从多数的原则进行表决，正确地认定需要分析美国自己的相关资料。

为分析美国农业部等机构关于 CRP 内容的资料，我们需要澄清 range（或 rangeland）、pasture（或 pastureland）这两个术语的确切含义。但这一点很容易，我们只需看看关于草原管理学论著中的释义即可。

《草原管理：原理与实践》（Holechek 等著，2011 版）中的定义：

Rangeland is defined as uncultivated land that provides the necessities of life for grazing and browsing animals. 其中译文应为：为采食与摘食的动物提供所需食物的未经耕作的土地，称为天然草地。

Pasturelands are distinguished from rangelands by the facts that periodic cultivation is done to maintain introduced (nonnative) forage species, and agronomic inputs such as irrigation and fertilization are applied annually. 其中译文应为：人工草地与天然草地的区别在于这样一个事实，即对前者而言必须每年进行耕作以保持所引种（非原生）的饲草物种，每年实施诸如灌溉、施肥等农学投入措施。

澄清天然草地和人工草地的概念后，我们可以准确理解美国官方对 CRP 项目实施地域究竟属于何种土地类型：

美国农业部2004年9月农业经济报告 ——《CRP：对美国农村的经济影响》写道：由粮食安全法案（1985年法案）确立的 CRP 项目，从1986年开始登记农地，按照自愿参与的原则，由美国农业部同农业生产者和土地所有人订立合同，以使高度侵蚀性和环境敏感农田 (cropland) 和人工草场 (pasture) 休耕10—15年。休耕保护计划 (CRP) 的首要重点是休耕农田。为提高水质，现已将有限的人工草地（pastures）列入了登记范围，作为河流沿岸缓冲地。目前已有250,000英亩的少量人工草地 (pasture) 列入了 CRP，这还不足登记休耕总面积的1%。[1]

上述《报告》所说的土地中，完全没有天然草场；因为人工草地是需要同农田一样定期实施农耕措施的土地，因此多数学者把 CRP 译为"退耕保护项目""休耕保护计划"，才是正确的。对此，美国官方资料，从来认为 CRP 中只包括了农田（cropland）。

美国国会研究服务局提交国会议员和国会各专门委员会的专题报告 ——《现状与目前问题》写道：1985年颁布的 CRP 项目，给农场主们支付租金，以使高度侵蚀性或环境敏感的农田 (cropland) 退出生产10年或以上。[2]

很清楚，美国官方资料所说 CRP 项目的实施地域是 cropland——农田，一英亩 rangeland—— 天然草地都没包括进来。至于不足 CRP 项目全部土地0.75%的人工草地，按所有权虽归属牧场主，其性质与

① USDA Agricultural Economics Report No 834 –– The Conservation Reserve Program: Economic Implications for Rural America，Sept. 2004.
② CRS Report for Congress. CRP: Status and Current Issues, Sept. 15, 2010.

农田相同，美国人按农田对待，应属理所当然。因此，如按中国的话语解释，CRP 只能是"退耕还草"，绝对不能理解为"退耕还草"＋"退牧还草"。所谓"美国的退牧还草经验"，其实是我们高规格、高层次的专业考察团编造出来的故事。应当说，替外国编造"经验"这一现象本身，倒是国人深入思考的一个问题。

4.4　三种文化中的自然观

我们曾提出，鉴于内蒙古草原成为内地农耕民族和蒙古高原游牧民族相互扩张的交错地带，已有漫长的历史，其间农耕民族向草原地区的逐步推进，致使适应草原牧区的游牧文化出现长期断裂，造成了垦殖型荒漠化及其逐步加剧。①上文的论述分析也已揭示，根深蒂固的农耕文化在草原牧区近几十年推行的政策中继续扮演着主导文化作用。但是，如从目前现实考虑，外来文化也在扮演者主导作用。因此，当我们探究近几十年草原牧区政策的生态效应时，仍有必要继续从根本上梳理农耕文化、外来文化与游牧文化这三种文化对大自然的根本态度 —— 自然观。否则，十八届五中全会提倡的"人与自然和谐发展"、"绿色发展"，在草原牧区将会落空。

三种文化的植物观：

观察和分析一个民族的自然观，从其对待自身生存繁衍环境第一性生产的载体 —— 植被的观念入手，是最便捷的途径。前文已述及，鉴于蒙古族及其先民们自古以来就是在人 — 家畜 — 自然界 — 人这种闭循环中繁衍生息，草原成为他们最主要的保护对象。"草原儿女"一

---

① 恩和："草原荒漠化的历史反思：发展的文化维度"，《内蒙古大学学报》（文科版），2003年第2期。

词最确切地表达了蒙古高原生态系统中的人 — 草关系，即他们就是自古以来践行"人类是自然之子"观念的民族。对任何一种野草绝不可连根损害，是他们千百年来恪守的禁忌。为保护植被的完整，将拔掉拴马桩所留下的孔眼都要覆土填平，不留痕迹；将在新营地搭建蒙古包时铲下的草皮仔细堆放好，从该营地搬迁时把草皮复原回来。蒙古族还有敬仰树木的习俗，戈壁荒漠地带的居民敬重梭梭、榆树、柽柳，而杭盖地区的居民则敬重柳树、桦树、松柏和桷树。而蒙古高原各地的牧民普遍遵循的一个传统习俗是，称独自生长的一棵树为"索敦毛都"（意思为奇树），称聚集生长的一小片树为"宗毛都"（意思为百棵树），对其倍加敬仰和爱护。尽管蒙古人利用柳树作为蒙古包部件的材料，但从不砍伐沿河岸水边生长的树木。尤其可贵的是，对待植物、植被如此敬重爱护的习俗，不是在什么"监理"或"督查"者的监督下，而是全民族自觉自愿地传承了数千年。

对传统农耕民族而言，除屈指可数的几种农作物苗外，别的植物都是"杂草"，一概属于清除对象。数千年的农耕文化，陶冶出了厌恶甚至嫉恨除了他们农作物意外所有植物的一种文化。人们只要浏览一下《现代汉语词典》，很容易查到下列词目：

草包、草率、草草了事、浮皮潦草、草野、草民、落草、落草为寇、草寇，草头王、草菅人命、斩草除根……

可见，厌恶乃至嫉恨"草"成为农耕民族共同的意识，已年深日久。迄今为止的历史上不断出现大规模开垦草原，其根源就在于他们根深蒂固的草原观中。

在19世纪中叶白人来到之前，大平原上的印第安人始终信奉这样的信念：他们生息的大地并不是充分稳定而完美的世界；为了对抗严酷的气候，所有的生物都相互需要、相互依赖。他们把除自身外的所有生物，都当作帮助他们生存下来的古老的盟友。

但对来到大平原白人拓殖者心目中，大平原"除了草什么也没有"。他们在对待草原的问题上同中国的传统农耕民族如出一辙：草原就是荒地，就是尚未实现价值的土地。《尘暴》一书以真人真事为背景，对白人殖民者的这种价值观作了深刻的剖析：

查尔斯·达纳·威尔伯(Charles Dana Wilber)，内布拉斯加一个小镇的建造者，在向造物主祈祷时，觉得自己不得不对那些人作出回应。他声言，把地球上任何一块土地变成"永久的荒漠"，这从来都不是上帝的旨意。不管在哪里，只要人们"敢做敢为"，他们就会把那片土地变得适于耕种。"所以现实是，没有任何地方是荒漠，除非人们忽略了它，或者愿意把它荒废掉。"如果大平原并不是像杰斐逊所希望的那样，那么农场主们就会修补它的不足。威尔伯预测，雨水会跟着犁来。这正是造物主希望人们思考的方式。把草翻到地下去，天上就会雨云密布。也就是说，在自然界，没有任何人们必须遵守的限制。正相反，所有生态上的限制都只不过是有待人类力量去克服的一些挑战罢了。①

三种文化的动物观：

游牧民族与农耕民族关于动物的认识和对待动物的态度，也反映了他们截然不同价值观。我们先看蒙古族是如何看待他们五种家畜的态度。蒙古族称呼自己的畜群为"Buyantu mal sȯrȯγ"，以表示"赐予福祉的畜群"，把合理组群的五种家畜说成"Tabun erdeni-in teγsi

---

① 唐纳德·沃斯特著，侯文蕙译，《尘暴：1930年代美国南部大平原》，第103页，生活·读书·新知三联书店，2003年8月。

sȯrȯγ""尊为至宝且五种齐全的畜群"。在蒙古族普通牧民日常言谈中说出的这些话语表明，他们同自己家畜、畜群之间的关系，不是农耕民族所想象的利用 — 被利用、主宰 — 被主宰的关系，而是认为他们自己的福祉是由畜群所赐予，他们衣食住行都是五种家畜的施舍成就的。因此这些话语是他们对自己五种家畜表示感谢的心理表达。蒙古人的畜牧业不同于农耕民族诸如养鸡养猪之类的养殖业。传统游牧文化讲究的是将牲畜如同自己家庭成员般爱惜的"人化"态度。尽管肉食是蒙古人的主食之一，有研究表明，肉食只是他们的冷季食物，在长达半年的暖季却以奶食为主，况且他们特别注意尽可能以野生动物的肉作为补充。

那么他们对待野生动物的认识和态度又如何呢？众所周知，保持游牧习俗的蒙古族先民天生就是一个狩猎民族。但他们的狩猎，是在崇敬野生动物的认知觉悟基础上形成的有节制、有规矩的活动。几乎约定俗成的是，他们在进行狩猎活动时，信奉并坚持着这样的原则和理念：不得贪婪，不得对狩猎对象捕尽杀绝；不能抱持追逐利益的动机，只能适当地接受山水大地的恩典以补充自己的生计。狩猎活动还要准确地掌握猎物繁殖与抓膘季节以选定狩猎时期，猎得猎物后还要将肉、皮等仔细收拾干净之后才享用。众人启程狩猎前还举行正规的传统仪式，如有违背将受到习俗乃至法律的惩罚。有趣的是，蒙古族牧民除了对家乡的野生动物进行整体保护外，还会主动采取种类繁多的措施对某些飞禽走兽进行保护 —— 如若遇到幼小动物、已怀羔或有幼小子羔跟随的雌性动物、成双成对的飞禽，莫说捕猎它们，还会谨慎小心地绕开以免惊吓它们。对某些种类动物更为敬重和爱惜。对鹿、熊、狼、矛隼等动物尤其敬重，对它们的捕猎，规矩更为严格，习俗更加精细。对鹿和狼，本来就有将它们同蒙古族的祖源相联系的许多传说，自然很受敬仰，相应的狩猎仪式更具特色。

游牧蒙古人所以把蒙古高原动物多样性保持千百年，直到20世纪50年代初，就是凭借他们共同遵守的习俗、不成文和成文法规做到的。但如此做到的背后原因，却是他们对动物的深刻认知。他们认为，无论野生动物还是家畜，都是同人类一样具有情感、智慧的生灵。以牧民同家畜之间的交往为例，经验丰富的牧民都说，他们实际上是在同自己的家畜进行着心理、感情上的交流。蒙古国著名画家 B. 贡布苏荣于1995年写的回忆录，描写了越南战争期间援助北越的一匹蒙古马的故事：

1971年11月，当时属于社会主义阵营的相关国家作家、美术家大会在越南举行。我作为蒙古民间画家代表参加会议。大会开幕当天东道主就安排代表们到一个海港参观。不远处看见有一匹白马正在吃草。正在我们相互交谈时，这匹马向我们走来，这才看清它是一匹已经骨瘦如柴的蒙古马。它到了跟前之后也不找别人，就径直找我，并且用鼻子和嘴巴不断闻我的手和腿。我的朋友苏联画家 Евтущенко 想靠近它，它不理，它绕过 Евтущенко 还是继续找我。周围的与会朋友们都说这匹蒙古马真了不起，竟然认识了自己的同乡。我不由自主地流下了眼泪。[1]

由此可见，蒙古马具有何等的智慧与情感。实际上五种家畜都是有智慧、有情感的动物。游牧蒙古人用马头琴的悦耳曲调和长调歌使

---

[1] B. 贡布苏荣："往事一则"（西里尔文），[蒙古]《人民权利报》1995年，转引自：米·托穆尔扎布、纳·额尔敦朝格特著《蒙古游牧人》（西里尔文），第155页，乌兰巴托，1999年。

遗弃驼羔的母驼认领自己的接受自己的孩子，重新连接已经中断的母子感情纽带；用陶伊格曲调让其它母羊充当失去母亲幼羔的奶妈，使它们建立母子感情等，都是农耕民族难以想象的奇迹。这些奇迹都是游牧民族在几千年之前就已掌握的本事。

与游牧民族相比，在农耕文化的认知中，动物是没有智慧，没有感情的物种。汉语词汇中表示贬低一个人的常用词汇便是"衣冠禽兽"和"禽兽不如"；形容一个愚蠢的人听不懂道理，就用成语"对牛弹琴"。显然，农耕民族的深层意识中，动物都是无情、无爱、无知的"畜生"。可见，与游牧文化相比较，农耕文化的动物观相去甚远。关于农耕民族对待动物的态度，在论述自然观分析时，一并加以论述。

前文述及，农耕文化中非农作物植物因被划入"杂草"而被"斩草除根"；而动物在该文化中的地位，亦好不到哪儿去。如果浏览一下著名环保斗士唐锡阳先生关于农耕民族动物观鞭辟入里的揭露和吴国盛教授的评点，人们会进一步认清这一问题。

"虐待动物"这个词是近两年从国外传来的，中国没有。中国人只谴责虐待人，很少批评虐待动物。中国人对待动物，中心是个"用"字。用动物的皮毛骨肉、五脏六腑乃至生殖器；用动物看家、做伴、耕田、乘骑、拉挽、取乐、赚钱、打仗。祭祀本来是很庄重的事，也要用动物作牺牲。有些人对待动物的态度是十分暴虐的，特别是在烹饪动物上，似乎是越残暴越能招来食客。说朝鲜人把狗活吊在树上，菲律宾人把猫扔进开水锅里，我们有些人做的比这要残忍得多：鱼烹调熟了，还在张合着嘴；虾送到嘴里，还在挣扎；烤全羊要活着烤，吃鹅掌要活着烙，吃蛇胆要活着挖。这种对待动物的态度又怎能和现代的生态伦

理相融呢？①

儒家的实用哲学大大降低了中国人的生态保护意识。对待生命的"普遍"尊重，没有成为中国主流文化的基本原则。②

不过，对上述分析的文字，我们想做一小小的纠正 —— 文中提到的"中国人"，应当改为"农耕民族"或"汉族"。据笔者了解，中国的蒙古、哈萨克、藏等游牧民族的动物观和自然观与汉民族截然相反。对此，稍后将以蒙古族为例加以论述。此处关于农耕文化的自然观，尚需进一步分析。

尽管资本主义经济文化的动物观可追溯到《圣经》形成的久远年代，此处只述及英国前现代时期人们信仰的价值观，便足以证明踏入大平原的拓荒者们的动物观是何等的根深蒂固。在都铎与斯图亚特王朝的英格兰，"植物为动物而造，动物为人类而造"是当时社会的普遍信条。人们根深蒂固地认为，家养动物要干活，野生动物被捕猎，自然完全为服务于人类利益而存在；正是考虑到人类的需要，动物们才被仔细地设计出来并散于世界各地；野生物种的成员看起来很相似，但牛、马以及其他驯养动物在颜色和形状上却多种多样，这样人类更容易将它们区分出来，加以认领；造物主让马的粪便散发香味，因为知道人会经常接近它；猿猴与鹦鹉注定"带给人类欢笑"，歌唱的鸟儿就"为了让人类娱乐开心"才被设计出来；至于家畜与羊群所以被赋予生命，最重要的目的就是让他们的肉"在我们需要食用时保持新鲜"。③

到19世纪中叶，白人就已经带着武器装备，寻找着新的发财方式，

① 唐锡阳编著《错错错 —— 唐锡阳绿色沉思与百家评点》，第60–65页，沈阳出版社，2004年。
② 吴国盛著，《现代化之忧思》，第185页，湖南科学技术出版社，2013年。
③ 基思·托马斯著，宋丽丽译《人类与自然世界：1500—1800年间英国观念的变化》，第6–9页，译林出版社，2009年。

叮叮当当地来到了大平原上，从而其上述动物观大行其道。到了1876年，平原印第安人被赶到保留地去了，这个最后的、也是最成功的土著居住区结束的并不是干旱，而是美国军队。在白人争夺印第安社区的战争中，印第安人赖以为生的野牛成了无辜的牺牲品，它们被看成是"印第安人的食品店"，因此应该遭到彻底根绝。如果它们消失了，靠它们生活的捕食者们，包括红种人，也就会消失。于是，数千万头野牛几近消失。[1]1885—1886年的冬季被证明是这个地区有史以来最严酷的季节。在有些牧场上，85%的牛死掉了，它们发黑的尸体在春天的田野上散发着腐臭。从来也没有人真正考虑过这些长角牛的权利，它们不过是一群把草变成钱的动物机器。总而言之，牧牛王国的霸权在延续了将近20年后自己解体了。[2]

三种文化的自然观：

每个民族都有其本民族所特有的自然观。鉴于传统农耕民族是与土地绑在一起的典型人群，对他们而言，"迁徙"意味着"背井离乡"——一个描述悲惨境地的词汇。正是这一乡土情结导致古代中国成为"鸡犬之声相闻，老死不相往来"的天地，致使传统农耕民族没有形成当今人们所理解的，关于自然界的概念。新进的研究表明，古代文献中多次出现的"自然"一词，都不是建立在人与自然的哲学二分之上的"自然界"的概念，认为中国人早已有了"自然界"概念，实际上是用现代思维解读的系统性误差。当今人们理解的"自然"是近代以后对西文 Nature 翻译的结果。[3]

农耕文化的自然观始终以"人定胜天"的信念为核心。早在战国时代

---

[1] 唐纳德·沃斯特著，侯文蕙译，《尘暴：1930年代美国南部大平原》，第97—99页，生活·读书·新知三联书店，2003年8月。

[2] 唐纳德·沃斯特著，侯文蕙译，《尘暴：1930年代美国南部大平原》，第105—106页，生活·读书·新知三联书店，2003年8月。

[3] 吴国盛："自然的发现"，《北京大学学报》（哲学社会科学版），第45卷第2期（2008年3月）。

的末期，荀子认为"上得天时，下得地利，中得人和"即可"制天命而用之"，后人将其理解为"人定胜天"——"人一定能征服自然"。人所共知的古代寓言《愚公移山》讲述的就是比喻以顽强的毅力和不怕困难的斗争精神去征服自然、改造世界的故事。夸父追日、精卫填海、人定胜天、战天斗地、改天换地等成语或词汇，都是汉语中沉淀下来的关于征服自然的文化思想。也许有人将老子说的"人法地，地法天，天法道，道法自然"理解为崇尚大自然、尊重其规律，但这是如上所说的用现代思维解读的系统性误差带来的结果。即使将老子的"道法自然"理解为"尊重自然规律"，其思想根本就没有成为社会成员的集体人格，即始终未能成为历代中国百姓崇尚自然的自然观。这只能说明，老子作为一位杰出的思想家对人们的教诲和宣示，如果把它说成是"文化"，只能认为是"典籍文化"。公元前3000年起对黄土高原地区森林的焚烧与砍伐，已经造成世界历史上最愚蠢的生态灾难——难以治理的黄河河道的淤积和水灾。[1]进入20世纪50年代的"人有多大胆，地有多大产"，以及对内蒙古草原的三次大开垦等都说明，这种农耕文化的自然观仍在指导着政策的制定与推行。

资本主义经济文化的自然观，集中体现在白人殖民者的土地价值观中，对此《尘暴》的作者做了独到的分析：

1. 自然必须被当做资本。这是一笔经济财富，可以成为利益和特权的源泉以及创造更多财富的工具。树木、野生动物、矿产、水以及土壤，都只不过是既可以开发也可以被运载的商品，因为他们的归宿就在市场。一种企业文化在看待自然时也不会超过这样的一种价值观，

① 唐纳德·沃斯特著，侯文蕙译，《尘暴：1930年代美国南部大平原》，第3页，生活·读书·新知三联书店，2003年8月。

结果非人类世界也就无神圣和神秘可言了。自然的机能上的相互依赖性在这种经济核算中也被打了折扣。

2. 为了自身不断地进步，人有一种权利甚至有一种义务去利用这个资本。资本主义是一种急于向最大限度发展的文化，总是设法要从世界的自然资源中获取比它昨天的所得要多的东西。最高的经济奖赏无不走向那些竭尽所能的榨取自然的人。私人的贪欲和对财富的聚敛是没有极限的目标，是不可能一次就满足的。

3. 社会制度应该允许和鼓励这种个人财富持续不断的增长。它应该使个人（以及由个人组成的公司）在积极利用自然时不受任何限制，应教导青年人举止得当，保护那些成功者的收获不受损失。就纯粹的资本主义而言，自我作为一个经济主体，不仅是极其重要的，而且是资助的和无须责任感的。社会团体的存在是帮助个人发展并承担环境的代价。①

如将中国的农耕文化与美国资本主义经济文化的自然观之间加以比较，《尘暴》一书的作者认为白人殖民者对美国大平原的征服仅仅用了半个世纪的短暂时段，导致了严重的生态恶果：

全球粮食问题知名权威乔治·博格斯托姆(George Borgstrom)认为，尘暴是全球历史上三个最著名的生态愚蠢之举之一，另外的两个指的是公元前3000年左右中国黄土高原上的砍伐森林所带来的持续诸多世纪的河道淤积和水灾，以及地中海地区因放牧而导致水土流失和贫瘠化。然而，与这两者不同的是，尘暴只用了50年时间就形成了。它既不能归咎于教育水平低下，也不能归咎于人口过多或贫困。它的发生是一种按照严格认定的方式运行

---

① 唐纳德·沃斯特著，侯文蕙译，《尘暴：1930年代美国南部大平原》，第5—6页，生活·读书·新知三联书店，2003年8月。

的文化结果。美国人以一种无情的、其他任何地方的一个民族都不可比拟的破坏效率，开辟了他们跨越一个上天赐予的丰饶大陆的通道。当白人来到大平原时，他们雄心勃勃地谈论的是如何扩大对这片大陆的"驯服"和"开拓"。现在看来，他们也正是那样做了。某些环境的毁灭性灾害是自然之所为，还有一些则是疏忽或贫困所逐渐积聚的结果。而尘暴，却是一种文化的不可避免的产物，这种文化蓄意而自觉地为自己指派了这样的任务，那就是竭尽全力地驯服和掠夺这片土地。①

蒙古族先民是世界上最早形成自然保护法律意识以及具体法律条文的民族之一。公元13世纪初，成吉思汗在确立自己立国安邦政策时所颁布的一部综合性法典 ——《大扎撒》。尽管人们尚未找到《大扎撒》的全文，在学者们确认为《大扎撒》条文中至少包括：

◎不得损坏土壤，严禁破坏草场；

◎不得将奶食与其他食物洒于土地，违者处斩；

◎禁止在夏秋两季白昼下水洗浴及在江河洗手，禁止用金银器皿舀水，不得在草甸洗晒衣服。

◎有失火、放火者，全家问斩；

◎爱狩猎活动只能在冬季首场雪至第二年春季草木发芽的期间进行。②

---

① 唐纳德·沃斯特著，侯文蕙译，《尘暴：1930年代美国南部大平原》，第3页，生活·读书·新知三联书店，2003年8月。

② Kh. Nyambuu 1995. The Great Yasa of Holy Khan Chinggis. (in Cyrillic), Ulan-Bator. O. Amarkhuu 1999. The Historical Development of Legeslation on the Nature Conservation in Mongolia, pp28 - 29, Ulan-Btor. 转引自：恩和、图门其其格，"论蒙古族的自然保护文化及其传承问题"，《游牧文明与生态文明》，第61 - 71页，内蒙古大学出版社2001年。

　　《大扎撒》的许多条文实际上是由民间早已形成惯例的民俗，上升成为法律的。因此在成吉思汗之后历代蒙古各汗国的疆域内均得到了继承，并且成为世代蒙古族后人广泛遵守的民俗。蒙古族传承数千年的祭祀天地山水、星辰日月、树草敖包等富有生态内涵的习俗充分说明，他们与自然的关系只能是：他们属于自然界。这一点从他们表述"大自然"或"自然界"一词的母语对应词 —— 直接表示"自然母亲"的，可以完全印证这一点。

　　由于世代蒙古族完全地融入了蒙古高原的自然的经济体系，他们真正成为自然之子 —— 草原儿女，就像其他生物一样，从各个方面都把草原放在第一位。他们根本不去考虑自己和草原之间还可能存在其他任何关系。由于完全接受了自然的秩序，所以从其居住伊始，他们的潜在的发展就有了一个界限，但同时也正因为他们接受了这种秩序，这就有了一种对其行为的生态限制模式。他们很小心地把自己的人口控制在生态体系所能承受的范围之内。他们尽可能地不浪费所能得到的资源。蒙古族的住宅 —— 蒙古包，就是一个典型例子。蒙古包构造夏天凉爽，冬季保暖，采光好；比相同周长的平房相比，蒙古包的使用面积大20%以上（平房的面积与蒙古包面积之比 $< \frac{\pi}{4}$）。此外，蒙古包充分体现了使用材料的节约精神。搭建蒙古包的主要材料无非是绳索、毡子等畜产品加工品，或当地生长的一些树木，不需要砍伐粗壮高大的树林。蒙古包的搭建、拆卸、运输，几乎一两个人就可完成。与定居民族的住宅相比，不知节省了多少倍的自然资源！可以这样设想，假如游牧民族采用了定居民族的居住方式，在他们繁衍生息的数千年期间，不知掀翻了多大面积的草原植被，不知砍伐掉多少片森林，在草原上不知留下多少处残垣断壁、瓦砾土堆！由此可见，有位学者

所说"真是托了可随畜群灵活搬迁的活动住宅 —— 蒙古包和逐水草迁徙的五种家畜这两者的福，蒙古高原的大草原才保住了她的自然原貌"①的断言，可谓入木三分。

征服大平原白人殖民者的文化、中国农耕文化与蒙古族游牧文化中的自然观，对于草原价值的认识，集中体现在看待草皮的不同态度上，即不同的草皮观上。

前面已提及，中国农耕文化对于杂草持有"斩草除根"的态度。而对"杂草" —— "weed(s)"，被认为相当于中国《现代汉语词典》的美国英语权威词典 ——《韦氏大学英语词典》，在相关义项下做了这样解释："a plant that is not valued where it is growing and is usu. of vigorous growth"，即"因在某处生长并往往长势迅猛而不被看好的一种植物"；另一部权威词典 ——《韦氏高阶英语词典》，也在相关义项下作了解释："a plant that grows very quickly where it is not wanted and covers or kills more desirable plants"，即"在不希望的地方生长迅速，并盖过或致死那里许多合意的植物的一种植物"。当然，这两种文化中，杂草如果被人认为没有"长错地方"，它虽有些讨厌，但觉得其碧绿的外表、清香的气味和斑斓绚丽的花朵，倒也吸引人。但它一旦"长错了地方"，或者认为"长错了地方"，那就不客气了，它一定是个令人厌恶、施以"斩草除根"的对象。

农耕文化与美国白人殖民文化对植被的态度，只看到了草原植被的地上部分，蒙古族游牧文化却认识到了其地下部分 —— 植物盘根

---

① B. 策翁. 地球之巅民族的历史，第一册 [M]（西里尔文），转引自 M. 托莫尔扎布，N. 额尔敦朝格特. 蒙古国游牧人（西里尔文）[M]，第74页，乌兰巴托，1999。

错节的根系。对植物的这种整体认识，还不是我们的专家、教授们"教化"出来的，而是蒙古族的祖先开始认识天地万物的远古时代起，就逐渐有了这种认识。一则被命名为《世界之三》的民间口头文学作品，可以佐证这一点。我们抄录几段如下：

这是一部诗文体裁，但其行数不是流行的偶数行，而是三行诗。每个三行都总结了天地万物的一类规律，因此叫做"世界之三"。其开篇的一段的直译意思为：

　　大地富有根系

　　上天富有星辰

　　海洋富有水量。

　　这说明，只有不破坏根系，才能保住草皮；只有保留完整的草皮，才能维系草原的一切生命。与"益草"的根系一样，"杂草"的根系同样起到了保护草皮的功能。因此，蒙古族人当人死亡之后，选择安葬地的主要条件也是一个根系发达的地块①。上文述及，蒙古族人经常搬迁，但从来不破坏草皮，连拴马桩的孔眼都填好，保证迁出营地植被的完好。甚至为了人自己的行走不致损伤地皮，特意将蒙古靴子的靴头做成了上翘头。

而与游牧蒙古族游牧文明极力保护草皮完好的价值观相对照的是，其他两种文化的草皮观又是如何呢？ 到19世纪中叶，白人就已经带着武器装备，寻找着新的发财方式，叮叮当当地来到了大平原上。他们雄心勃勃地谈论的是如何扩大对这片大陆的"驯服"和"开拓"。但直到1886年，这些白人未能最终征服草原。随着"牧牛王国"的衰落，大量等待了很久的农民涌进了这片空出来的土地，他们带着铁犁来开垦土地，准备建立一个更民主的所有权。在19世纪90年代~20世纪20年代，被开垦的草地，不是零星的几块，而是上百万、上百万英亩，从而借助于钢犁扯碎了植物根系，完全破坏了真正能够防砂故土的草皮。对此，《尘暴》一书的作者做了几段精彩的描述：

正是在南方大平原上，寻求自我的企业主们最清晰地暴露了他们的弱点。在那里，为了对抗狂风和周期性的干旱，野草紧紧地抓住土地。在这里，这块富饶地球的边缘上，为了成功地生活，人们需要唤起他天性里所有合作、无私和谨慎的因素。然而，由于他们的文化，美国人却恰恰发现这些品质是最难培养和弘扬的。对他们来说，更容易的是除掉看来没用的、无利可图的和不必要的草，从而强迫土地长出小麦来。②

---

① S. 巴达姆哈丹主编，《蒙古人民共和国民族法》卷一（西里尔文），第407页，乌兰巴托1987年。

② 唐纳德·沃斯特著，侯文蕙译，《尘暴：1930年代美国南部大平原》，第125页，生活·读书·新知三联书店，2003年8月。

不管在哪里，只要人们"敢作敢为"，他们就会把那片土地变得适于耕种。他们预测，雨水就会跟着犁来。这正是造物主希望人们思考的方式。把草翻到地下去，天上就会雨云密布。也就是说，在自然界，没有任何人们必须遵守的限制。正相反，所有生态上的限制都只不过是有待人类力量去克服的一些挑战罢了。①

1936年佩尔·洛伦茨（Pare Lorentz）为农业保障署（Farm Security Administration）制作的电影——《破开平原的犁》（The Plow That Broke the Plains）。通过像新闻影片一样的连续镜头和弗吉尔·汤姆森（Virgil Thomson）所创作的非凡的音乐，洛伦茨表达了这样一个观点：是机器，这种现代性的不受约束、不计后果的力量，制造了这场尘暴。密集的拖拉机车队被拍摄了下来，它们在田野里奔驰，就像第一次世界大战中坦克在硝烟弥漫的战场上横冲直撞一样。②

到20世纪初，似乎出现大平原的谷仓在北美广受欢迎的局面。正如弗兰克·诺里斯在其1901年出版的小说《陷阱》中所描写——源自西部"小麦带"的谷物"平静浪潮"，经过芝加哥通往欧洲的面粉厂和面包店，这是一股作为"多国养育者"的强大力量。但这是以巨大的生态代价取得的"成就"，最终导致了"肮脏的30年代"——史无前例的黑风暴。

大平原数十年的大开垦，倒也丰富了美国英语的词汇量，即增添了一个词汇"sodbuster"——"草皮破坏者"，它是送给草原开垦农

---

① 唐纳德·沃斯特著，侯文蕙译，《尘暴：1930年代美国南部大平原》，第103页，生活·读书·新知三联书店，2003年8月。
② 唐纳德·沃斯特著，侯文蕙译，《尘暴：1930年代美国南部大平原》，第121–125页，生活·读书·新知三联书店，2003年8月。

夫们的雅号。其实,如果比较内蒙古草原20世纪后半期的开垦与美国大平原19世纪80年代~20世纪30年代开垦的经过及后果,人们只能得出"何其相似乃尔"的结论。

5　简要结论

概括上述的分析,我们可以得出下列结论。

(1)长期跟踪观察表明,草原有偿承包到户、草畜平衡、围封禁牧等生态治理政策均没有实现预期效益。所谓"围封禁牧的实施,带来了草原生态的好转",是基于不可靠论证的无效结论。国外的实践表明,对游牧业的这类干预,其最好的效果是没起作用,最糟的效果则反而起到添乱与破坏作用。国内学者的实地调研也已发现围封禁牧长期化(荒漠和荒漠草原上3—4年以上,典型和草甸草原上5年以上)的负面效应。这说明现行的草原治理政策已经步入歧途。主流观点对此所以视而不见,是因为他们杜撰的草原畜牧业历史,堵塞了他们自己的视野,致使他们正在失去迷途知返的机遇。

(2)与关于草原畜牧业的主流观点相反,蒙古族的传统草原畜牧业并不是一种"低效益"的"弱小经济",把完好丰美的草原保持千百年的奥秘说成是"人口稀少"和"畜群规模小",纯属对草原畜牧业历史的歪曲。12世纪末、13世纪初的畜群规模很可能已经创造了当今人们认为的"最辉煌的篇章";内蒙古草原畜牧业步入低谷的1925年的畜群规模,也相当于被认为已"显著超载"的1990年的水平。实际上,成吉思汗一生征战数十年建立横跨欧亚大陆的大帝国的宏业,其经济基础就是今天被一些人一再贬低的蒙古族传统草原畜牧业。近年的研究一再证明，尽管蒙古族人口在世界民族之林中始终处于少数，但它所创立的畜牧业绝不是"弱小经济"，其规模有可能曾达到乃至超过一些人认为的"历史记录"。

（3）主流观点把蒙古族传统畜牧业描述为"草原无价、放牧无界、滥牧无妨"，将其视为一种"原始"、"落后"而毫无管理可言的"自由放牧"，纯属主观臆断和捏造历史。传统草原畜牧业在其形成、演化的众多世纪，蒙古族及其先民创造了使人、草、畜三要素之间相互依存、互惠共生的体系结构和浩特阿寅勒经营体制。"草原公有，牲畜私有"是蒙古族传统畜牧业的所有权模式，大蒙古国、蒙古帝国时期还是国家所有权。无论王公贵族还是普通牧户，都拥有占有和使用权。四季营地便是各个牧户阿寅勒、浩特阿寅勒享有使用权的区域，《蒙古秘史》称之为"嫩秃黑"。哪儿来的"牲畜吃草场的大锅饭"？实际上，世界所有的游牧民族，历史上都没有发生过对土地的私有权。日本学者加藤雅信曾提出"只有存在对土地的劳动投入时，才会产生对土地的所有权"的猜想，先后在蒙古国、尼泊尔、亚马逊河流域、安第斯高地、泰国北部少数民族部落、中国云南省哈尼族村落等国家和地区的实证研究中，已充分论证了这一论断。[1]

（4）所谓"美国等畜牧业发达国家均通过采用禁牧、休牧、轮牧措施，彻底扭转了草原退化的状况，使草原处于良性循环中"，"科学家也对禁牧、休牧、轮牧措施的合理性在理论上给予证明"，"美国天然草原退牧还草政策的经验"等，都是子虚乌有的事情。一方面把草原畜牧业的历史说成是"无"——"无管理""无规模"，其目的是"古"

---

[1] [日]加藤雅信著，郑芙蓉译.《"所有权"的诞生》，法律出版社2012年10月。

为今用；另一方面把美国的现实说成是"有"——"有退牧还草""有禁牧休牧"，其目的是"洋"为中用。

（5）蒙古高原的草原植被与野生草食动物是从久远的地质年代起协同演化而来的，两者之间既对立又统一，任何一方对另一方既有"取"、又有"予"的相互依存关系。考古发现和岩画分析表明，蒙古族的五种家畜是由先民们从蒙古高原野生动物驯化而来。而蒙古高原的驯化活动，是在不改变自然环境情况下进行的，即草原家畜是经历蒙古高原的自然选择和蒙古族先民们的人工选择培育而成的。在如此筛选、培育时，先民们以下列几条作为自己驯养野生动物是否成功的关键：相比其野生祖先，驯养成的家畜在肉、奶、绒、毛等畜产的产量上显著增加；使被驯养的家畜要同其野生祖先一样能经受高原严酷环境的自然选择；与这两条连在一起的还有要保留其野生祖先在自然环境中的迁徙规律。因此，同其野生祖先一样，蒙古族五种家畜也是草原生态系统的成员，即兼具家畜与野生动物的特性，或者称之为半野生、半家养的动物。

（6）舍饲畜牧业，顾名思义，是圈舍中饲养的畜牧业，实际上就是指所谓畜牧业发达国家的养畜业（animal industry）。主流舆论一直说，舍饲畜牧业即养畜业具有"两大优势"：一是生态效益好；二是经济效益高。殊不知，"养畜业的效益高"是个伪命题。以美国的养畜业经济效益为例，据关注养殖业问题科学家的研究，饲料生产补贴、清除有毒物质、粪尿池建设、沼气发酵技术等方面的资金，以及所谓发展基金等间接与直接补贴养畜业的各项巨额资金，都没有计入养畜业的成本。[1]

---

[1] 有许多文献。例如 Daniel Imhoff (ed.) 2010. CAFO: The Tragedy of Industrial Animal Factories, Earth Aware Editions；Doug Gurian-Sherman 2008. CAFOs Uncovered: The Untold Costs of CAFO, Union of Conserned Scentists.

联合国粮农组织曾报告说："如果用二氧化碳的释放量衡量，牲畜比汽车排放多18%。如果用一氧化二氮衡量，则人类活动（包括饲养牲畜）释放的一氧化二氮65%来自牲畜，而一氧化二氮的'全球变暖潜势'是二氧化碳的296倍。此外，人类活动产生的甲烷，37%来自反刍牲畜的消化道。而甲烷的温室效应是二氧化碳的23倍。人类活动产生的氨，有64%来自牲畜。氨是导致酸雨的重要原因之一。"[①] 养畜业这种隐性成本，都转嫁给了社会或纳税人。如将这些隐性成本都计入真正的成本效益，所谓"经济效益"与"生态效益"的谎言，顷刻不攻自破。

养畜业是从农业中分离出来的一个分支。对此，日本早稻田大学教授吉田顺一清晰准确地描述道：

这种养畜方法与上述游牧业与定居放牧业大不相同，这一点令人惊异不已。我认为，就本质而言，它接近于欧美或日本、澳大利亚、新西兰的养畜业方式。养畜业与放牧业来历不同。游牧业是放牧业的一种，可追溯到三千年以前。而现代养畜业只不过是19世纪后半叶的产物，是顺应了当时欧洲市场对畜产品的需求，从有畜农业中的家畜饲养分野分离出来，它属于农业的范畴。[②]

舍饲家畜不是草原生态系统的成员，其肉和奶假如都是健康产品的话，也只有一项功能 —— 经济功能。鉴于养畜业在水体、大气、土壤方面的严重污染，控制、减少其影响是当务之急，更遑论什么生态效益、生态产业云云。

如果同意五种家畜是草原生态系统的成员，我们必须承认：天然草原不能长期禁牧下去，因为系统成员的缺失，必然造成整体系统功

---

① http://www.un.org/chinese/News/fullstorynews.asp?newsID=6874
② 吉田顺一著，阿拉腾嘎日嘎译，"游牧及其改革"，《内蒙古师范大学学报》（社科版），2004年第6期。

能的紊乱；草原载畜量概念上的错误认识，也要纠正，即认为每片草原都有其最佳载畜量时只关注草原最高载畜量，往往忽略其最低载畜量。如若严重缺少乃至没有了载畜量，其对草原造成伤害将可能不亚于超载过牧对草原带来的伤害。

（7）与游牧文明相伴共生的蒙古族牧民不是像某些人想象的那种"愚昧""无知"。他们是同蒙古高原自然环境高度适应的蒙古五畜的培育者，是按照五种家畜之间和五种家畜同草原植被之间相互依存原理创建的经典畜牧业的世代经营者；他们在创造、发展草原畜牧业的千百年间所积累丰富经验和经营智慧体系既是游牧文化的精髓，也是现代草原科学迄今尚不了解的人类知识宝库的重要组成部分。他们一方面是蒙古族草原畜牧业这一经典产业的创造者，因此是理性经济人；另一方面他们是这一片美丽草原的传承人，因此也是理性生态人。

被社会誉为科学家的许多人所掌握的知识，当然十分重要，但也有缺陷。在面对草原管理和畜牧业经营的复杂问题时，他们往往表现出"幼稚""无知"，往往不如普通牧民。只有科学家们放下架子，深入民间，发掘、整理、传承和发展蕴藏于蒙古族牧人中的包括草原畜牧业经营智慧在内的生态智慧体系，牧区的发展才能步入正常轨道。

（8）游牧制度是否要终结？国内主流答案是"应当终结"，而且相关法律和政策也引导人们终结游牧。但"游牧"在国外的处境已开始日益好转。

工业革命以来，西方的发展模式在创造巨额财富的同时，也逐渐暴露出其根本的缺陷，即工业文明带来的自然环境的污染，不可再生资源的消耗，生物物种的灭绝，从而已经导致严重的生态危机。有鉴于此，从20世纪60、70年代起，有关学术机构、文化组织乃至许多有识之士反省工业文明的弊端，指出其对人类家园所构成威胁的同时，把目光转向游牧文明，开始探索蒙古等游牧民族共同创造的游牧文明对人类未来的意义。联合国教科文组织于1973年在蒙古国举办了"游牧民族对中亚文明中的作用"国际学术会议，于1992年组织了"丝绸之路国际综合考察"项目内进行的"丝绸之路游牧路线考察"；联合国粮农组织于1990年在乌兰巴托举办了"草原畜牧业与乡村社会经济问题"国际学术研讨会等，说明游牧文明问题已经引起国际社会高度关注。在教科文组织赞助与支持下组建成立的国际游牧文明研究院，近十多年间组织的科学考察、学术交流，推动了对游牧文明的过去、现状与未来的系统研究。

"游牧"问题还受到自然科学界的重视。一份由联合国粮农组织、教科文组织为顾问，由世界资源研究所、国际自然资源保护联盟和联合国环境署支持编写的重要文献《全球生物多样性战略——拯救、研究和持续公平地利用地球生物资源的行动纲领》中，明确地提到了包括游牧制度在内的文化多样性问题，应受到生物多样性那样的重视。

人类文化的多样性也可被认为是生物多样性的一部分。正如遗传和物种多样性一样，人类文化（如游牧制度和移动耕作）的一些特征表现出人们在特殊环境下生存的策略。同时，与生物多样性的其他方面一样，文化多样性表现在语言、宗教信仰、土地管理实践、艺术、音乐、社会结构、作物选择、膳食以及无数其他的人类社会特征多样性上。[①]

家畜的放养对于草原究竟会产生何种效果？一些新近问世的生态学教科书，已经开始肯定放牧对草原植被的正面作用。例如，著名生态学家奥多姆所著《生态学基础》（第五版）中提到了"放牧也能刺激植

---

① 世界资源研究所、国际自然保护联盟、联合国环境署，《全球生物多样性战略——拯救、研究和持续公平地利用地球生物资源的行动纲领》，第一章，中国标准出版社，1993年。

物的生长并增加净初级生产力"；[1]一本美国专著《放牧管理》专辟一章"作为环境工具的放牧"，讲述了放牧对草原植被的诸多好处。[2]为大范围恢复原生植被，德国、瑞典、乌克兰、格鲁吉亚四国专家合作，开始了大区域放牧试验。[3]总之，越来越多的欧美科学家摈弃偏见，正在确认游牧文明的价值。内蒙古草原牧区本是游牧文明发源地之一，蒙古族牧人传承、丰富和发展游牧文明精髓已成千上万年，但在自己的世代故乡、标榜"当家做主"数十年的地区内谈论"游牧文化""游牧文明"，却成了"丢脸的事"。看来，农耕文化对游牧文化的涵化已到何等程度。

（9）草原牧区是否要现代化？ 在围绕草原牧区政策及其效应问题形成两种不同观点的十余年间，笔者时常感到持主流观点者对政策批评派的观点不屑一顾，也曾经遇到一个场景：几年前在一次国际学术会议专题探讨"草原与草原畜牧业问题"分会上，国内知名大学的一位学者一看会场讨论游牧问题气氛比较热烈，边喃喃自语："游牧，啥年头的事？ 讨论它还有意义吗"，边扬长而去，退出会场。

笔者就这一问题曾于14年前试着做过回答：

作为自治区未来发展一个独立维度的主导文化，理所当然地应是一种先进文化。依作者的理解，评价支撑一个地区发展的主导文化，要从两个方面加以分析，一是它能够促进该地区生产力的持续发展，二是它能够推动该地区民族的持续进步。前者要求它必须是适应该地区自然环境的，后者要求它必须是基于民族传统的。因此，这种"先进"的文化一方面必须是一种"适应"的文化，另一方面也必须是一种"继承"的文化。

---

[1] Eugene P. Odum and Gary W. Barrett 2004. Fundamentals of Ecology(5th ed.), Chap. 7, Cengage Learning.

[2] John F. Vallentine 2000. Grazing Management (2nd ed.), pp.527-556, Academic Press.

[3] Harald Plachter and Urlich Hampicke (ed.) 2010. Large-scale Livestock Grazing: A Management Tool for Nature Conservation, Springer.

以西部大开发战略为契机，树立"适应"才是"先进""继承"才能"发展"的思想，把适应草原地区的主导文化作为先进文化建设的核心内容。依作者之见，在未来相当长历史时期内草原地区的主导文化应是以游牧文化的精髓为基础，充分吸收包括农业文明、工业文明和信息文明在内的人类文明一切优秀成果的一种开放性体系。①

这些论述事实上是本人对何谓草原牧区现代化的一种探索性概括。也许主流派学者们在此期间忙于给草原畜牧业的过去编造历史以便"古"为今用，以及为美国等国家杜撰"经验"以便"外"为中用，抑或他们对这些观点根本就不屑一顾，就这一问题未曾有过对立观点之间的实质性讨论，致使我仍在坚守十余年前的结论。

不过，我感到并不孤立。国内不少同行的论著引用过此文，说明该文言之有理据。如果这些学者因支持我的观点而变成了"怀旧派"之嫌，时任联合国副秘书长、环境规划署总干事的穆斯塔法·卡·托尔巴博士深入浅出的一席话，也说明本人的观点言之有据。

我想提另外两个有关的问题。第一个问题是在项目设计中，几乎没有考虑当地人参加和发掘他们已有的对环境的重视和环境知识的必要性。发展不仅是一门科学和经济学，也是一门审美学、社会学和人类学。究竟有多少次在开展一项几百万美元的项目之前，我们弄清楚了最有关系的人是如何想的。

有关的第二个问题，是对传统环境知识的忽视。例如，我想起了亚洲的农业生态系统，像印尼的"水田法"，长久以来很好地为人们所利用。可究竟有多少次我们以开始采用这一制度作为出发点，然后考虑如何把

---

① 恩和，"草原荒漠化的历史反思：发展的文化维度"，《内蒙古大学学报》（哲学社会科学版），2003年第2期。

现代方法引进来提高生产率呢？的确，以下一些事例并不是偶然的巧合：在叙利亚和沙特阿拉伯，已开始重新考虑已有15个世纪历史的贝都因人"海马"合作制度；在伊拉克，以恢复古老的灌溉技术来挽救盐碱化的大穆萨耶灌溉项目；在阿曼，现在有人建议把有几世纪历史的"阿夫拉季"排水制度恢复过来。我们必须致力于极少浪费的发展模式和生活方式，以恢复对生物资源的关心。同时，发展援助机构必须作他们所能做的一切，通过把最先进的技术发展结果和传统的智慧相结合 —— 也就是把旧的最好的与新的最好的结合起来 —— 带来这种技术的最大的物质利益以提高生活水平。①

如将"把最先进的技术发展结果和传统的智慧相结合 —— 也就是把旧的最好的与新的最好的结合起来"这一原则应用于草原牧区，其现代化概念模式应是：将游牧文明的精髓与一切同草原牧区区情相适应的其他文明最先进的成果。对草原牧区而言，这才是"把旧的最好的与新的最好的结合"。

（10）草原牧区如何贯彻"科学发展观"？在近年间国内政治生活的具体背景下，"科学"已成为包打天下的大词、好词，几乎所有的药品、保健品、化妆品，无不标榜它们"是现代科学技术的结晶"；中国人的传统食品 —— 烤鸡、烤鸭，也都在强调"传统工艺＋现代科技"精制而成；"退牧还草""围封禁牧"都没有见效，推行者却说："现在没见效，但以后会见效，因为这是科学"，凡此种种，不一而足。

前文已揭露所谓美国等畜牧业发达国家具有"退牧还草""围封禁牧"的经验，纯属谎言。不过许多人认为发达国家的草原管理是靠科

---

① 莫斯塔法·卡·托尔巴："使原则起作用 —— 在国际环境开发机构委员会 (CIDIE, Committee of International Development Institutions on the Environment) 第四次会议上的讲话"，1983年5月，见莫斯塔法·卡·托尔巴《论持续发展 —— 约束和机会》第76－77页，中国环境科学出版社1990.12。

学技术才实现的。这也是偏见。以美国为例，流行很广的大学教科书兼研究人员"必备参考书"一本专著的讲法，与国人对美国草原科学的印象完全不同：

草原科学，指的是能够将其作为草原管理的基础，并组织到一起的知识群。在过去的20年间已积累可应用于草原管理的大量的科学信息。但是，草原管理也是一门艺术，就如同它是一种科学一样，因为每块草地都拥有一组不同的自然的与生物学的特征。这就要求管理者对来自各种其他草原的信息加以综合，将其应用于当前的情景。与孤立的科学信息或经验相比，经验加上科学信息将有价值得多。Stoddart等人（1975年）"感知资源的天赋，是草原经营人的首要标志"这一名言，今天仍然适用，并且大概从今往后的100年内仍将适用。[1]

此段是该书详述草原管理诸多原理和实践（例如载畜量、承载力等）之前，先做出"草原科学"（Range science）这一概念的规定性，即：首先，不同于纯粹科学，而是包括艺术和经验；其次，草原经营人的管理艺术和丰富经验，从而对草原的感知能力，是他／她成为称职经营者的入场券；最后，这些必要条件今后一百年仍然如此。如将美国草原管理原理应用于内蒙古草原牧区，"草原科学"应当包括世代游牧人传承的游牧文明。

蒙古族游牧文明所孕育的智慧体系与科学之间究竟何种关系？世纪之交举行的以"科学为21世纪服务：一项新承诺（World Conference on Science; Science for the Twenty-First Century: a New Commitment）"为题的世界科学大会，已完全解决了这一问题，并清晰无误地写进了大会的重要文件：

[1] Jerry L. Holechek, Rex D. Pieper, and Carlton H. Herbel 2011. Range management: principles and practices, 6th edition, p.6, NJ: Prentice Hall.

现代科学与其他知识体系：

◎ 现代科学不是唯一的知识，应在这种知识与其他知识体系和途径之间建立更密切的联系，以使它们相得益彰。开展建设性的文化间讨论的目的是促进找到使现代科学与人类更广泛的知识遗产更好地联系在一起的方式方法。

◎ 传统社会（其中许多还有着深厚的文化根基）已孕育并完善了各自的知识体系，涉及诸多领域，如天文学、气象学、地质学、生态学、植物学、农业、生理学、心理学和卫生等。这些知识体系是一笔巨大的财富，它们不仅蕴藏着现代科学迄今所不了解的信息，而且也是世界上其他生活方式、社会与自然之间存在着的其他关系以及获取与创造知识的其他方式之反映。面对全球化和科学界日益盛行从单一角度看自然世界的形势，必须采取特别行动，保护和培育这一脆弱而又多样化的世界遗产。在科学与其他知识体系之间建立更密切的联系，将对二者均大有裨益。[1]

只要是具有正常理智并不带偏见的人，将世界科学大会文件以上所引词语"传统社会"，换为"蒙古族传统社会"，也是正确的。看来，一听到"游牧文化""游牧文明"，立即不假思索地加以否定，认为不"科学"的人们，恐怕是不懂得什么叫"科学"。如把自己不懂的东西尊奉到一个至高无上的位置叫做迷信，拿"科学"否定"游牧"的做法就应当叫做"科学迷信"。

任何东西，一旦被尊崇为绝对正确的东西，注定是可疑的；而当这种东西与权力结合起来，注定是有害的；所述的权力如果是专制权力，必将带来灾难！但这不意味着科学无用。科学作为人类的一种重要的知识体系，对草原畜牧业的进步和牧区的发展很重要。但科学不

---

① 世界科学大会秘书处编，刘华杰译"科学议程 —— 行动框架的解释性说明"，见 [美] 科学、工程与公共政策委员会著《怎样当一名科学家：科学研究中的负责性为》，第91页，北京理工大学出版社，2004年。

能包打天下，不能只要科学，不要牧民的知识体系。实现草原牧区发展所需的知识体系，应当是包括世代牧人的智慧体系同适用于蒙古高原生态系统的现代科学的有机结合。不过，在何种场合讲科学，何种场和讲本土知识，举棋不定时，我想在具体操作中可遵循四句话：适度讲科学，凡事别做绝；牧民是主体，遇事须商榷。

为说明这一问题，这里讲述一个真人真事。

蒙古国乌布苏省南戈壁县曾有一位 B. 伊尔格勒的牧民，他出生于1904年。依靠经营畜牧业的超群智慧，他成为远近闻名的富户，从而被人称为伊尔格勒巴彦（巴彦，蒙古语，富人的意思）。1958年，他牵头组建了一个合作社 —— 先锋牧业生产合作社，将自己10000多头（只）牲畜交给了社。当时，小畜的配种是以地区为单位按计划进行的，自然有畜牧专家的指导。但每当临近小畜交配期，伊尔格勒巴彦都携带望远镜、干粮和自己的坐骑外出几天，别人不知去向。原来他上到哈尔西拉山山顶瞭望北山羊、盘羊是否开始交配。一旦发现北山羊和盘羊开始发情，他就立即下山，宣布自己合作社的牧民放开种羊入群配种的日期。因此，周围按计划配种合作社的羊群在暴风雪中产羔，从而蒙受成批损失的时候，先锋社的羊群还没有开始产羔，等暴风雪平息，天气好转之后才开始下羔。于是，先锋社成为远近闻名的羊群冬春损失最小的集体。[①]

伊尔格勒的正确决策从哪里来？这是因为他具有这样的认知：大自然拥有最卓越的协调能力；是凡野生动物、野生植物，都具有提前感知自然变化的能力。这两点恰好就是游牧文化的精髓。像伊尔格勒这样优秀牧民的智慧，我们科班出身的专家、学者，是否应该承认、尊重？

---

① N. 哈勃赫 2008. 草原畜牧业的哲学（西里尔文），乌兰巴托。

访谈录

郑宏问:《尘暴》作者在反思大平原开发的教训时提出了"地方感"的概念,他把大平原生态问题的原因之一归结于"地方感"的缺失和开发者的"过客"心态,指出这与大平原上的原著民印第安人被驱赶和后来的开发者是为了获得个人发展机会的外来移民有关。作者提出的"地方感"主要是指人与土地(自然)的关系,是与他提出的"个人扩张主义文化"相对立的概念(他没有用"文化"一词来概括和定义"地方感"),从内蒙古草原牧区角度来看怎样的定义才更加全面和准确(比如"游牧文化")?

恩和答:《尘暴》的作者深刻揭示了20世纪30年代美国南部大平原黑风暴的根源,指出:只谈论大平原的农场主和他们的犁具造成的破坏是不够的,因为把他们引到大平原上来的是一种社会制度、一套价值观念和一种经济体系。而能够概括这些诸多内涵唯一确切的词汇就是"资本主义"。这一场尘暴恰好是20世纪30年代资本主义大危机的一部分,是美国资本主义扩张精神最终相遇了大平原这一易变的边缘土地,破坏了其脆弱的生态系统而引发的。作者认为,尘暴的形成"既不能归咎于教育水平低下,也不能归咎于人口过多或贫困。它的发生是一种按照严格认定的方式运行的文化结果。美国人以一种无情的、其他任何地方的一个民族都不可比拟的破坏效率,开辟了他们跨越一个上天赐予的丰饶大陆的通道。当白人来到大平原时,他们雄心勃勃地谈论的是如何扩大对这片大陆的'驯服'和'开拓'。尘暴是一种文化的不可避免的产物,这种文化蓄意而自觉地为自己指派了这样的任务,那就是竭尽全力地驯服和掠夺这片土地"。[1]这就是

---

[1] 唐纳德·沃斯特著,侯文蕙译,《尘暴:1930年代美国南部大平原》,第3–4页,生活·读书·新知三联书店,2003年8月。

说，作者对尘暴的文化根源所做分析，直接触及了要害 —— 白人殖民主义者们的土地观和自然观。此外，作者还专辟一章（该书第十一章），以人文地理学的一个常用概念 —— 地方感（sense of place）为工具，以堪萨斯州哈斯克尔县为案例地，具体展示了缺乏"地方感"的白人拓殖者如何促成尘暴的后果。

按人文地理学的常规解释，"地方感"这一术语通常用以指称个人和群体对其所生活地理区域的态度和看法。它一般地进而表达自我与地方之间的亲密的、个人的和情感的关系，并且这种关系应被理解为包括喜爱、依恋、和归属甚至热爱"地方"（"love of place"）等情结在内的地方依恋（place-attachment）中的正的情感素质。[①]依笔者的理解，《尘暴》的作者专辟一章进行"地方感"分析，并不是以"地方感"作为手段，在揭示形成尘暴的文化根源。实际上作者已经在该书的引言和其他多个章节里，对尘暴的文化根源早已论证清楚。作者的意图可能在于：用欧美学界十分熟悉的一个概念 —— "地方感"，完整地揭示一个县（哈斯克尔县）范围内造成的后果，以作为已论证结论的具体实例。

因为"地方感"是人文地理学的一个具体概念，而"游牧文化"是包含诸多概念的庞大体系，将两者直接加以对应，未必恰当。鉴于人文地理学这一地理学分支曾长期受到中国人的排斥，被认为是"资产阶级"的"理论"，直到世纪之交，一些高校才开始开设人文地理学的课程，以"地方感"为视角的研究至今停留在旅游地建设等狭小领域，针对草原牧区这样辽阔地域生态环境变迁的地方感视角的研究仍处于

---

① Derek Gregory, Ron Johnson, Geraldin Pratt, Michael Watts and Sarah Whatmore (eds.) 2009. *The Dictionary of Human Geography*, Wiley-Blackwell.

空白。我觉得把哪些具体的主导价值观 —— 土地观、自然观造成美国大平原和内蒙古草原牧区的生态变迁进行对比，也能够回答你所提出的问题。

问：内蒙古草原上游牧文化的精髓（集中于人与土地或自然的关系方面）是什么？它是怎样产生和演化的？它对现代化发展的意义和价值何在？对步入生态文明有何价值？

答：任何一个民族文化的精髓，都是主导该民族绝大多数人认识和看待他们赖以生存的自然环境的价值观。因此，游牧蒙古人及其先民历史久远、内容完备的草原观和自然观，就是草原地区游牧文化完整体系的根基和精髓。

那么，蒙古族的草原观、自然观究竟是何时形成的？这一问题实际上是需要回答另一个问题 —— 蒙古族的先民们何时开始驯化野生动物的？因为他们的文化从那时开始已经起源这一点，应当是一种理性思考的论断。20世纪80~90年代在蒙古高原腹地 —— 当今蒙古国戈壁—荒漠地区进行的一系列考古发现表明，该地区古人类生存年代，应追溯到公元前80万年前。考古学与古生物学新近研究还表明，蒙古高原是野生动物的进化未曾间断的区域。正是繁衍生息于蒙古高原腹地的古人类在其成千上万年的漫长岁月中演化为智人，在其捕猎生活中驯化了大型有蹄类哺乳动物 —— 当今蒙古族五种家畜的祖先，从而实现了两个转变 —— 人类自身从狩猎者进化为牧人，被驯化的动物从野兽转变为家畜。新近的研究表明，除考古法发现外，追踪进化为智人的远古人类驯化野生动物的进程最为可靠的另一个证据是蒙古族先民们雕凿或涂画在山崖岩石或洞穴内壁上的"石头文献"——岩画。遍布蒙古高原的"石头文献"表明，蒙古族的先民在晚旧石器时代就已经在驯化野生动物。可见他们的自然观、草原观有何等悠久的历史。

伴随从狩猎业过渡到草原畜牧业的形成和进化，蒙古族先民的草原观、自然观也逐步成熟和完善。自20世纪80年代末以来进行的一系列研究指出，蒙古高原的草原畜牧业早在匈奴时代已发展为经典产业，蒙古帝国时期得到进一步的完善。[①]这说明，蒙古族及其先民早在两千多年前已经完全融入了蒙古高原的生态系统 —— 大草原，拥有了与大自然相协调的、完备的民族文化体系，成为名副其实的草原民族。"草原儿女"这一后人对草原牧人的描述，不是文学夸张，而是纪实描述。按《尘暴》作者另一部名著《自然的经济体系 —— 生态思想史》中的分析框架，蒙古族这一文化体系即他们的游牧文明，恰好就是生态学诞生之前的生态文明。从远古时代直到20世纪50年代中期为止的漫长岁月中，蒙古高原生态系统所以能够维系蓝天绿地景观，正是借助这一文明才得以实现的。

蒙古族传承至今的自然观、草原观乃至他们的游牧文化体系对"现代化"是否有价值？有何价值？回答这一问题的关键在于如何理解"现代化"。如将从工业革命以来西方的科技成就和财富积累理解为"现代化成就"，从而效仿其发展模式，必将步入歧途，导致蒙古高原草原生态系统的彻底崩溃。正是对这一模式的反思，致使一些国际学术机构、文化组织乃至许多有识之士，在反省工业文明的弊端，指出其对人类家园所构成威胁的同时，把目光转向游牧文明，开始探索蒙

---

① G. Sukhbaatar, "蒙古经典游牧业形成的历史依据"（西里尔文），[蒙古]《新乡村报》1989年第51期；N. Erdenetsogt,《蒙古游牧型畜牧业》（西里尔文），乌兰巴托，1998；M. Tumurjav, N. Erdenetsogt.《蒙古游牧人》（西里尔文），乌兰巴托，1999；T. Sodnoi.《蒙古家畜生态学》（西里尔文），乌兰巴托，2008。

古等游牧民族所创造的文化文明对人类未来的意义。联合国教科文组织于1973年在蒙古举办的"游牧民族对中亚文明中的作用"国际学术会议，于1992年组织的"丝绸之路国际综合考察"项目内进行的"沿着游牧人之路"科学考察；联合国粮农组织于1990年在乌兰巴托举办的"草原畜牧业与乡村社会经济问题"国际学术研讨会等均表明，游牧文明问题已逐渐引起国际社会的密切关注。教科文组织的赞助支持下于1998年宣告成立的国际游牧文明研究所，已多次组织开展科学考察、学术交流，极大地推动了对游牧文明过去、现状与未来的系统研究，使游牧文明研究跨入了多学科综合研究的新阶段。在当今的国际学术界，"游牧"已不再是"原始""落后"的代名词，其保护草原植被、维护生态环境的功能，已经和正在被人们广泛认识，进而开始成为环境保护的途径与手段。国外学术界对待游牧文化何文明态度的转变，充分说明了其对草原牧区未来发展的重要价值。

问：与美国大平原相比，在现代化进程中内蒙古草原在"地方感"方面的优势是什么？"地方感"（或游牧文化）在内蒙古草原是否在丢失？表现在哪些方面？原因是什么？与美国大平原"地方感"的缺失有何异同？

答：应予正视的是，蒙古等游牧民族创造和传承下来的文化体系及其自然观、草原观，在近几十年的社会进程中受到了重创，其许多优秀特质正在快速消失。不过还没有完全消失。尽管屈指可数，一些熟悉传统畜牧业经营智慧和民族文化真谛的精英牧民还健在，他们的知识和经验是草原牧区未来发展的宝贵财富；尽管条件不利，一些中青年牧民开始挑起了传承民族文化精髓的大梁，为人们展现着草原牧区未来的希望。与美国大平原相比，这也许就是内蒙古草原的一种优势。

　　但不容回避的是，这一点优势既是相对的，又是脆弱的。说它相对，是同美国大平原而言的，说它脆弱，是指这一"优势"仍处于逆境之中，尚未得到决策层应有的肯定和支持。

　　致使美国大平原上"地方感"消失的，不是大自然的干旱，而是美国军队的入侵和白人殖民者的扩张。在白人殖民者占领之前，大平原是北美印第安人的故乡。正如唐纳德·沃斯特所描述，"在他们繁衍生息这一片土地的400年间，大平原印第安人完全地融入了自然的经济体系。他们仅仅变成了另一个成功的、有高智慧的捕猎者，就像其他生物一样，从各个方面都把草原放在第一位。他们这样做不是因为特别地高贵或者正义——虽然他们确实有这样的品质。他们之所以能够适应，更重要的是他们承认自己完全依赖草原：他们根本不去考虑自己和草原之间还可能存在其他任何关系。由于完全接受了自然的秩序，所以从其居住伊始，他们的潜在的发展就有了一个界限，但同时也正因为他们接受了这种秩序，这就有了一种对其行为的生态限制模式。他们很小心地把自己的人口控制在生态体系所能承受的范围之内。他们尽可能地不浪费所能得到的资源。他们繁荣兴旺，即使不是很富足，但至少是很安全地发展出一种独特的、在很多方面都很吸引人的和令人满意的文化"。但白人侵略者和殖民者于1876年把平原印第安人赶到保留地去了。当殖民者们来到大平原时，他们雄心勃勃地谈论的是如何扩大对这片大陆的"驯服"和"开拓"；在他们看来，土地只不过是供他们随意使用乃至剥削的对象。于是，在短短几年中，大平原所遭受的变化的深刻程度超过了它在过去的4000万年中所经历的，而这种剧烈变化发生之突然，也超过了它以前所有经历的，甚至那些地质革命中发生的变化。这时的变化是以10年，而不是以地质上的纪为单位的。20 世纪 30 年代南部大平原上的尘暴，就是持有这种土地观、自然观的白人殖民者在短暂的 50 年内造成的恶果。

众所周知，深受国人爱戴的朱德委员长在 1964 年视察呼伦贝尔时曾赋诗一首《访海拉尔》，其头两句为"三大草原两失败，我国草原依然在"。诗中写道的"失败"的两大草原，一个是苏联的西伯利亚草原，另一个恰好是美国大平原；"依然在"的"我国草原"指的是内蒙古草原。诗文既揭示了苏联当局和美国殖民者破坏大草原的后果，又肯定了内蒙古各族人民顶住开垦逆流，保住大草原的成就，赞美了她浓郁的草原牧区地方感。但是，当今内蒙古草原的状况已经今非昔比，大草原昔日的辽阔坦荡，已被纵横交错的铁丝网分割，完整连片的大草原已被各归其主的众多小片草场取代；围封禁牧，不仅限制了家畜和野生动物的迁徙，而且造成了家畜和草场质量的下降。地下水的超量抽取，导致众多湖泊干涸、河流中断、荒漠化加剧；矿产资源的大规模开采不仅污染着草原，而且使牧区经济日益附着在内地和沿海地区的陀螺上，更多地按照他们的节奏，而不是草原社区自身的节奏运转；在草牧场承包到户、定居化、舍饲化，正在大面积挤占游牧空间，使曾经一望无际的草原景观向农村景观演变，迫使游牧文化的快速萎缩。

如将美国大平原和内蒙古草原上地方感的变迁加以对比，不难看出两者之间的异同。用把人当作土地（草原）的主宰，土地（草原）只是供人利用的资源，从而可以不断地从土地榨取财富的价值观，取代敬畏自然，尊重生命，同土地和自然和谐相处的价值观，是两者的共同之处。但在实现这种取代的进程和手段有所不同。在美国大平原上主导价值观的转变，是用枪杆子开路，把大平原的主人印第安人全部赶到保留地来完成的。而在内蒙古草原则是在确认草原地区原住

民 —— 蒙古族为自治区主体民族的前提下，以"实现现代化"为名，逐步实施取缔游牧文化政策的。因此，内蒙古草原上转变主导文化的做法，呈现下列几个特征：

（1）分步骤逐步强化的渐进式进程。自治区成立以来近70年的游牧文化变迁，大致可分为两个阶段：1947—1980年初、20世纪80年代中期到现在。在第一个阶段，党和政府在草原牧区不仅推行了"不分不斗、不划阶级，牧工牧主两利"及"稳、长、宽"等正确的政治政策，而且坚持了"禁止开荒，保护牧场"等有利于草原生态的政策，其间，针对定居还是游牧这一问题的争论，内蒙古自治区领导人曾指出："定居有利于人，而游牧有利于畜群"，在畜牧业经营中始终保留了联户制度（传统"浩特–阿寅勒"制度的别称）。尽管"游牧落后论"的影响始终存在，文化大革命的浩劫也曾殃及牧区，从而显著缩小了游牧半径，在实践中却仍保留了游牧制度，遇有旱情雪灾时由各级领导人挂帅，组织牧民游牧。最典型的一个例子是1956—1957年巴尔虎草原大雪灾期间，中国外交部同蒙古协商，将呼盟巴尔虎两旗数十万牲畜转移到蒙古东方省，安全度过了灾害，直到1957年5月才返回。

但在第二阶段，情况发生了急剧变化。自强制推行草牧场有偿承包制度以来，以游动轮牧为根本特征的蒙古族草原畜牧业已完全丧失继续存在的制度条件，开始步入了快速消亡的进程，从而立足于这一经济类型的蒙古族传统文化，事实上也已濒临彻底瓦解的边缘。

（2）现代化为宗旨的生产方式转变。2002年修订的《草原法》第一条规定了："为了保护、建设和合理利用草原，改善生态环境，维护生物多样性，发展现代畜牧业，促进经济和社会的可持续发展，制定本法"；《内蒙古自治区草原管理条例》第一条也重复论述了这一点。

那么，什么是现代畜牧业呢？ 2006年6月15日下发的《农业部关于做好畜牧法贯彻实施工作的通知》做出了回答。作为农业部重要规章的这一《通知》明确写道："转变畜牧业生产方式，是提高畜牧业综合生产能力，建设现代畜牧业的重要内容。"现行《草原法》和《畜牧法》的具体条文更清晰地表达了这一点。《草原法》第三十五条规定：国家提倡在农区、半农半牧区和有条件的牧区实行牲畜圈养 …… 逐步改变依赖天然草地放牧的生产方式。在草原禁牧、休牧、轮牧区，国家对实行舍饲圈养的给予粮食和资金补助；《畜牧法》第三十五条规定：国家支持草原牧区开展草原围栏 …… 转变生产方式，发展舍饲圈养、划区轮牧，逐步实现畜草平衡，改善草原生态环境。换言之，以舍饲取代游牧就是畜牧业的现代化。

（3）政府主导的文化转型。这一点也是与美国大平原显著不同的一个特色。如前文所述，白人殖民者取代印第安人成为了美国大平原的新主人，他们虐待、蹂躏和剥削土地的土地观、自然观成为大平原上的主导价值观。而内蒙古草原牧区主导价值观的转变却不是由其法定主人 —— 广大牧民做主的，而是政府直接操作的结果。相关法规是全国人大通过的，"草原承包到户""围封禁牧""退牧还草"等政策是由各级政府制定和实施的。

（4）"生态保护"名义下的文化置换。"草牧场有偿承包到户"的依据是传统草原畜牧业具有"吃草场大锅饭"的"弊端"；"围封转移""退牧还草""禁牧休牧""生态移民"等诸项政策，是以放牧的畜群在"祸害草原植被"，世代草原牧民是"破坏生态的落后人群"为前提推行的。这恰好把事情颠倒了。将适度的放牧作为改善草原状况的途径，已经是国外草原管理学者们的共识；游牧民族的传统文明，正在成为当今世界摆脱生态危机的希望所在。

问：在更加开放的全球化系统里，"地方感"（游牧文化）肯定会遇到外部观念的碰撞，或冲突或交融，它们表现在哪些方面？应当如何对待？

答：主导内蒙古草原地区的游牧文化及其精髓——蒙古族的草原观、自然观同农耕文化的接触、碰撞，已有数千年的历史。对这两种文化之间20世纪90年代初之前此消彼长的碰撞进程，笔者的一篇论文"草原荒漠化的历史反思"所得出的结论是：农耕文化向草原地区的逐步推进，致使适应草原牧区的游牧文化出现长期断裂，造成了垦殖型荒漠化及其逐步加剧。随后的进程表明，农耕文化的侵袭并没有停止脚步，仍在影响着草原牧区的发展。因此，如果考虑更加开放的当今时代因素，游牧文化面临的外族文化冲击，更趋复杂和微妙。我们认为，如从我们所讨论问题的视角看，可将这些外族文化冲击分为三类：

一是，根深蒂固的农耕文化。对近三十年牧区政策的进程，已有详细论述。草牧场有偿承包到户，其实就是照办了农村经验；以农耕文化中的动物观、植物观对待草原畜牧业，从而制定和推行了围封禁牧的逐项政策；在这些政策的负面效应已逐渐显现，甚至其中某些政策已宣告失败的情况下，仍然没有吸取教训。这表明，农耕文化继续扮演了主导文化角色。

二是，效仿美国模式的畜牧业现代化。草原围栏、舍饲圈养的全面推行，也是效仿畜牧业发达国家经验的产物，特别是当今美国大平原的畜牧业被认为是现代化的典型而备受推崇。但极力主张把内蒙古草原畜牧业改造为美国模式的"现代化"畜牧业的人们，没有或不愿意看到这一"现代化"背后的社会成本和生态成本。凡到美国育肥牛场（2005年有16000多家）的参观者都会看到，这种密集型动物饲养业实际上是牛的一种"集中营"。数量庞大的牛的密集饲养对人口和育肥牛本身所造成的疫病防治费用，政府为鼓励大型育肥场而饲料种植业的补贴等，都是没有列入养牛业经营成本的支出，都是转嫁给社会的重负。假如计入这一巨额隐性成本，美国的畜牧业根本不是什么"高效益产业"。大规模舍饲圈养所带来的对大气、土壤和水体的污染，更是难以计量的生态成本。动物食品的生产已成为导致全球变暖和气候变化的重要因素。新近的一部研究报告显示，牲畜及其副产品的温室气体排放至少占世界总排放量的51%。毋庸置疑，美国畜牧业一定是其中头号排放大户。

三是，"科学"名义下的文化涵化。从"靠天养畜"转到"科学养畜"，是20世纪90年代以来自治区草原畜牧业工作最重要的指导思想。"科学"，今天已经成为渗透所有领域的大词、好词，似乎是讲了"科学"就掌握了终极真理，就能立于"绝对正确"的不败之地。管理、建设、决策、执政、立法等，无不以"科学"作为限定词。"科学"成为衡量一切事物好坏优劣的标准，唯独没有回答由什么来衡量"科学"本身的是非功过。牧区政策近几十年来的进程表明，对草原地区游牧文化的限制、取缔，恰好是"科学"大旗下进行的。事实上，草原牧区游牧文化的萎缩，是"科学主义"大行其道的结果。

应当看到，内蒙古草原上的游牧文化也需要发展，而且在某些方面也在发展。但这种发展不应是对农耕文化的抄袭和照搬，而只应是对农耕文化中适应草原牧区生态环境的那一部分；也不应是对在美国大平原发展模式效仿，而应是从其带来的严重后果中吸取教训；还不应是以"科学主义"来否定游牧文化的精髓，而是以吸收适应草原牧区的那些科学成就，完善自己的游牧文化体系。这一过程将是一个不同文化间平等对话，而不是某一方借助其强势地位来否定对方。

生·态·篇

文＼刘书润

引言

尘暴和污染最容易拉近人们对生态的关注。20世纪30年代尘暴轰动了美国，催生了克莱门茨顶级学说、动态生态学的确立。本世纪的污染使卡逊出版了《寂静的春天》一书，在美国和全世界掀起了生态热。我国也同样发生了强烈的尘暴。目前人们对污染、雾霾的关注似乎压倒了尘暴。美国的尘暴和污染经过反省和治理得到了缓解。尽管我国比美国具有更雄厚的历史文化的生态基础，但是尘暴和污染还在持续发展。通过中美尘暴的对比，对我们来讲，无疑是有益的借鉴。

尘暴是自然现象，又与人为活动密切相关。世界干旱区，目前和历史地质时期都曾有过不同程度的发生。在其他星球，如火星，也发现了尘暴的迹象。尘暴的发生原因不外乎具备同时同地的三个条件：有细微物质，有强的风动力，再就是与人们有关的地面状况。尘暴大都发生在干旱区，最干旱、植被最稀少的时节。各国各地区又有很大的不同。不足的是，限于条件，我们只能依据现有文献，主要是唐纳德·沃斯特所著的《尘暴》和《在西部的天空下》等著作，没能够到美国进行实地调查，而在我国尘暴的发生地也主要限于内蒙古的草原和荒漠地区。因此，本书仅供参考。野外考察主要由韩念勇、郑宏、刘书润等人进行。大量参考了韩同林、李文军、张倩、王晓毅、达林太等人的相关著作。本部分由刘书润执笔，刘卫刚帮助整理。

尘暴的生态学思考

1 尘暴，是沙尘暴还是尘暴

颗粒大于0.25毫米粗沙只能就近堆积；0.25~0.1毫米颗粒在附近降落；颗粒0.063~0.001毫米的尘埃可以扬起到天空；小于0.001毫米的浮尘在空中飘浮。所以说影响广大地区的尘埃为0.063~0.001毫米的颗粒，因此所说的沙尘暴主要是尘暴。美国的黑风暴，苏联中亚哈萨克斯坦的白尘暴及盐碱尘暴，我国的沙尘暴主要是尘暴。以大于0.1毫米沙粒构成的沙暴不能远飞，对当地造成危害。水平能见度小于10千米，风力很小为浮尘天气。能见度1~10千米为扬沙天气。能见度小于500米~1000米为沙尘暴天气。能见度小于50~500米为强沙尘暴。能见度小于50米为特强沙尘暴。有专家划分为4个等级，风速大于4级小于6级，能见度500~1000米为弱沙尘暴。风速大于6级小于8级，能见度200~500米为中沙尘暴。风速大于9级能见度50~200米称强沙尘暴。风速大于9级能见度0~50米之间为特强沙尘暴。

作为尘暴的主要物质0.063~0.001毫米颗粒，在沙漠和沙地仅含2.56%，因此不是主要的尘源，我们将沙漠和沙地作为防治尘暴的对象是搞错了地方。沙漠和沙地边缘尘埃含11.94%，旱作农田含35.37%，沙质退化草场含51.86%，干湖盆含63.08%。有了尘埃物质，还要考虑尘埃扬起的可能性，土壤干燥疏松含水量低于2%。植被稀疏，覆盖率小于20%有利于尘埃的扬起。而扬起的动力就是风，最小要四、五级以上的风。足够的尘埃物质容易扬起，再加上风力，三者必须同时同地同步发生才有可能发生尘暴天气。考虑三者的关系，沙地和沙漠缺乏尘埃物质。戈壁荒漠土质硬，吹不起来。湿地、林地即缺乏物质又不容易扬起。一般未退化的草场，植被茂密特别是枯草层，水分不易蒸发，还能截留空气中的水分形成露水，尘暴发生困难。冬季地硬又有雪被。夏季雨水集中，植被生长茂盛风也小。因此只有在春季特别是干旱年份，干旱区的平坦退化草场，耕地和干湖盆，还有矿山露天煤矿、采石场、建筑工地、道路、城市边缘等地才是尘暴的发源地。

尘暴发生的气候条件是干旱。由于干旱使得植被稀疏，土壤干燥。干旱造成与湿润海洋性气流的流通，就形成了风。因此尘暴多发生在世界干旱半干旱区及附近地区。如我国的尘暴，中亚的盐尘暴，美国、加拿大的黑风暴，澳大利亚的红色风暴等。干旱的形成主要是降水少，另外还有被人们忽略的水的支出多，地面的蒸发强烈及过多的利用地上或地下水资源。干旱区降水量远远低于蒸发量。在相同降水量的不同地段干旱程度有时差别很大。如内蒙古东部的羊草草原，土壤总是湿的，同一地方的退化草场植被稀疏、低矮，更没有枯草层保护，土壤水分很快蒸发，总是干的。沙质退化草场虽然尘埃扬起的可能性不如耕地和干湖盆，但由于面积大，仍然是我国尘暴贡献最大的所在。耕地春季地面裸露、土松容易扬起尘埃。湖面干枯在自然条件下，经常是反复的缓慢过程，这样先锋植物如碱蓬、碱蒿就会逐渐占领，一般不会扬起尘埃。在人为干扰下，如切断湖水的补给，湖泊迅速干枯，先锋植物来不及占领，不能正常演替，就会发生尘暴。若是咸水湖，含盐分多就成了盐尘暴。有的直接影响的表面，面积并不大，如矿山、灌溉农田，但用了大量水资源，抽取地下水，造成大面积水源枯竭，河湖干枯，植被退化枯死。还有城镇居民、工业的大量耗水，造成干旱区最严重的问题。对形成尘暴的贡献大小不能只看表面占地的局部，要看实际效果。

对于不能远飞的沙暴，主要发生在有强大风力的植被稀疏的干旱区，荒漠半荒漠以及半干旱区的沙地、沙地边缘耕地和沙质退化草场，干湖盆和干河床。往往沙暴和尘暴同时发生，远行的高度和距离不同，极端荒漠区土层上铺满一层黄豆大小砾石的戈壁，就是风选的结果，沙和尘被吹走的剩余，多年沙尘暴的积累。沙丘的形成、移动也是沙暴的作品。沙暴的形成除了干旱、风大的气象因素外与当地地形、土壤湿度、硬度特别是植被盖度有密切关系。实地观测表明，植被盖度小于5%的流动沙丘，沙砾的启动风速为6米/秒，盖度25%的半固定沙地为8米/秒，盖度50%的固定沙地则达到10米/秒。据研究严重退化的草地比植被良好的草地提供的沙尘量高100~500倍。

2　尘暴虽是自然现象，但人为因素不容忽视

尘暴是自然现象，世界各大干旱半干旱区都有发生，现在有，地质时期也有，有时比现在更厉害。据研究中国大陆早在白垩纪就曾有过尘暴，其地点不是现在的北方，而是长江中游一带，晚更新世特别是最末次玉木冰期的荒漠化时期，比现在强烈得多。进入全新世，中国北方经过几次冷干、暖湿的波动，在冷干期也时有尘暴发生。

地球上的物质基础除了阳光、空气和水外，就是土壤。土壤是由岩石逐渐粉碎成砾石、沙土、黏土再经生物的作用形成的，因此生物的物质基础来源于岩石，人类血液的成分与岩石大致相同。陆地生命的演化过程在很大程度上就是岩石粉碎变成土壤的过程。干旱区阳光强烈，昼夜温差大，岩石风化粉碎迅速进行，加上风蚀、水蚀和生物的作用，粉碎物质大量堆积，成了地球上的物质源。大量物质再从干旱区

输送到各地，输送动力主要是风，其形式就是尘暴。据有人考证，太平洋中部远离大陆，生物的物质来源于亚洲中部干旱区。撒哈拉每年都有若干吨物质输送给南美亚马逊河流域的热带雨林，动力全靠尘暴。美国20世纪30年代的黑风暴刮走的土壤是开挖巴拿马运河全部土方的两倍。尘暴虽能造成短期危害，其对接受方的有益作用却是长期的。

有人把尘暴发生的条件总结出天、地、生三个方面。天气降水、风、地形都是大自然多年形成的，人类无力改变也无须多加干涉。对于生物，如植被状况对尘暴的影响，人类可以发挥作用，加以保护和适当利用。植被生存的条件除阳光、空气、降水外就是土壤基质和水分。避免大面积开荒，过度放牧、节约用水，我们完全可以做到。为了上游农田灌溉，下游河湖干枯，大面积植被退化。为了开矿藏浪费了大量更宝贵的地下水。为了保护草场把阿拉善牧民迁到开发区种玉米，耗水量增加了700多倍。用1%的土地发展高产饲料地，使99%的天然草场得到保护，实际上是增加了很多能量，用去了更大面积草场上不可再生的地下水资源。西鄂尔多斯一位煤老板为了弥补挖煤造成的环境破坏，买下一块沙地，植树造林改善环境，打了很多机井，实际上夺去了更大面积天然植被和牧民牲畜赖以生存的水源，造成更严重的破坏。干旱区捍卫环境减少尘暴的最大功臣就是天然植被，天然植被最大的限制因素就是水。

尘暴既然是自然现象，大自然就有能力再建平衡，可是人为造成的环境破坏，突如其来的强烈尘暴，大自然和人类难以招架。几百年才能形成1厘米厚的土壤，30厘米厚需要一万年，一下子全吹走了，这些土又把城市、房屋掩埋，造成人畜得病，多年的积累几天就消失了，是人类把自己葬送了。

沙尘暴与土地的荒漠化有直接关系。我国近年来沙尘暴发生频率最高最猛烈的时期，开始于20世纪八九十年代，至90年代锡林郭勒盟（前称"锡盟"）降雨量略有增加。其根本原因是20世纪八九十年代草原牧区发生了重大的政策改变，草场由公用变为由私人按户承包经营，彻底定居定牧告别了游牧。由于开放了市场，畜产品特别是羊绒、羊肉提价，政府鼓励多养畜增加税收，牲畜头数猛增，五畜失衡以山羊为主。众多牲畜只能在自家有限的草场上来回践踏，退化沙化难以避免。农牧业免税政策后，政府又走向另一个极端，进行大规模休牧、禁牧。2002年以来沙尘暴有所缓解，不料2006年更加猛烈的沙尘暴又毫无情面地刮起来。又把目标转向人工种草养畜，把大面积天然草场空出来开矿建厂。新一轮的草原破坏又重新开始。

3　沙尘暴的危害，源区危害更大

美国1932年黑风暴发生14次、1933年38次。1934年春季的黑风暴扫荡了美国中西部大平原，使全国小麦减产三分之一。1935年起源于堪萨斯、俄克拉玛、科罗拉多三角地的黑风暴形成了东西长2400千米，南北宽1440千米高约3千米的黑龙，3天横扫了美国三分之二的国土。3亿吨沃土吹进大西洋。我国沙尘暴有四个中心源区，内蒙古阿拉善和甘肃河西走廊，新疆塔里木盆地周边，内蒙古阴山北部及浑善达克沙地附近。蒙、陕、宁、晋、长城沿线农牧交错带。三个中心有内蒙古。近年来我国沙尘暴发生70余次。20世纪30—40年代，平均三年一次，60—70年代两年一次，90年代一年一次，2000年共12次，2001年18次。其中强沙尘暴41天。2000年12月31日—2001年1月2日，锡盟罕见的冬季特大沙尘暴加雪暴持续25至40小时，最长70小时以上。2001年3月21—22日，4月6—8日，2002年3月19—20日，4月6—7日的沙尘暴影响我国北方几个省。20世纪60—90年代锡盟特大沙尘暴年平均发生10~20次，从2000年开始3年时间年均15次。2002年沙尘暴过后，锡盟草原土层损失0.2~1厘米，浑善达克沙地沙层刮走了3~21厘米。2001年5月2日，锡盟白音希勒牧场近2万亩耕地播种的小麦种子连同化肥和8厘米表土全部吹走。2006年4月16日沙尘暴侵袭呼和浩特，造成机场25个进出航班取消，数千旅客滞留机场。2007年3月1日由乌鲁木齐开往阿克苏的5807次列车运行途中遭遇特大沙尘暴，车窗全被击碎，致使11节车厢吹翻脱轨，3名旅客死亡、2人重伤、32人轻伤。1993年5月5日发生在甘肃、内蒙古阿拉善、额济纳、宁夏的强沙尘暴，受灾农田16.9万公顷，甘肃一方吹倒树木4.28万株，共死亡50人重伤153人；而内蒙古额济纳大面积梭梭荒漠、房屋、蒙古包、羊群被埋。近年来额济纳著名的黑城遗址几次被沙埋，附近大面积胡杨林死亡，死亡后的胡杨柽树林，成了新的旅游点。沙尘暴涉及我国北方临近的朝鲜、韩国、日本，造成沙尘天气呼吸道疾病，医院增设了沙尘科，大大影响了交通和人们的日常生产生活。但受灾最惨重的还是源区的人们。大面积农田牧场多年形成的沃土被吹走。农牧民的房屋道路、牲畜被沙埋造成人员伤亡，沦为生态难民背井离乡，原东苏旗旧址因被沙埋不得不整体搬迁。由于湖泊干枯引起盐碱白色尘暴，造成大片牧草死亡，黑牛成了白牛，羊身上沾满碱面和沙土，在暴晒下死亡。对远离沙尘源区的影响主要是尘暴，而在源区沙暴和尘暴同时发生。而沙暴更加猛烈。有时能把砾石吹起，造成更大的危害和伤亡。长期影响是赖以生存的肥沃土壤被吹走。远离沙尘源的地方风力减弱，沙尘暴的强度也随之减缓，以至消失，可是影响广大地区的尘暴容易引起关注，而发生在干旱区的沙尘源区，人口稀少的边远贫困地区更加猛烈、频繁危害更也大的沙尘暴，引起的关注程度反而大大降低。

4 以生态系统观念看待沙尘暴

生态系统复杂多样，是干旱区干旱少雨，时空多变气候的产物。地形、土壤、生物、人为活动又引起气候因子的再分配。生长耐旱适应能力强的动植物和家畜。正常情况下，沙尘暴是自然现象，对地球物质循环起调节作用。可它近年来如此暴虐、频繁，无疑是人类对自然生态系统强烈干预造成荒漠化的结果。过渡放牧使土壤过硬或沙化，开垦更易使土壤暴露和衰失。进而植被低矮、稀疏、耐践踏和沙生植物的比例增加。过度放牧和开垦是由于我们的政策鼓励定居、多养牲畜增加税收，摆脱靠天养畜引起的。由于片面追求市场经济，山羊数量猛增，失去五畜和草场平衡。牲畜牧草数量的变化又引起老鼠、昆虫以致鸟类、老鹰、狐狸数量的大起大落。我们又不得不灭鼠灭虫，虽获得短期效果，长期效果鼠虫的天敌倒成了替死鬼。本来应适当减少牲畜头数，五畜并举移动放牧以调节它们的数量，结果又走入另一个极端。执行围封禁牧，同样有一定短期效果，长期禁牧草场完全失去了重要成员牲畜践踏采食的有益作用开始莠化，物种减少生产力降低发生了更严重的生态失衡。买草养畜把压力转嫁给其他土地，又增加了机械油料的消耗。人工种草把把多年积蓄的土壤养分短时间释放，使自然生态系统根本变化。干旱区的牛奶村则是把完全适合湿润区农场的一套做法硬搬到不适应的草场上来重建生态系统，这会付出更惨重的经济和生态代价。草原生态系统各成员的动态平衡关系是在大气候下多年磨合形成的。生态系统各成员都存在相互联系的网络关系，有如机体的各个器官。对于草原生态系统不可任意增加或开除某个成员，也不能随便改变它们在系统中的地位，只能协调它们之间的关系，沙尘暴要从生态系统中找原因。反省和改正我们的政策对生态系统正常运转造成的不良影响，不能头痛医头脚痛医脚，顾此失彼。

5 中国沙尘暴和美国黑风暴的比较

（一）中国的沙尘暴和美国的黑风暴波及广大面积的均以尘暴为主。美国的沙暴不严重，只在面积较小的西部荒漠区。中国除了尘暴，沙尘源区的沙暴还有盐湖边缘，干湖盆的盐尘暴或称白尘暴，还有内蒙古锡盟东部罕见的冬季雪暴或泥雪暴。

（二）中美尘暴都由来已久，只是美国的尘暴更加突然和猛烈。中美都位于北半球中高纬度，都经历了更新世纪冰川。由于美国的山脉多南北走向，冰川更加迅猛无阻。曾四次扩大到大平原并影响到南部。中国的山脉多东西走向，冰川前进不得，影响较美国弱。美国大平原仅内布拉斯加州就有42000平方英里，有的地方有厚达220英尺的堆积物。中美都受到最近一次冰川玉木冰川的影响，发生强烈的荒漠化。当时中美都发生了比现在更强了的尘暴。美国晚更新世干旱化尘暴很快结束，与现代尘暴没有联系。中国自白垩纪就有尘暴出现，经过更新世晚期，至今断断续续。在人类历史时期的一万年内，由于气候冷干、暖湿的变化，尘暴时强时弱，由于山脉的阻挡，没有影响到更远的南方，不像现代美国尘暴更猛烈，几乎影响到全国。

（三）中国北方现代强尘暴发生过多次，更引人关注的是发生在20世纪80年代至21世纪初。美国发生在20世纪30年代以后。

（四）中国引起关注的20世纪80年代的尘暴发生在阿拉善额济纳荒漠地带，之后又陆续发生在内蒙古、宁夏、甘肃等干旱地区，其范围分几大块比美国大。美国20世纪30年代尘暴发生中心位于大平原的科罗拉多，堪萨斯、新墨西哥、得克萨斯、俄克拉荷马的中间地带及周边。处于半干旱、半湿润的边缘地带。我国尘暴主要发生在干旱和极端干旱的荒漠、极端荒漠、半荒漠，典型草原西部，比美国更旱的地区。

（五）中美导致现代尘暴的直接人为造成的原因，都是土地利用的不合理。美国是大面积掠夺式农业开垦。中国除了大面积开垦外，还有草场退化、过度放牧、水源浪费、矿业等不合理开发。

（六）政策原因。中美都有西部大开发经历，不过中国历史更久远，更复杂，政策变化起伏更大。美国人进驻美洲政府支持鼓励西部开发、盲目获取资源的结果。1862年"宅地法"任何人都可以在美国西部占有160英亩土地，开垦并有所收获5年以上，只要交纳少量登记费就可以成为本土地的主人。1909年扩大到320亩。1912年把时间从5年缩短到3年。我国草原牧区早就有禁止开荒的政策，但也曾有过多次反复，如牧民不吃亏心粮等。以草原建设，草场改良，发展人工草地等名目变相开荒，使内蒙古成了全国开垦面积第一的省份。虽然也抵制过大规模兵团开荒，但大量的国有农牧场、种畜场、军马场、生产建设兵团、劳改农场、各单位副食基地、国家用地等城市化等，占用了大面积最好的草场。从旧社会起越来越烈的移民潮，形成了越来越宽的半农半牧区。20世纪80—90年代实行草场分到各户经营，告别游牧进一步定居舍饲，使得大面积草场退化。又采取另一极端禁牧休牧造成维护草原环境的草原畜牧业衰退。但由于我国小农经济的发达，机械化程度低，不像美国大平原，现代机械化开垦，因此不如美国破坏力度大。

（七）客观机会。欧洲殖民者刚进入大平原时，那里人口稀少，为本地印第安等狩猎民族各部落的分散领地，没有形成像中国那样的强大国家。占领的阻力较小。欧洲殖民者都是森林民族，对干旱的大平原缺乏认识。带着掠夺淘宝的心态，资本主义的扩张野心，以及先进的武器，更厉害的传染病，使当地人难以招架。一马平川的大平原，便于机械化大规模耕作，大大加快了开垦速度。我国西部本来人口就不少，比较发达的游牧畜牧业和农业深厚的文化，加上机械化程度较低开垦速度虽然也不慢，但远不如美国大平原迅猛。美国借世界大战的时机，欧洲战场对粮食的急需，土耳其又切断了从俄罗斯当时最大的小麦输出国的运输路线，欧洲只能把希望寄托到美国大平原。美国总统华盛顿就说过："种更多的小麦，小麦能赢得战争。"中国清朝为了偿还殖民帝国的赔偿也加速了向草原开荒。

（八）中国是对西部地区进行一系列改造，"再造一个山川秀美的大西北"等，而美国是把当地民族排除在外，进行集中隔离固化。

（九）尘暴的深层原因。美国人指出破坏大平原的是犁。是由于错误地把一种不适于大平原的农业系统强加给这个地区的产物。又有人讲："尘暴的原因十分复杂，文化因素多于自然。而肯定不能用旱这个事实来概括。"我国也有专家把尘暴频繁发生的原因归纳为天、地、生。其实比美国更明显的深厚原因，是价值观和文化，就是游牧民族文化的破坏。

6 中美有关地区生态地理环境的比较

6.1 地理位置比较

美国位于北半球西边，北美洲南侧。总面积950万平方千米，为世界第四大国。不算阿拉斯加和夏威夷等岛屿。位于北纬25至48度，西经67至124.5度。东临太平洋，西靠大西洋，东南为墨西哥湾。两面半靠海，北面临加拿大，西南是墨西哥。东西宽4500公里，南北长2700千米。东西两侧是山地，中间为大平原，东为阿巴拉契亚山脉及临大西洋平原，约占国土面积1/6。东侧为落基山脉，往西经过山间高地和盆地到沿太平洋的喀斯喀特山和内华达山脉，约占国土面积1/3。中间大平原占本土面积一半。古老的阿巴拉契亚山脉海拔高2000多米，落基山最高海拔4400米。大平原东部海拔600米以下，西部靠近落基山脉海拔1000米以上，南部低于200米。本土大部分地面海拔500米以下，高于1000米占1/3。

美国本土除阿拉斯加主要位于温带。东北部为温带湿润气候，东南部亚热带湿润气候，东南部亚热带湿润气候，最南部佛罗里达为热带海洋性气候。大平原北部为温带大陆性气候，南部属亚热带大陆性气候。西部太平洋沿岸北纬40度以上是温带海洋性气候，南部冬暖夏凉类似地中海式气候。美国森林面积占国土面积1/3。主要分布东西两侧和南部，其余为草原、草甸、湿地，小面积荒漠和沙漠没有极端荒漠。

总体讲美国本土地形和气候比较复杂，但远不如中国多样。美国两面半靠海，没有那么大的干旱区和高寒区，北美大陆干旱半干旱面积占16%，中国占52%。总的讲美国比中国温暖湿润，美国的山脉多南北走向，第四纪冰川侵害严重而中国的山脉多东西走向，阻挡了冰川的南下，保留了众多古老生物，美国的生物和文化多样性远不如中国丰富。

6.2 中国和美国西部的比较

欧洲移民首先占领美国的东海岸，逐渐向西扩张，西部的概念也随之扩大。一般泛指阿里根山以西的整个区域。从田纳基、齿塔基开始越过密西西比河，河以西称"新西部"。真正位置上的西部为落基山以西称"远西部"。因此美国西部的概念是动态的，跨多个地带，包括部分中东部，主要是大平原以西。大平原东部为湿润区，西经98至100度以西为半干旱和干旱区，南部属于热带半干旱区。分别为森林带、高草普列利、混合普列利和荒漠禾草区。亚利桑那还有小面积沙漠。中国西部指地理位置的西部和西北部干旱、半干旱、高寒地区。在划分西部省份时把四川省也包括在内。中国尘暴主要发生在干旱、半干旱的荒漠、极端荒漠、半荒漠、典型草原西边。美国尘暴主要发生在半干旱区涉及半湿润区，比中国的尘暴发生地湿润。

若干万年前的石器时代，美洲就有人类生存，并创建了丰富的文化。但美洲的历史连续性差，丰富的古代人类文化，没能延续下来，并受到几次大的移民潮冲击。欧洲移民到来之前，美洲已被从亚洲迁来的印第安人的祖先占领。他们的各个部落分散在美洲大陆上，没能形成强大统一的国家，过着与大自然融为一体的狩猎生活。欧洲殖民者的占领将本地的主人变成了受管制者，肆意对自然环境和当地居民进行残酷迫害，20世纪30年代大自然以黑风暴进行了还击。中国西部的开发历史非常久远，古代民族的构成，经济文化发达的程度甚至超过中东部，农耕文明也不例外。中国的大江大河大多源于西部。中国多个民族的发源地在西部，中华各民族的母亲在西部。

欧洲人带着殖民掠夺的心态来到了被他们称为新大陆的美洲。最先到的西班牙、葡萄牙、荷兰、英国、法国、德国人都是森林民族。他们没见过这么辽阔人烟稀少的大平原，产生了好奇和恐怖心理，探险家将大平原描绘得异常荒凉，编造出美洲大沙漠的景象。长期认为大平原不适合居住和农耕，延缓了西进的步伐转向南部的得克萨斯和西海岸的俄勒冈、加利福尼亚湿润地区，阻止了南方农奴制棉花王国的扩张。促使将东部的印第安人迁往密西西比河以西的大平原进行民族隔离。随着资本主义不断扩张，大平原的野蛮开发不可阻挡。美国对大平原的看法来了个大转变，转而认为大平原会带来财富，人类的活动可以将沙漠变成绿洲"雨随犁至"代替了"美洲大沙漠"。经过几十年疯狂开垦终于引起了黑风暴。美国人反思是让大平原干了它不该做的事，进一步认识到更深层的文化理念问题，人类社会系统应该纳入自然系统。促使生态学得到发展，产生了克莱门茨顶级学说。奇怪的是我国有的学者至今倒认为美国的黑风暴是原始粗放的游牧引起的，不知美国的游牧是哪来的，游牧就等于掠夺粗放吗？

我国古代崇尚西部，王母娘娘在西部。后来由于民族敌视产生了偏见，加上很多文人包括国外探险家的主观描绘，内地汉人就认为西部荒凉、野蛮。由于战备的需要，西部成了大后方，很多工业、科技转向西部，出现了像包头、兰州等重要城市。提出西部大开发战略，再建山川秀美。对西部进一步工业化、市场化进行现代化改造。由于我国发展过速，对能源、原料大量需求，忽略了西部生态环境脆弱性特点和民族文化的重要性，盲目照搬我国内地和西方已被证明的错误做法，结果也引起了环境恶化，固有文化的削弱，尘暴频繁发生。对尘暴发生原因也存在分歧，有人认为是原始落后的游牧造成的。相反有人认为是因为游牧文化的削弱导致环境的恶化。

6.3 中美草原植被的比较

中国和美国的草原植被都属于温带草原。以中国内蒙古草原为例都有相似的发生演化规律，都与更新世中晚期气候相联系。又同时经过了玉木冰期的荒漠化过程。不过美国的草原有明显的热带亲缘，光合作用效能较高的C4植物为主。而中国北方草原以C3植物为主，大都与北方联系。C3植物的最大净光合速率为15~35毫克CO_2/分米^2·小时。C4植物为40~80毫克CO_2/分米^2·小时。C3植物蒸腾速率为450~950克水/克干物质，而C4植物为250~350克水/克干物质，每形成1克干物质，后者比前者节约一半水，C3植物生长速率0.5~2克干物质/分米^2·天，而C4植物可达3-5克干物质/分米^2·天，高于前者一到几倍。但由于C3植物对净光合作用的最适温度为15~25℃，而C4植物30~45℃。因此在内蒙古草原由于温度低，C4植物如糙隐子草生长期较晚，因此产量并不一定高。内蒙古的C4植物多为藜科、禾本科一年生草本，夏天的雨后迅速生长，特别是退化沙化草原。中国的草原植被属欧亚草原区，亚洲中部亚区和青藏高原亚区。新疆西部沾点黑海、哈萨克斯坦亚区。美国的草原属北美草原区，划分为高草普列利、混合普列利和矮草普列利。中国最典型的内蒙古草原植被，按水分划分为草甸草原、典型草原和荒漠草原。美国的高草普列利生长大芒茎草、印第安草有的高2.44米根深1.84米，平均高1.5~2米，大小须芒草占草群比例72%。经济产草量每公顷干草2470~7400千克合每亩329~987斤，还有一些木本植物，但营养价值较低，不是好牧场特别是羊不适合放牧。从加拿大到墨西哥湾长1000千米，宽约240~300千米。年均降雨量600~1000毫米。其南部接近亚热带。我国内蒙古的草甸草原面积小于美国的高草普列利，位于东部靠近大兴安岭，以贝加尔针茅、羊草和杂类草草原为主。平均亩产干草160斤，低于美国高草普列利一半多。平均年降雨量350~500毫米，远低于美国草原。高于500毫米降雨量在内蒙古已经属于森林地区了。美国的高草普列利为肥沃的黑钙土，内蒙古草甸草原属稍差的暗栗钙土。美国的低草普列利从落基山山麓到西经100度左右与高草普列利相接。北起加拿大南至新墨西哥州和得克萨斯州中部。年均降雨量250~650毫米，生长期4~9月。黑格兰马草占草群总产量50%~95%，还有野牛草等。每公顷干草产量1700千克（合亩产227斤）以针茅为主的内蒙古典型草原占据了草原的大部分，年均降雨量250~350毫米，平均亩产干草77.2斤。荒漠草原位于西部，年均降雨量150~250毫米，平均亩产干草36斤。美国大平原东部土壤无钙积层，往西出现在地下40~50厘米，再往西位于地下33~36厘米。美国的荒漠一禾草区位于低草区的西南侧，年平均降雨量250~500毫米，每公顷平均干草产量600~2500千克（合每亩80~333斤）高于我国典型草原，在我国仍属于草原植被，与荒漠无关。

美国的高草普列利，在我国已不是草原了，年降雨量超过600毫米，也不属于半干旱区了。草高平均1.5~2米，有的高2.44米，根深1.84米，不可能属旱生植物。黑钙土与我国松嫩平原类似，应属于半湿润区草甸灌丛植被。不过这里过于平坦，风大，周期性干旱。单一品种作物，大面积机械化作业，不重视土壤保养，风蚀畅通无阻，一味掠夺性经营，赶上连年干旱，发生尘暴的条件照样具备。在这么好的环境下，发生了如此强烈的尘暴，美国走在了世界前列。这里为什么树木不多，草本为主可能与过于平坦、风大周期性干旱，自然火有关。草原植被的界限由于气候变动左右摇摆，坦荡的平原上，界限不明显，常有较宽的过渡带。加上美国人曾有过美国大沙漠的错误认识划成草原植被，高草普列利，就不奇怪了。由于我们没能对美国的草原进行深入调研，以往常将美国的高草普列利与我国最好最高的草甸草原相比，只关注美国普列利成了美国的玉米带，集约化养殖畜牧业基地，忘记了黑风暴，错误的定义为我国的草甸草原发展旱作农业，人工草地可以获得稳定产量的界限之内。实际上二者有巨大的本质差别，美国的矮草普列利年均降雨量产草量不仅比我国内蒙古典型草原和荒漠草原高，有时甚至高于草甸草原。欧亚草原区的草原以多年生旱生丛生禾草，各种针茅C3植物为主，而美国的草原则以喜热的C4植物为主，丛生禾草、针茅不占优势。二者在生态条件、植物来源、群落组成结构等方面都有很大区别。美国也没有像我国那样的荒漠，不具备超旱生条件。因此在社会经济文化等方面应采取不同的方式，不能生搬硬套。美国大平原的普列利草原比我们草原温暖湿润得多，但也难以满足人们的贪心，发生了黑风暴。何况我们呢？我们有的人不仅不吸取人家的教训，还对被美国人自己视为教训的20世纪30年代滥垦歌功颂德，并加以效仿。

7 中美对尘暴的反思

美国有学者认为尘暴的发生人为因素大于自然，决不能用天旱来解释。1936年罗斯福指出："尘暴的唯一原因是我们错误的土地利用方式，本来应该作为牧场的土地，我们都用来种小麦。"在大平原的未来中说："尘暴是人为灾害，是白人自己酿成的苦果，将湿润地区的农业硬搬到半干旱区，半干旱区更适宜畜牧业和小规模农业。灾难是'过度开垦、过度放牧''破坏大平原的犁'。是过分相信科技和机器的力量，工厂式单一品种追求高额利润的资本主义农业。还深受以斯宾塞社会达尔文主义思想的影响，觉得已经到了摆脱自然的时候了。美国学者后来越来越感觉到尘暴的发生有更深的原因，要从文化上去寻找，尘暴证明是美国在适应自然的经济体系上的一个严重的失败。那种个人主义的以掠夺自然为基础的，培植个人致富的文化价值观念才是这场尘暴灾难的罪魁祸首。罗斯福总统说："我们必须与自然携手并进。"人类的经济体系必须纳入自然生态体系。大平原的解决方案，可以从印第安人文化中寻找答案，要看西雅图宣言是怎么说的。但是这种观点在尘暴过去，新的湿润到来以后，就成了农场主的笑柄，新一轮破坏难以阻挡。这与美国强调个人利益的资本主义制度密切相关。

我国尘暴的发生很多人包括牧民认为与天旱有关。也承认与过度开垦、过度放牧关系紧密。深层原因有两大相反的观点，一是正统观点认为是原始落后的游牧造成的。另一观点相反认为是文化出了问题，是游牧文化被替代的结果。在美国不同观点可以公开热烈辩论，平民百姓和总统都参加。在我国两种观点缺乏正面交锋。

美国土地原属于印第安等民族各部落公有，"宅地法"鼓励白人私人开发占有，并可转让出售。鲍威尔主张以自然边界分水岭限制私人土地任意扩大。"泰勒放牧法"将大平原尚未分配的8万英亩土地作为永久公地放牧用。"土地利用计划"由政府收购处于生态脆弱地区的土地。"保护区项目"在大平原1941年成立了75个土壤的保护地，由政府帮助恢复。由于美国的资本主义制度所限，土地收归国有的成效不大，并有反复。

中国的草原牧区，以内蒙古为例，土地草场向来都是公有公用，但并不是没有边界，牧区以往有个大家都遵守的不成文的规矩，在某些情况下，如干旱或雪灾，不能拒绝其他部族的牲畜进入。20世纪八九十年代为了与农村保持一致，在草原牧区推行了草原承包到户经营，进一步定居舍饲，彻底告别游牧。草场出租转让，加速了草原的退化。草原全面退化后，并未吸取教训，更进一步，将承包到户进行到底。

据美国大平原 20 个县的调查 80% 耕地，90% 的弃耕地出现土壤侵蚀，而受侵蚀的牧场只占 20%。提出退耕还牧还草的主张。罗斯福防护林计划，在大平原人工植树防止水土流失。在 3 万个农场植树 22000 株。从得克萨斯的柴尔德里斯到加拿大边界，基本沿西经 99 度高草普列利和矮草普列利过渡区 100 英亩宽的林带，其花费 1400 多万美元。草原造林受到了克莱门茨等生态学家的反对。认为半干旱的大平原不适合种树，应进行多样化种植，休耕轮作能成倍增加小麦产量，使高粱产量增加到每英亩 252 磅，翻起高垄挡风蚀能促使牧草生长，养更多的奶牛。增加化肥，堪萨斯的农场主们花在买化肥的钱差不多是财产税的两倍。打深水井灌溉，井深超过 600 英尺或更深，抽取多少世纪保存的地下水。堪萨斯的哈萨克尔县共打深机井 864 眼，用水渠灌溉每英亩 50~100 美元，喷灌花费更大。地下水位以每年 1/4 或 1/2 英寸下降，到 1970 年很多井都干枯了。

到了 20 世纪 40 年代降雨量增加，一些生态保护治理措施淡漠了，忘记了 20 世纪 30 年代的尘暴。1952 年旱灾又光临大平原，这次旱灾时间虽比 30 年代短一点，到 1957 年就结束了，但更为强烈的尘暴又来了。从"肮脏的 30 年代"到"污秽的 50 年代"。

19 世纪 80 年代牧牛王国的破产，不顾后果地开采地下水，引人苦恼的化肥、汽油和机器的花销，破产逃亡者的面孔，肺叶上布满沙尘老人的痛苦，喘不过气来的咳嗽。美国农业有许多东西可以自夸，但更多的是它在反思它的盲目扩张已开始造成一系列环境灾难，它应该让我们至少要加倍思考我们传播的东西。

我国也曾有退耕还草项目，还的不是天然草原而是人工种草或种树，竞相开荒。美国有罗斯福改造大平原计划植树造林，我国的"三北防护林""京津沙尘源治理工程"更为庞大，还有各级政府、商家、群众还有外国人，蜂拥而上掀起一个个在草原上种树高潮，势头越来越猛，人工化成了大西北的一大害。开矿、种树、种草、城市化、工业化、绿化，用水量猛增，到处打机井，地下水一再告急。还有浅耕翻、飞播、围栏、划区轮牧，灭鼠灭虫等保护改良措施，成效甚少。认为尘暴是由于牧民多养牲畜造成的，大面积草原禁牧，春季休牧，严格限制牲畜头数，按户以草定畜，进一步施行圈养。

本世纪初尘暴明显减弱，产生了盲目乐观，把功劳记在禁牧、造林等项目上。不料老天爷不给面子，2006年更加猛烈的尘暴卷土重来，但并未吸取教训、总结经验，听取各方意见加以改进，而是继续执行被证明错误的方针策略。

8 尘暴的生态学思考

8.1 尘暴与干旱缺水的关系

地面和地下的水在没有河湖和人为补充情况下，都来自天上降水，降水可分为雨、雪、冰雹、雾、露水、霜等。水降到地面，又经过地形、地物、风、生物和人的再分配，得到利用和保存，大部分最终又回到天空，完成水循环。水返回天空的渠道主要有土壤的蒸发和植物的蒸腾。土壤的蒸发与土壤质地、紧实度、土壤水分有关。土壤质地的影响取决于土壤颗粒对水分的吸附和毛细管的散发作用，当土壤含水量较低时如锡盟草原低于6%，土壤水分蒸发随粘粒的增加吸附作用增加而降低，土壤水分大于13%由于毛细血管作用增强水分的蒸发增强，黏粒含量超过30%达到最高值。随着土壤坚实度的增加特别是较湿的土壤水分的蒸发加速。

　　蒸腾和蒸发除了与土壤和植物本身的特性有关外，还取决于空气湿度、温度、风、地形等因素。对于牧草来说，因其主要从土壤中吸取水分，土壤中水分在相等降水补给的情况下，空气湿度、温度、风、地形等因素一致的同一地点，往往存在巨大差异，是由于土壤保水能力的不同造成的。如沙质土结构良好的壤土，水分不易蒸发。黏土毛细现象发达，水分易蒸发而损失。而最起作用的是地上的植被状况。植被茂密特别是有稳定的枯草层，挡风、遮光相对湿度大，水分不易蒸发。草高有挺立枯草冬季能积雪而雪不易被风吹走。一般羊草草原冬季雪厚三四十公分。一个小叶锦鸡儿灌丛积雪有一牛车，芨芨草积雪更多。雪水的含氮量一般比雨水高5倍。《齐民要求》载："雪能使麦耐旱多实，使蔬菜叶大不虫，使瓜润泽肥好，使作物则收常倍"。普通水所含重水量是雪水的4倍。重水和超重水，是具放射性的水，抑制植物的发育。夏季高而密的草原还能截获大量空气中的凝结水，而形成露水。牧民说羊草草原的露水够洗脸的。其水量还没人计算过，可能超过降雨量。因此不同的植被覆盖度土壤的水分差异很大。我们往往只看重降水量，不考虑水分支出消耗的巨大差异。当然植物本身也耗水，进行蒸腾。植物的蒸腾耗水也不相同。一般旱生植物矮小、叶小、针形、卷曲具毛，草原上的旱生多年生丛生禾草，特别是荒漠上的超旱生具刺小灌木、小半灌木耗水少。同一种植物所处环境的不同耗水量也不同，和人一样越是在干旱炎热的地方越能喝水。植物有保水作用，同时也在耗水，这就有个限度，做到尽量发挥其保水功能，如在干旱区种树，其蒸腾耗水量远远大于保水，反而造成土壤水分的大量消耗。牧民普遍反映近些年天旱了，即使降水量没有减少，由于草场退化植被稀少，土壤蒸发强烈，旱情更加严重。另外不能移场避灾增加了干旱造成的损失。避免旱灾增加降水或其他方法增加水的补给比较困难，减少水的消耗保护好草原植被，节水完全可以做到。

可是我们的某些政策确实加重了干旱造成的损失，如草场承包到户、定居，居民点、饮水点草场严重退化，直接毁了1/10草场。周围200米范围内由于没有植被保护，土壤水分蒸发强烈。退化草场由于有空间，一年生草本藜科和菊科蒿属植物的猛长，它们都是高耗水的非典型旱生植物。虽然减缓了土壤水的蒸发，植物的蒸腾耗水更多。草场只有适度利用才能达到植被、土壤、人畜的水分平衡，而适应干旱气候。农作物、人工牧草，树木多为中生植物，在干旱区要想获得一定产量，必须补充水分。我们现行的很多政策，如包产到户经营草场、舍饲、发展人工草地、人工林、奶牛村、集约化养殖，发展工矿业、城市化，把最节水的游牧业变成高耗水的所谓现代化新牧区。

草好畜不好，草不是真好，都好才是真的好

草好无疑是减少尘暴的条件。牲畜吃草践踏看来对草不利，可是没有牲畜放牧，草也长不好，重要的是要适度放牧。除了牲畜外还有野生有蹄类、兽类、鸟类、昆虫、啮齿类等，它们与草的关系都是如此，草和食草动物都是互利又互相制约组成网络，都是草原生态系统不可缺少的成员。为了养好牲畜必须草好，但利用不充分，草过于旺盛对牲畜也不利，还过分消耗了地力，因此要用牲畜适度采食加以限制，这样对草也有利。利用和保护都适度才有效益，所以说禁牧和过度放牧对草场和牲畜都不利，过度放牧导致的草场退化容易引起关注，禁牧、休牧的危害还未得到重视。把退化草场围起来，由于牲畜粪便的积累，雨后疯长，反而很快消耗了地力，对真正恢复不利。因此退牧还草的提法不对。应该适度放牧还草。

　　锡林浩特白音希勒牧场位于典型草原地带东部，2002年围封，2004年测定每平方米羊草群重224克，大针茅23.8克，其他15.8克共263.6克。枯草234克，样外照常放牧的每平方米羊草群重28克，大针茅26克，其他共72克，总重126克，枯草48.36克。围封两年羊草比例、总重均比未围封高，明显好转。而从1979年开始围封的中间有过打草、冬牧、火烧，25年后每平方米羊草群重10克、大针茅50克，其他共22克，总重82克，枯草500克。羊草和总重大幅度下降，成了大针茅草原。6月份仍一片枯黄。每平方米由20多种植物下降至不到10种。羊草为宽叶子的禾草，喜氮植物其叶子的蛋白质含量与豆科植物相当，因此比窄叶子的针茅更需要肥料。不放牧缺少了牲畜粪便的补充，就被更耐土壤贫瘠的针茅替代了。草原上的很多植物是由牲畜调节数量传播种子的，需要蹄子把种子踩入地下才能正常发芽生长。现在我们进行草场补播改良，撒播种子后放羊群进行踩踏。牧民说：现在没有羊了，羊吃的草也没了，没有马了，马吃的草也没了。加拿大一块围封了20多年的草地，每平方米仅剩一种植物了。

　　东苏旗小针茅草原围封5年以上，每平方米克莱门茨针茅从37.33克下降到2克，总重从66.33克下降到16.2克。阿拉善梭梭荒漠围封了3年，枝条绿色部分平均长度从8.9厘米下降到3.75厘米，绿色部分与枯死部分比例从2.53%下降到0.08%。阿拉善左旗十三道梁项目区红沙荒漠围封5年产草量从每公顷378公斤下降到81.66公斤，10米×10米范围内枯死率从4%上升到20%。一般草原地区围封5年，荒漠地区3年就有下降趋势。最好的羊草草原被大针茅替代。半荒漠和荒漠地带禁牧后，一年生草本大量萌生，没有牲畜采食生长旺盛，夺取了下渗的水分，造成灌木缺水大批枯死。梭梭荒漠缺少了骆驼，老鼠钻了空子，大量繁殖。梭梭发生虫瘿和白粉病。红沙先从中间枯死，有的结满了虫网影响传粉。牧民说灌木枝条顶部由于盐分泌影响了生长。额济纳胡杨林禁牧后，大量灌木草本和胡杨幼苗生长，夺取了水分使大树枯死。春季休牧更不可取。植物是由千千万万个细胞组成的，植物的生长是靠细胞的长大、分裂、数量的增多。年幼的新细胞，细胞核大，生命力强，老细胞细胞壁增厚，分裂能力减弱。植株顶端年幼的新细胞集中，因此有顶端生长优势。切断顶端萌生很多细枝，更多顶端出现。很多草原植物，冬季枝叶顶端枯死，下部埋在雪下还保持绿色，来年春季只能进行居间生长，枯死的顶端成了生长阻力，牲畜的采食可以促进生长。当然过分采食减少了绿色光和作用面积，影响了物质产出和积累对生长也不利。农作物多为一年生草本，整齐划一春季一起发芽。草原以多种多年生草本为主，有的春季先开花后出叶，如星毛委陵菜、白头翁、苔草属。有的雨季大量出苗，有的秋季萌生，来年再生长。春季出苗的是一部分。认为苗期采食对牧草不利，那夏天也别放牧了。牲畜采食也不像农作物一次全部收割，是有选择性的，即使最喜食的牧草也不是全部吃光。如锡盟东部春季主要吃小白蒿、寸草台、羊草、冰草、小叶锦鸡儿和白头翁的花等，夏季主要吃羊草、针茅及多种杂类草。秋季主要是禾本科、蒿属、藜科、葱属的种子。不同的牲畜，各个季节天气，不同地带采食的牧草都不相同，内蒙古有700多种植物可供牲畜食用。一年四季在于春，春季是牧区关键的接羔季节，能在春季让牲畜尽快吃饱结束冬瘦、春亡是保证母子一年健康的最重要的时期，春季禁牧太残酷了。若说苗期采食对牧草不利，花果期就更不能放牧了。冬季舍饲就全年禁牧得了。

牧草是草原生态系统的物质基础，是第一性生产者，食草动物不只牲畜，英国一块草地上的一种昆虫食草量是牛的2.5倍，美国草地的蚱蜢、蝗虫食草量是野牛的十五倍，闹蝗灾时蝗虫食草量有人估计在蒙古草原上是牲畜的一千倍。啮齿动物不仅吃草、贮草，还不断磨牙。还有野生有蹄类、鸟类，而用草最多的迅速分解者地下微生物，牧民的生活，以及政府官员等等都离不开草。所以只说草畜平衡是不够的。草与畜的关系不是直线关系，适度放牧还能促进牧草生长，增加产草量。另外牧草的生长受气候特别是降雨、地形、土壤、经营、放牧管理方式和水平各方面影响。草原时空多变，牧草生长变化剧烈经常闹灾，以草定畜做到草畜平衡，尤其是在小范围内，一家一户是不可能的。我们为了保护草原把牲畜减下来，结果老鼠、蝗虫趁机而入，草总得有动物吃呀。

最优越的环境，并非是环境问题突出。最稳定最好的植物群落，也不是建群种优势度很高，而是各环境因子，群落的各个成员相互配合协调一致，如太冷、太热、太旱、太涝都不好，要看它们的配合。如高热和高湿配合的热带雨林，是地球最复杂、最高产、最稳定没有明显建群种的植物群落。若高温与干旱配合，如阿拉善荒漠就是比较单纯、低产，建群种占绝对优势的群落类型。低温与高湿配合，如内蒙古东北部泰加林却相对单纯，建群种兴安落叶松优势度很高。内蒙古的赤峰市乌盟南部，热量不如阿拉善，水分比东北差，由于配合较得当，总体环境优于上述二者，因此首先被开垦。极端环境适应的结果。如水中只生长浮萍、眼子菜等水生植物，岩石只长地衣。人为活动，如过度放牧，人工林、人工草地、农田也造成极端环境，单一物种成为强势对环境造成了强压使多样性降低。过度放牧，牲畜过多成为强势，土壤变硬、植被稀疏，物种减少。相反，围封禁牧牧草失去牲畜的控制，植物特别是一年生杂草迅猛生长，成为强势。过多消耗了水分和养料。同样最终导致植物生长不良。盲目追求市场利益，发展山羊、奶牛成为强势。造成强压，使生态系统失衡，只有各生态因子，生态系统的各个成员都适度发展互成强势，与其他成员相互配合协调一致形成互助的网络关系，才能使生态系统健康发展成为民主社团。气候因子的强势如干旱是大自然的安排，人类不可能也没必要改变。为适应极端环境，生物经过长期的磨合和协作与气候达成一致这是很不容易的人类无法复制，切莫再制造极端使其失调。游牧，五畜并举是牧民依据气候条件经过几千年的经验积累摸索出来的，用不同的牲畜，移动距离、时间、放牧方式，成为适应和管理草原的有效方法，使气候、水、草、牲畜、野生动物达成一致。生态学原则就是和谐多样、宽容适中大家都好，才是真的好。

关键是土好

干旱区气候变化剧烈。植物的地上部分随降雨、气温变化有很大波动，有时产草量相差若干倍。而地下相对稳定，干旱区植物的地下根系十分发达，曾发现一株高30厘米的红沙，其水平根系长达十几米。杭锦旗药材公司一根完整的甘草根，穿过十几间平房，为了保存完整，打穿了公司所有的平房。锡林浩特白音希勒牧场羊草草原1984年测得，地下0~10厘米根系产量合每亩1333.4斤，0~30厘米2210斤，高于地上部分10倍以上。荒漠地区更高。温度、水分从地面向下传递需一定时间，在传递过程中有所消耗。因此地下土层水热营养状况反映的是地面以上以前的情况，所以说土壤变化滞后于地上。而且比较稳定，所以地窖冬暖夏凉。由于干旱地区地下土壤对气候剧烈变化有缓解作用，成为草原荒漠生态系统的重要部分。环境越严酷，地下土壤越显优越。地上植株完全暴露在空气中，必须随气候水热条件的变化改变自身。雨水好就充分发挥长的又高又密，干旱年份缩小身体，有的干脆假死，把营养转入地下根系保存，一旦雨水好马上苏醒抓紧时间开花结实。所以在气候变化最剧烈的半荒漠，旱年一片枯黄，只有见到一两种植物，原生植物小针茅不见了，一旦雨水好转，十几种植物突然冒出来，几天后小针茅白花花一片。实际上它们的根系仍然活着。所以牧民说一下雨草场就恢复了，不下雨围封也没用。地下土壤不仅产量高，物种也比地上丰富得多。有的地上已经几年不见，根系还活着。有人计算过1平方米土壤内活植物种子多达4万多粒，有的36年还能发芽。据1988年对锡林郭勒白音希勒地下土壤动物的调查，在不多几个样地内发现，能鉴定出来的无脊椎动物有6门8纲15目，鞘翅目有23科，还有很多未知的，土壤中的微生物就更多了。地球80%的生物量属于微生物，种数和个体数就更可观了。其中主要在海洋和土壤里。土壤中的大量昆虫幼虫鉴定困难，美国曾对南美做过土壤动物调查，每个样品中几乎都有新种甚至新属发现。它们是生态系统的分解者，土壤是物质的加工厂和供应站，为一切生物提供物质来源。是生物的家园，生态系统的基础，是种子库、物质库、基因库，是草原的消化吸收系统。草原能量物质的循环是否正常进行，草原是否退化、受损要看是否已经侵害到土壤。草原的优势，草原的健康状况，耐牧性，可恢复的可塑性，要从地下土壤中寻求答案。土壤的反映虽然比地上植被滞后而缓慢，但它是多种生物，多种因素多年的综合反映，是最稳定的、根本的，最本质的变化。草原的一切变化最终落实在土壤中，成熟在土壤上。土壤的形成演变非常漫长，有人讲形成1厘米土壤约需要四百年，在干旱区时间更长。因为土壤的形成演化需要阳光、空气、温度水分、风、岩石，作为分解者的藻、菌、地衣，营养的制造者、转换者高等植物。啮齿动物、昆虫、地上的鸟类、爬行类、有蹄类、兽类、牲畜和人类，大家共同参与奋斗多年的成果，多么的不容易，可是人为破坏并非是难事。植被是土壤的保护层、制造者，退化草场最容易发生水土流失、沙化、盐碱化、砾石化，最严重的是草原开垦，把土层打乱，把土壤中很多生物的家园全部推翻，使各种生物无家可归，遭受灭顶之灾。春季裸露的农田，一阵风把土吹走，成了尘暴源。还有挖洞、做垄、浅耕翻改良草场的各种动土行为，都是比过牧严重的多的破坏草原的根基。单一品种农作物把土壤结构，生物组成，物质循环根本改变。还有大面积人工林，单一树种人工林造成土壤环境恶化是极普遍现象，一公顷速生林每年消耗或带走40公斤氮、20公斤钙、4公斤磷、6公斤镁，单一树种的凋落物以及它们对土壤元素选择性吸收，对土壤的理化性质产生深刻影响，结果造成某些元素聚集，大部分元素缺乏。栽培5年的杉木林60厘米土中氮、磷、钾的含量，分别为栽培前的43.6%，24.3%和5.5%。1994年测定赤峰市旺业甸人工落叶松林0~20厘米土层的有机质，含氮、含磷、含钾含量分别比荒山下降22.9%~37.2%，24.2%~33.2%，38.9%~50%，18.6%~24.3%，速效氮、钾分别下降29.6%~34.8%，35.2~24.8%。表征土壤保肥能力的阳离子代换量下降10.2%~15.6%。代换性钙下降17.5%~38%土壤转换酶，多酚氧化酶，活性分别比荒山土壤下降36.5%~49.2%。11.2%~31.3%。土壤微生物总量细菌、放线菌含量下降77.4%~91.5%，77.4%~93.7%，41.3%~78.1%土壤肥力、活力、微生物活动随着人工林树木的增长迅速减退。这只是对土壤的作用。

草原开垦种庄稼、种草、种树改良草原的浅耕翻所以能获得短期收获，增加产量。是由于土壤翻松透气，充分氧化释放，是以突然大量丧失多年积累的物质，土壤结构生物受到破坏为代价的是得不偿失的。拔一颗草只是一种植物，挖一块土无数生物遭殃，而且很难恢复，对土壤的破坏是最根本的破坏。水土流失是草原的癌症。因为土壤还好，草原就有恢复的可能。20世纪五十年代呼伦贝尔草原的撂荒地，半个多世纪了一看便可辨认，成为草原的永久伤疤。

干旱区最缺的是水

（1）尘暴全是缺水惹的祸

尘暴的发生，古今中外全都发生在干旱、半干旱及临近地区，都是缺水地区的干旱年份及干旱季节，往往是春季。我国现代最初影响最大的一次尘暴发生在极端干旱的阿拉善额济纳，上游截水东、西居延海干枯，大面积荒漠植被枯死造成的。退化草场缺少植被覆盖，地面干燥易起尘沙。干旱区农田春季裸露风大，地面干燥疏松，难免出现尘暴。假如土壤湿润，加上植被茂密就不会起尘。天气湿润、风力也变弱，尘土会原地不动，因此发生尘暴的自然因素很大程度上就是干旱缺水。人为造成尘暴的最终原因也离不开水的短缺。因为水直接影响土壤、植被和风。

（2）有限的水还存在严重的不平衡

地球本来就不缺水，地球是个水球。但大部分水都在海里，大部分的淡水还都封存在两极的冰川里，占地球陆地32.5%地面的干旱半干旱区水源不足。中国干旱半干旱区占陆地面积52%，内蒙古除了大兴安岭、燕北山地等山地外都在年降雨400毫米以内，平均单位面积年降雨量263毫米，80%~90%都又蒸发到空中。地面总径流量占全国1.4%，地下水总储量占全国5%。人均占有水量比全国少2.8倍。

而我国又是世界上的缺水国家之一。人均年占有水量少于2000立方米认为是缺水，少于1000立方米为严重缺水，我国干旱、半干旱地区，还有华北地区甚至南方的一些省市，如江苏都不足400立方米。内蒙古有限的水资源还存在严重的时空不平衡。最高的扎兰屯蘑菇气平均降雨511.2毫米，额济纳为37.9毫米，有的地方就十几毫米。而蒸发量高于降雨量几倍、几十几百倍。全自治区70%的地面、地下水仅占全区的16%。连年干旱年份约占20%~30%，连续三年干旱占10%~25%最长可达连续7年超常干旱。呼和浩特市1959年降雨929.2毫米，1965年仅155.1毫米，相差6倍。全年大风日数20—80天，个别87天，春季风占全年30%~40%。降雨多集中夏季，常常形成暴雨和冰雹。鲁北曾在1小时降雨82.6毫米，包头曾在10分钟降下全年15%的雨量共44.8毫米。水热同季不同地。降雨多的东北部热量不足，热量充足的东南部降雨少。大大削弱了水的利用效率。水热不同地的空间格局，使环境更加低产和脆弱。春季干旱、多风、植被稀疏同步发生，尘暴发生的可能性大大增加。

（3）人为破坏浪费使水源不足雪上加霜

城市用水增加迅猛

20世纪包头日用地下水量50万吨，呼和浩特27万吨。包头地下水位下降了20米，通辽市潜水水位下降，形成漏斗，影响面积百余平方公里。进入21世纪其用水量不知增加了多少倍，因为内蒙古城市扩大的速度惊人。小小的巴音浩特城市供水工程一个个报废又一个个上马。锡林浩特由于城市扩大，附近露天采煤，锡林河下游湿地干枯，主要生于西部荒漠草原的小针茅、多根葱，甚至蒙古葱蔓延。本来是缺水城市还建造大型广场进行绿化，建人工喷泉。鄂尔多斯超大型现代化城市建设起了一座座高楼超宽的马路绿化带、公园和马路却不见人和车辆行驶。把超旱生的珍稀植物剔除引种高耗水的樟子松吸干了地下水，造成河湖干枯，连国家级遗鸥自然保护区也没能幸免。更猛烈的尘暴会把这一切都埋入地下，他们是在干什么？是在制造新世纪的古迹吗？

人工林是耗水大户

森林地区降雨量高，被认为森林能增加降雨量，实际上是因为降雨量高，才能长很多树木，树木多了反而消耗了很多水分。以前美国人认为森林甚至农田都能增加降雨量，并产生了"雨随犁至"的说法。美国科罗拉多州从1910年起在两个自然地理环境相似面积各100亩左右的小流域进行了8年试验，一个流域森林保持原样，另一个全部砍光，后者全年流量增加了11%，以后森林逐渐恢复，两流域流量差距逐渐缩小。1934年美国森业局在阿帕拉契亚山的科威他30个小流域进行了大规模试验，直到1964年才告结束，结果与上述大致相同。1967年国际森林水文学术讨论会上，希伯尔特汇集了全世界有记录的加以分析，进一步肯定了砍伐森林一般能增加河流全年径流量65%或更多。往往在枯水期更显著，森林能蓄水不能增水。森林本身也是耗水大户，一公顷森林一昼夜耗水约1800吨，森林是干旱区的天然水库，增加空气湿度减少土壤蒸发有一定作用，在湿润地区由于空气湿度大，树木的蒸腾耗水较少，在干旱区由于天气干热树木为保持体温和一定水分必须强烈蒸腾，耗水量同一种树木在不同区域条件下差异巨大，森林又成了干旱区的耗水大户。因此在以色列不许种行道树，在沙特种树要上很高的税。所以说树木的作用在不同地点条件下有一定差异。另外人工林与天然林的作用也不大相同。天然林是大自然多年形成的复杂多样的生态系统，与大自然保持平衡，而人工林是强加给自然单纯脆弱的人工系统。其作用取决于保持水分和消耗水分两者的平衡，树木消耗水分的多少依不同树种结构、疏密程度以及空气湿度、温度、风等有关，在干旱区植物的保水能力低矮的耐旱灌木，多年生旱生草本不亚于乔木，可是从耗水量来计算，一般乔木大大超过草本和灌木，而当地天然的耐旱草本和灌木效果最好。因此在干旱区种树一般是不合算的。在草原上种树多不能成活，成活也成为矮小的小老头树。老头树耗水量低是适应干旱环境为了保命的无奈之举。有人提议把老头树改造成正常的大树，那得有大量水源供给，不然就成片枯死。在自然状况下草原为什么无林，就因为干旱草原养不起这些高大的大壮汉。人工林大都是速生中生的树种，在干旱区由旱生、超旱生植物及耐渴的动物家畜。如骆驼组成旱生的生态系统与干旱的气候融为一体。在草原上植树造林等于将一个适合湿润地区的中生生态系统硬搬到干旱的气候中。必须不断补充水分抗击干旱，其代价可想而知。就如要在南极露天冰面上建造一个阳光灿烂的澳大利亚的沙滩，不知要不断耗费多少燃料，最好穿上保暖内衣，蹲在密闭的保温室内，干旱区人工林也最好建在温室里，只能供观赏。

农田用去了大部分淡水

世界上人类用的淡水，70%都灌溉了农田。因此世界几大农业古国都是依靠大江大河发展起来的。农作物特别是高产品种大部为中生植物，水稻属湿生。在水利不太发达的古代北方的五谷糜黍都是偏旱的，由于产量低种的少了。现代农作物的优良品种，越优等越高产就越要高水、高肥、高投入，因此水就成了农业发展的限制因素，收与不收在于水，收多收少在于肥。湿润地区就是中生环境。野生植物农作物大都是中生的，不浇或少浇水都获得一定收成。干旱半干旱地区，除了沟谷湿地隐域性环境外，都是旱生环境，野生植物大都是旱生的，种庄稼就必须浇水。以前我们把草甸草原带划为可以发展旱作农业范围内，看来是不适合的。即使半湿润地带，像美国的大平原，年均500至600毫米降雨的高草普列利，由于平坦风大，20年左右一个干旱周期还出现了肮脏的30年代的尘暴。我们的草甸草原年均降雨量一般不超过400毫米，所获得的一点收入全靠土壤中多年的积累，一下子释放出来，没几年就不行了。20世纪50年代呼伦贝尔开垦留下的撂荒地，六七年时间与天然草原的区别还可以看得出来。锡林郭勒阿巴嘎旗东苏旗典型草原和荒漠草原地带以人工种玉米支撑牛奶村，昼夜不停地抽取地下水，玉米不足一米高叶子还是卷曲的。阿拉善开发区，玉米地1亩需浇水600方，迁移来的牧民获取与放骆驼同样的收获用水量是原来的700倍，还不算水费和耗费的油、电费。还不如从农区运来玉米合算。每亩600方，相当600多毫米降雨量，年降雨量超过600毫米的我国华北地区，苗期只要浇水一次水平年就可获得亩产千斤的收获，看来我国将旱作农业的界限定在年降雨400毫米，有点不足。把打着支援畜牧业的名义投资的机电、水利喷灌设备连同土地包给外地人种土豆、向日葵及其他经济作物伤害了环境，耗尽了水资源，损伤国家利益，造成周围草场沙化地下水位下降，制造新的沙尘源。

湿地开垦，人工改造得不偿失

内蒙古现有湿地12万平方公里，占陆地面积1/10占全国湿地46%，多数为天然湿地。湿地被誉为地球之肾，湿地在干旱区更显重要。是干旱区生物多样性表现最充分，生物量最高，最稳定的地方，是河流的家，牧业的夏营地，大居民点的所在地。湿地植物多为中生、湿生，密度大产量高，稳定特别是再生性强，耐践踏不易退化，可提供比草原更多的牧草。集中了更多的物种和牲畜。湿地不缺水，常成为开发区开垦的首选，因此天然湿地越来越少。可是开垦为农田或人工草地后，在干旱区往往造成土地沙化、盐碱化产量越来越低。不仅使河流湿地受到破坏，还涉及周边广大地区牧民的生产生活，单从经济上也不合算，仅就提供饲草料只是一次产量较高，其再生力无论与天然湿地相比其总产量远远低于天然草甸。其耐牧耐践踏力更低。仅就对畜牧业贡献来讲，湿地开垦是大大降低了。为扩大木材产出，湿地造林，大兴安岭湿地开沟、种落叶松。作为众多植物、鸟类、鱼类等野生动物栖息地消失了。水土保持作用大大降低，因为湿地的水土保持作用一般高于森林5倍。湿地人工落叶松林加速了水分的蒸发，使地区干旱化。大兴安岭湿地贡献不能用森林代替。大兴安岭湿地本来就有多种乔灌木，何苦换成不适合的落叶松呢。只是为了木材和有限的饲草料，把湿地变利为害，丢掉了更丰富多样的财富，丢掉了生物多样性，水源涵养、水工保持、社会文化多方面作用。

水比煤贵

内蒙古矿藏丰富、煤层浅便于露天开采。露天开采事先要把水抽干，造成大面积地下水水位下降。煤转油又要第二次用水，鄂尔多斯隔一个地方不远一个机井，原来有泉水的嘎查，牲畜牧民饮用水都让煤喝干了。井越打越深，影响面积越来越大，一些湖泊干枯。达里诺尔主要供水的贡格尔河由于上游开矿，时有断流。湖面加速下降。不及时扭转，内蒙古最大湖泊呼伦湖的寿命最多再有三五十年。内蒙古已干枯的湖泊能看到307个，面积2388.9平方公里，总计退缩面积

10943.4平方千米。这还是内蒙古湖泊相对稳定时期。疯狂城市化，大规模矿藏开采还没到来。进入21世纪水资源的大量耗费刚刚起步，不知达到高潮会是什么样子。恐怕卖煤的钱还不够买水喝，到时候也没地方买水。

节水还是调水

有人提出调动渤海水进新疆，苏联计划将流向北冰洋的几条大河调转流向中亚干旱区。新中国成立后北京市先后修了官厅、十三陵、怀柔、密云等水库，调用了多条河流，最后还要南水北调用长江水。还有人提出进行海水淡化。一位气象局人说：每年全国人工影响降雨形成凝结核的碘化银不到1吨，换算成银可能需要200~300公斤，分布在大约500万平方千米的国土上。有科学家提出规划将全国水系编织成相互联通的网络，像交通网一样，根据人的需要，在调度室按下电钮就可以调来调去，这样就能根本解决水吗？就像北京的交通马路越来越宽，地铁一条接着一条，不是还赶不上车和人的增加，越来越堵车吗？若是水能调来调去，水的用量越来越大，有限的水先给谁呢？先考虑人一个物种的暂时用水，不管其他生物，什么扬子鳄还有环境，都能调来调去呢？调谁更省事呢？关键在于节约用水，提高水的利用效率。据说我国城市人均用水量大大超过了并不十分缺水的欧洲发达国家，如德国的城市，有的国家城市的再生水都收集起来利用。我国单位水的产值远低于日本等国家。我国的节水潜力很大，而且不用投资，也不冒风险。有人计算过假如我们每人每天节约用水，没多大影响，可以不用南水北调。不然照此下去长江水也将不够用，蒙古国有人推断，总有一天中国为争取贝加尔湖淡水与俄罗斯发生战争，蒙古国会受连累。

最能耐受缺水的生物生在干旱区，最节水的事业是草原游牧畜牧业

干旱区的一草一木，野生动物都是节水的典范。荒漠地区的超旱生植物，在年降水量十几毫米，几乎无雨的环境下依然存活，裸岩上的地衣、戈壁上的发菜，夜间和洞穴活动的爬行动物、昆虫。骆驼可以几十天不喝水，叶子针状卷曲，有的干脆退化，植株缩成球形垫状，自造小温室，减少水分的散失。它们并非不需要水，是水更重要更珍贵。它们更爱惜水。水的利用效率最高，哪怕有一场小雨就能使枯黄的草场唤醒，很快完成生命周期。只有草叶上的一滴露水就能使几只昆虫活命。借助早春雪水融化的时机，迅速生长发育完成传宗接代的使命，待干旱来临，已经没有了它们的踪影。这些短命植物是最适应干旱气候的机会主义者。水和时间对它们多么珍贵，没有半点浪费。

蒙古族牧民从不在河中洗任何东西。出殡远离河水，从河中取水不许用金属器具，必须在白天取水，非要黑天取水要向河施礼并说明理由。湿地不许动。在河边晾晒衣服都不许，认为能招来雷电。甚至曾规定不许洗衣服（古代穿皮衣）。蒙古国人洗脸用俄式吊筒，下面接脸盆。出差带个用可乐瓶自制的吊瓶。哈萨克族在壶流出的细水下洗手，下面接脸盆，绝不许将湿手上的手往地上甩。即清洁又节水。对天然水源尤其是泉水，非常珍惜常以泉水、河水、湖泊取家的名字，如阿尔山、宝力格、布拉格、莫斯科娃（弯弯曲曲的河）锡林郭勒、巴音郭勒、呼伦贝尔、青海省。他们对家乡水的性质、功能非常了解，常用自然水疗养治病。牲畜饮水非常讲究，不喝封闭的水泡子里的水。好的饮用水叫赛乌苏、苦的水叫毛乌素。用盐控制牲畜的饮水量，牲畜喝水少，证明缺盐叫牲畜定时去盐碱滩舔盐或家里喂盐。饮水时要慢赶，避免呛着，相互践压。喝水后要休息，尤其夏天中午饮水后必

须充分休息、倒嚼，夏天喝水最重要，有时一天饮水两次，抓好水膘，牲畜身体发亮光。秋天让羊多吃肉质含水分多的牧草如瓦松、野韭、野葱、牲畜可以几天不饮水，远走吃更好种子、更多牧草。冬季人畜以雪代水，不受水源限制，可以远走到草最高的无水草场。早春不要让牲畜喝冰水或融化的水，太凉容易流产。蒙古人从来都认为水是大家公用的，不能拒绝别处的牲畜饮水，共同保持水源的充足和清洁。蒙古人认为水和草是相连的，水草相连幸福美满，没有河流的草原是不完美的。他们心中草原的画面是弯弯曲曲的河流，河边成群的牲畜吃草远处蒙古包冒着炊烟，蓝天白云，这就是逐水草而居的蒙古牧民之家。

内蒙古的旱生植物占全部维管植物约1/4，有500多种。虽然不如中生植物种类多，但都是草原荒漠植被的主要成员。特别是生于荒漠的超旱生和强旱生植物，虽然不足百种，却都是荒漠植被的主角，占有最大面积和优势度。它们几乎都是古老残遗或特有种，列入重点保护植物。它们所以无可替代，都是经过若干百万、千万甚至亿年环境考验，练就了各种绝技，成为捍卫最恶劣环境最后的幸存者。它们都是原生植被顶级群落，这里的植被演替无梯度可言，消失后一下子就跌入重度退化，很难恢复。因为它们生长极其缓慢无可替代。这里的野生动物的伴随着植被，成为极端恶劣环境的成员，实属不易。牧民们千百年来培育出世界上适应能力最强的家畜，生存繁衍，并创造出灿烂的民族文化。这对其他人认为的不毛之地，最不适宜人类生存的地区，同这里的野生动植物一样，的确是个奇迹。这里历史、文化同样源远流长，无可替代。因为没有别的文化能在这里长期立足，更别说创造辉煌了。荒漠中的一个个废墟就是证明。

草原牧区的现代化不是水的浪费化

草场承包到户经营，不能随便到别人家草场水井上饮水，逼得各家各户打井，有的不只一口，草原上的水井越来越密，越打越深，水越来越少。定居舍饲，人工种草比游牧增加几百倍用水量，人工草地、人工林，现代化养殖场都是耗水大户，用地下水养活的沙柳，小红柳，造纸发电，说是利用清洁再生能源，地下水是再生的吗？我们又何必抽取地下水种沙柳防尘呢？发的电够抽水用吗？有人用人均耗水量衡量现代化程度，干旱区不需要这样的现代化，养不起这些迅速扩大的城市，养不起这么多开发区奶牛村和工矿业。干旱区应以水定发展，干旱区的现代化就是合理化节约化，节水是第一位。

8.2 必须以多视角正确看待草原

提起草原，人们首先考虑的是畜牧业基地，其他是第二、三位的。因为经济为基础，经济基础决定上层建筑，精神文化属上层建筑。经济产出首先是畜牧业。由于环境脆弱，草原畜牧业产出是很有限的。可是草原对维护生态环境的作用是巨大的。辽阔的草原又是地球的碳库、水土、物质、生物的宝库 。草原不仅是牧场，还是牧民的家园。牲畜不仅是经济来源还是牧民的伙伴和精神力量寄托。草原上的一草一木、野生生物、家畜担负着经济、生态还有更重要的精神文化的贡献。草原上的经济发展取决于精神文化，精神变物质，随着人类科技社会的发展，精神文化更重要，因此必须多视角看待草原才能把握草原的特点。

首先必须把天然草原与人工、半人工草地分开。人工草地可以列入农田范畴。再就是必须把草原畜牧业与靠人工种草和农业的养殖业分开，养殖业可划入农业范畴。我们所说的草原属于天然草原，草原畜牧业是依靠天然草原放牧的畜牧业。天然草原与农田和人工草地的本质区别是天然草原主要担负着公益事业的生态功能，这与天然森林湿地相似。对于从事草原畜牧业的天然草原，如河流滩地，季节性草场，不能限于个体私用，必须公用及共同保护。而农田和人工草地主要贡献是经济产出。天然草原与森林又有根本区别，就是天然草原还有重要的传承文化的功能。天然草原的维护必须与固有的游牧文化相结合，而森林已与文化脱离，也已不是猎民的家园，把草原作为公益林保护就会放弃文化。作为农业的一部分，就必然以农牧产品的产出为主。另外森林可以变成人工林也能变成农田和人工饲草地（当然我们并不希望），而干旱时空多变的天然草原不能人工化。这就是草原畜牧业最重要的特点。维护草原的天然性、多样性，发挥公益的生态功能，就不能把天然草原划分到户个体经营，也不能由资本家，开发商、业主、大户、项目支持像农田那样进行整合。还不能一味增加经济产出，满足现代化增长的市场需求，更不能像天然林、湿地、绝对保护起来，建立公益林。排除牧民、牲畜摆脱固有文化。这样会使生态环境、社会文化两败俱伤。这就是维护天然生态，传承固有文化为一体的草原和草原畜牧业的最本质的特点。即公益性、公用性和人文性三者的结合，是一大二公（公益、公用）文化为本，精神变物质，草原的本质特点。

8.3 大自然做的最好

气候干旱就会有耐旱植物应对，它们要么生长矮小、垫状叶片退化卷曲，以减少蒸腾，要么肉质化多储存水分。要暂停生长熬过盛夏。沙化后有沙米、虫实占领。砾石化岩石 上长满地衣、岩缝有岩蒿，大自然早已做好准备，各种角色的生物各就各位，沿着既定的顺序前仆后继将各种环境装扮一新。大自然已经做好设计，只要按自然规律行事，就会做的最快捷、最省力、最有效、最持续。人们为了防治尘暴，自行其是，花了巨资、耗费了大量的水、油、电和人力资源，要造防护林，开深井造梯田，浅耕翻，围栏、禁牧、飞播成效甚微，有的更加重了环境的恶化。

内蒙古阿巴嘎旗查干诺尔，由于天旱和人为作用迅速干枯，引起了强烈的盐碱尘暴，有人种了柽柳、枸杞，都死了没起作用。按自然规律湖泊的干枯不会这样突然，并常有反复，这样植物会慢慢侵入，一步步将湖面覆盖，固定进一步演替。周边会出现水位不同的层次，沿湖心呈圆形分布，一步步形成圆形的植被分布格局。完全干枯后植被逐渐旱化演化成地常性植被。空间上的格局反映时间顺序。在内蒙古典型草原地带的查干诺尔，盐碱湖干枯后植被的演替典型序列是这样的，湖水与陆地的界面为盐角草群落，水完全退出后较宽的新陆地为大面积碱蓬群落（主要是盐生碱蓬和角果碱蓬），接着是多年生盐生植物，如碱地蒲公英、西伯利亚蓼、盐生车前等。有时出现盐碱化鸡爪形小芦苇。盐生灌木、半灌木、小果白刺、盐爪爪。轻度盐碱化的地方可能出现鹅绒委陵菜、马蔺盐化草甸。按顺序有碱茅、星星草、短芒大麦草群落，过渡到大面积芨芨草盐化草甸，水位继续下降旱化程度增强，芨芨草丛中，中生杂类草增加，如：披针叶黄华、草木犀、驴耳风毛菊、碱地风毛菊、赖草。进一步旱化草原植物羊草增多，最后过渡到地带性的羊草草原、克氏针茅草原。这就是大自然在典型草原地带查干诺尔的安排。这里没有柽树和枸杞的位置。即使是本地植物，也不能安置在不适当的位置上。不能跳级让小学生直接上大学。查干诺尔出现稳定陆地的先锋阶级就是大面积的碱蓬群落。查干诺尔由于迅速干枯，全是厚厚的碱面，碱蓬不能落地生根。待碱面被风吹走，降雨后碱蓬才有可能占领，那就是说碱尘暴，还要刮若干年，造成更大损失，最后有可能不会变成草原而形成新的沙漠，怎么办？吉林省西部也有不少盐碱滩，光光的不长植物，种了很多耐盐碱灌木都失败了，还是向大自然学习种先锋植物碱蓬，本地区碱蓬野生的很多，细小的种子到处飞，首先解决种子落地。他们用挖药材的铁冲，掘出一个个小坑，坑内插玉米秆，有人就说玉米秆能活吗？不料每个小坑都长出一丛碱蓬，是用玉米秆挡住飞来的碱蓬种子，落在坑内等于播种。可是查干诺尔湖面有厚厚的碱面，挖坑会被埋住。当地牧民用拖拉机挖深沟，把种子撒在沟内，结果大都成活了，枯枝又继续拦截种子，碱蓬一年年扩大，大大减轻了尘暴，而获得成功。省钱省力效果好，是向大自然学习的结果。是帮大自然的忙，不是包办代替另搞一套。当然查干诺尔的经验不能生搬到其他地方。如荒漠地区的干湖先锋阶段可能是水杏及其他，演替层次简单，最后到地带性荒漠植被的盐渍荒漠。事先必须做好调查研究，向大自然学习。只要得当按自然规律办事，人工也可以有所作为。

8.4 游牧是人与自然和谐的典范

拉铁摩尔曾说过："任何单独的草场都是没有价值的，除非可以到其他草场上放牧。因为任何草场都经不起整年固定放牧的压力。牧民的权利不是居住权而是移动权。"蒙古族牧民说："草原是我们大家共同的母亲，不能你分一条腿我分一只胳膊。草原历来有个大家共同遵守的规矩，就是不允许在其他季节进入公用的冬季草场。在灾年不能拒绝其他部族的牲畜到我们的领地放牧，我们不认为哪个草场是某个私人的，草场私有就是悲剧，因为我们是游牧民族。"野田顺一也曾说过："草场合理利用，非游牧不可。"草原时空多变，物质分布不均。这里没有百货大楼，都是专卖店。要是买到所需物品，必须走遍各个商店。牲畜在草场上放牧，就像吃自助餐，这取一点，那取一点才能吃得好，得到全面营养，假如固定一处你只有一盘辣子，我这就是稀饭，谁都吃不饱，还造成浪费。

根据2007年对我国内蒙古与蒙古国接壤荒漠草原克莱门茨针茅（Stipa klemezii）草原进行的对比调查。我国内蒙古境内较湿润，当年偏雨，一平方米鲜草产量97.12克。蒙古国境内28.56克。内蒙古境内从定居的房子，蒙古国境内从蒙古包拉起若干条200米样线，测群落类型距离，每个群落做一平方米样方。结果表明，内蒙古境内房前均有裸地平均10~30米。蒙古国境内蒙古包前无裸地。内蒙古境内200米范围内，原生的克莱门茨针茅群落基本消失。蒙古国克莱门茨针茅群落仍占第一位，第二位为多根葱群落。内蒙古境内第一位为退化指示植物小旋花群落，第二位猪毛菜群落，其次为小画眉草、裸地、寸草台群落、沙葱群落、多根葱群落。第八位才是克莱门茨针茅群落。表面看内蒙古境内植被高度、盖度、产草量明显高于对方。由于完全定居定牧，原生植被几乎消失，多为严重退化。而蒙古国境内虽牲畜密度很高，由于仅为夏季牧场住经常移动的蒙古包，进行游牧，草场基本未退化，所以说是蒙古包拯救了草原，房子会把草原吃掉。

一般水往低处流，同时把携带的物质带入地下。水往上走把地下的物质往上带。水在平地流让物质均匀分布。干旱区降雨量远远低于蒸发量，总的讲水往上走的劲大，这就把大量物质通过土壤毛细管从地下带到地面，在地面聚集。由于地面形不成径流，不能把物质平摊，因此干旱区土壤物质元素空间差异大，分布不均匀。影响到上面发生的植物和依靠植物的动物。内蒙古降雨量分布空间差异大，而时间变化（年、季）更剧烈。雨量的丰欠年可相差五六倍或更多。今年雨量充沛，明年就是个旱年。河这边下雨，河那边可能滴雨全无。内蒙古连年干旱时有发生，大面积连雨却很少见。多数是局部集中下雨。这就造成水分、热量、物质空间、时间变化剧烈。因此干旱区特别是荒漠区虽然植物种类不多但植被群落类型，生态系统类型多样。多变、剧变极端天气就是灾害，干旱区又是多灾区。就某一固定处，特别是小范围不可能平稳和平均，不是这种元素多，就是那种物质少，不是雨多就是天旱不是冷就是热，不是雪大就是不下雪，就是同一种生物固定在不同地区或不同年代都有很大差异。不会动的植物就得随时随地改变自身来适应环境，如水中的芦苇高达3米，盐碱地的高不到5厘米，长成鸡爪形。久而久之就出现若干地理替代种。如草原带的小叶锦鸡儿，半荒漠的中间锦鸡儿，荒漠地带的柠条锦鸡儿。草原带的草芸香、兴安天冬，荒漠带就被针枝芸香和戈壁天冬代替。干旱区的动物，在多变的环境下，有两种适应办法，如候鸟、大型有蹄类野牛、黄羊进行大范围迁移，保持自身的稳定。某些活动范围小的小型动物如布氏田鼠不能长途迁移。只能忍受改变自身。条件好时大量快速繁殖，恶劣环境就大批死亡，只留少数伺机待发，以高繁殖率和高死亡率应对环境变化。

以前在边远山区经常发生大骨节病、粗脖子病，这是由于缺少某些元素如碘造成的。为什么平原下游地区不发生呢？因为下游的物质来自各方，各种元素齐全。边远山区人们只喝本山沟的水，吃本山沟产的食物元素缺乏。现在由于交通方便人们到处走，食品来源丰富，自然缺素症就少了。河南某个小山村，十几岁的小孩就白发，出去打工的、上学的就没有白发，也是缺某些元素的结果。干旱草原荒漠地区严重的物质分布不均，时空多变，就某个单独地区很多都背着不适合人、畜居住的恶名。为什么草原上的牧民牲畜都是人高马大，为什么不多见地方病呢。内蒙古的地方病为什么都发生在南部农业和山区呢？比如呼市郊区的毕克齐、锡盟宝昌的氟超量，人们的牙齿不好。河北省村与村不超过几里地，口音都不同。为什么蒙古语不同地区的口音不那么突出呢？就是草原牧民向大自然学习、向大天鹅、黄羊学习，进行大范围移动进行游牧。以前蒙古高原的牲畜，一生要吃几百种草到各种草场上游牧，喝各地的水，牧民一走就几百里、上千里，成吉思汗带着300万只羊西征，从亚洲吃到欧洲，从大兴安岭吃到天山，从北京吃到莫斯科，在这么大的范围内什么物质都不缺，这里旱了到不旱的地方，夏天到凉快的地方，冬天往南方迁移。蒙古族实行外婚制，姑娘出嫁到远方，走时带着牲畜，牲畜蹄子上还沾满各地的草籽。全方位生物基因大交流。蒙古人到处走地区差别不大。他们和他们的牲畜是广大草原养育的，草原是他们共同的家园。草原的哲学是动不是固定，移动才能享受大自然的各种恩赐，固定只能忍受灾难。蒙古族是游牧民族马背民族。只有游牧才能充分获取全面丰富稳定的物质，只有游牧才能适度有效的利用草场，可持续不退化、不发生强烈的尘暴。才能造就一个个有强大冲击力的民族，推动世界发展。

清朝把蒙古草原划分为旗，限制蒙古人的游牧范围。蒙古人尽量将旗的界限划分为南北长，东西窄的长条形，后来公社苏木嘎查越是范围小，其形状越窄越长，后来分到各户的草场就变得更细了。这是当地牧民抵制草场划分的无奈之举。这样能拉长放牧路线的距离，牲畜能接触更多的草场类型和牧草品种，以及多种环境。

　　20世纪70年代美国著名生态学家王大因来内蒙古草原，他惊奇地问道：你们的草原经营了几千年为什么仍然保持这么完好？我骄傲地告诉他：草原上生活着一个伟大民族。我还详细地告诉他，我们蒙古族牧民仍然是草原的主人，传承着几千年的游牧文化。不像美国草原，虽然自然条件比我们的草原更优越，但剥夺了印第安等民族的权利，失去了固有的与大自然融为一体的民族文化，把草原进行分割私有，进一步掠夺性开发改造。假如王大因此时再来到内蒙古草原，他会更加惊奇地问道：怎么短短的这20年你们的草原变得这么快，也发生强烈的尘暴？我可以告诉他：我们犯了和美国同样的错误。

8.5　顶级学说的建立，感谢尘暴的催生

　　克莱门茨很早就观察到植被是动态的。而且自古至今都在变化，因此克莱门茨说：生态学家必须首先成为自然历史学家。变化的原因如气候、地形、土壤和人为活动。植被变化有快有慢，有短期和长期表面和本质的变化。有的变化是直线的，有的是循环往复的。植被的变化总有一个基准或核心，以说明和度量变化的趋势和程度，这个基准或核心就是顶级群落。

　　植被的变化有两种力在起作用，干扰和平衡。天然植被总有一种本能就是所有成员不断磨合趋于平衡的内在力量。大自然的所有物体总有合力的力量对抗外界的干扰，趋于平衡。各成员有机配合形成一种凝聚力，奔着一个共同目标携手前进，这个目标就是达到与大气候与蓝天大地相适应，融为一体的那种环境，就是相对稳定的和平的团体就是顶级群落。都是为了更好的生存，这个顶级群落是客观存在的，而且还是生态系统的主体，就是各地区的地带性植被。如内蒙古的草原荒漠、温带阔叶林、寒温型针叶林。

　　欧洲殖民者来美洲之前，美国到处是天然森林、草原，成群的野牛、印第安人过着与大自然融为一体的生活。殖民者的疯狂掠夺，砍伐森林、开垦草原、屠杀野牛、郊狼、迫害当地居民，引起了强烈尘暴，天然植被遭到破坏，平衡态的顶级群落被干扰，迅速变化迫使生态学家从静态的描述顶级群落转向其动态变化，成就了生态学界的动态研究学派，创造了顶级学说，克莱门茨也成了生态学的巨头。当时的生态学家包括克莱门茨本人多为植物学家，还没完全接受生态系统观念。处于单一气候的顶级群落阶段。克莱门茨指出，在地球上的任何的一个区域，只有一种群落应该被称做成熟的阶段，它被严格地遵循着这个地区的大气候。

　　有认为一个地带只有一个反映气候的顶级群落，其他因素都要给气候最终让路。其实地形、土壤也是稳定的而且直接影响气候，水分热量的再分配。如山地阴坡较湿润，往往靠近海洋地区的植被，阳坡干燥，内陆的植被特点就有所体现，高山上的植被往往属于靠近极地的植被类型，还有土壤反映不同的水分热量因素。反映大气候特征的植被可以作为一级，即植被型。地形、土壤的不同可以降为二、三级，亚型或群系。另外植物只是生态系统的成员之一，虽然十分重要，群落内还有动物、鸟类、昆虫、微生物特别是土壤动物和微生物也是重要的分解者，参与群落的能量物质循环。顶级又扩大到生态系统。还有人类活动无所不在，人类活动可以分为两大类，一，人类属于生态系统的普遍成员，不起主导。二，人类完全控制，成为绝对霸主，如农田、人工林成为人工生态系统就另当别论了。单一顶级学说发展成多顶级。由于人类已经成为地球的主宰，有人怀疑顶级学说的存在价值，顶级学说从一开始就产生于多种议论和争议，对顶级学说的理解

和评说一直不断，其长盛不衰的原因就在于它在理论和应用上不断
创新。

顶级群落受到干扰发生的变化是有方向、有规律的，称为"演替"。
往往从一个阶段到另一个阶段，一个个演替阶段组成"演替系列"。干
扰有各种类型，如火烧放牧、开垦、火山爆发、冰川等。干扰分强弱；
长期和短期，一次或反复等。干扰发生的地理条件，干扰发生在演替
进行中离顶级群落远近，使得演替系列也有长有短，阶段有多有少。
演替是非常复杂的，受多种因子影响的是研究植被动态的主要内容，
成为动态生态学的核心，如火山爆发引起的植被演替，五大连池结壳
熔岩，火山爆发把原来的植被全部毁灭。结壳熔岩的先锋阶段，地衣
（壳状地衣）— 紫萼藓 — 香鳞毛蕨 — 一年生草本。瓦松、狗尾草、小
画眉草—多年生草本、岩败酱、中华委陵菜 — 铁杆蒿 — 绣线菊 — 香
阳矮曲林群落系列。强度放牧演替，草甸草原地带的演替系列，如贝
加尔针茅草原 — 大针茅草原 — 羊草草原 — 克氏针茅草原—冷蒿草
原 — 星毛委陵菜草原 — 猪毛菜群落 — 裸地 — 最后到达水土流失。荒
漠草原地带的放牧演替。克莱门茨针茅草原 — 葱属（多根葱、蒙古葱）
草原 — 栉叶蒿及一年生藜科禾本科草本 — 骆驼蓬群落 — 裸地 — 最
后是沙丘或水土流失地。干扰越强退化演替时间越短阶段越少，如果
草原开垦一下子就到裸地水土流失最后阶段。越是脆弱的环境，越容
易退化，阶段少。如草甸草原常见贝加尔针茅退化后最后需经过七八
个阶段，荒漠草原的克莱门茨针茅三四个阶段就到底了。恢复演替也
大致相同。地下部分的演替滞后于地上部分，地上部分的变化影响到
地下部分要经过一段时间。如一般地上植被生长茂盛必然地下土壤肥
力高，可是有的退化草场土壤营养物质含量反而增高，因为此时的土

壤营养成分含量反映的是以前草场未退化时的情况，退化草场植被稀疏反而消耗少造成的。儿子钱柜里的钱是父亲挣下的。对草场的干扰可以分成两大类，一是主要发生在地上，如放牧、打草、火烧。另外就是影响到地下，主要是开垦，还有人工草地人工林。一般放牧到不了沙化水土流失的程度，如放牧到了退化草场的冷蒿阶段，土壤一般变化不大，草场类型虽然变了，原生植物羊草针茅被冷蒿替代，有时原生植物还有少数存在，即使地上不见了，地下还有不少种子，草场还可恢复到顶级。一般的轻度、适度利用，像以前的游牧，大部分草场保持顶级或接近顶级，就是轻度退化也很快就能恢复。可是开垦后土壤完全破坏了，地上每平方米30多种维管植物全被单一农作物替代。几千年形成的土壤（1厘米要400年以上）若干万年聚集的百种以上昆虫，无法计数的土壤微生物，多年形成的土壤生物大家庭，多少年才能恢复？人类的寿命能等到这一天吗？有人讲耕地翻过的草场，草长的更高了，说坏事变成了好事，是把多年积累的营养物质由于耕翻一下子释放出来，多年在地下的一年生蒿子，一年生杂草的种子，全都疯长起来，把营养全都在短时间消耗了。只能又贡献了个尘暴源地。

顶级群落是个标尺，衡量干扰破坏和保护恢复状况只要看偏离顶级的程度。我们到一个地区，首先找出生态系统的顶级群落，以及人类社会系统的顶级社会。约束我们的行为，有的地区如我国的华北平原，早已开垦完毕，有人说要顶级就只有农田了。其实华北平原的顶级群落就是暖温型夏绿阔叶林，像北京香山上的红叶就是。它属于东亚阔叶林区的华北阔叶林。假如地球天然生态系统全变成人工的农田、人工林、人工草地、村镇城市也就没地方说理了，只能和尘暴没完没了打官司了。

8.6 和谐多样、宽容适中、生态原则

生态学是关系学，研究生物与生物，生物与环境的关系。生态学是系统学，生物与环境在自然界都组成生态系统。一个国家由省、市、县、乡、家庭组成。生态系统由植物群落动物群落与各种环境组成。生态系统又好像一台机器由好多部件组成，哪个部件都不能缺，也不能任意加上一个部件。草原生态系统是个整体，一环扣一环，一个环节出了问题影响整体。生态系统的各个成员相互联系。尘暴的发生要从生态系统中寻找原因。防治措施也不能头痛医头脚痛医脚，要从整体着手，采取治本的方法。

一个突出的好，再好也是不好。大家都差不多好，才是真的好。生态学提倡多样性。只有多样性才有稳定性。单一品种的农田，单一树种的人工林，单一体制，单一民族文化，单一信仰的社会是不稳定的，经不起外界冲击。河南省某地一块人工刺槐林，林下只剩下一种植物荸草，连鸟、虫都不见。附近将要改造成人工林的荒山一平方米有40多种维管植物。喀喇沁旗旺业甸林场10平方米的维管植物在未成熟的人工落叶松林、人工樟子林松林、人工樟子松和落叶松混生的林下，分别有维管植物23.28种和32种，随着人工林的长大，物种还会减少，附近的天然油松林34~40种，天然蒙古栎树43~69种，天然的杨树林83种。在相距100米相同条件下一块人工落叶松林下仅见到25种。在宁城四道沟，郁闭度80%的成熟人工落叶松林中仅见到六道木一株，雪白风毛菊2株、日阴菅2株、歪头菜1株，共4种6株还极其微弱。而附近的天然山杨白桦林中，10平方米有野生乔木10种，灌木10种，草本27种，共47种，在天然香杨林中共53种。大兴安岭北部某地半平方米中的维管植物人工落叶松林2种，个别地方几

乎全被落叶覆盖，天然白桦林中15~38种。在克一河水湿地10年以上人工落叶松林中，维管植物比栽培前减少了56种。单一树种人工林，由于单纯的落叶，选择性吸收，造成土壤成分的单纯化。如此单纯的生态系统，经不起病虫害、火烧、水土流失的冲击，使环境进一步恶化。这样的人工林实际是把天然多样稳定的所谓荒山改造成单纯不稳定，靠人工维持的生态系统，只能生产微不足道的木材，过后成为不毛之地。单一物种特别强势的生态系统往往是恶劣环境的产物和前兆。如岩石只能生长地衣，盐碱地生长的碱蓬，裸沙上的沙米，还有农田上的庄稼。它们偏离顶级，恢复的路途非常遥远。因此多样性是评判生态系统稳定，也就是抗击尘暴发生的重要指标。评判一个物种的价值，不是看它如何强大，只是它对其他物种，整个生态系统集体的贡献。今年詹姆斯盖过了科比，比个人得分詹姆斯比科比少，主要是詹姆斯的篮板、助攻大大提升，与他有关的进球多了。詹姆斯更加成熟，成了球队的真正领袖，获得了比个人奋斗更高的荣誉。这就是生态系统的一个原理，和谐才能多样，多样才能稳定。

宽容适中才能和谐多样，生态学提倡适中适度不走极端，单纯化极端化就是荒漠化，就起尘暴。在干旱区种树不是更显绿色吗？但是绿色过头了，消耗增加了成了强压。养殖大户牲畜多了，不是收获更大吗？结果过头了，草场退化，从长远看收获反而少了。把牲畜全舍饲，草场禁牧草很快长高了，不是很好吗？结果草过了头，反而消耗过多引起退化。不如放点牲畜，慢慢恢复更稳妥。浅耕翻使土壤疏松，营养易于吸收牧草突然猛长，加速了营养物质的消耗对长期不利。发展经济同样不能过快或停滞，适度发展最好。干活过猛和偷懒都不好，悠着干最出活还不累。黄土高原准格尔一个试验站，搞了多个治理项目，表面看植物长的最高最密的让人重点参观学习的油松人工林，林下植物很少反而容易发生水土流失，实际上是治理效果最差的。还有人工杨树林、榆树林、柠条、杨柴，多年生草本等等，经调查效果最好的一处，是有几颗油松和榆树，稀疏的锦鸡儿、杨柴、豆科和禾本科牧草，克氏针茅作为暖温型典型草原的建群种已经得到恢复，假如再放几只羊就更好了。实际上是被放弃的，剩余的树苗怕浪费就埋在那儿不管死活，看来没那么整齐好看但达到了治理效果。我们评价绿化标准总是树种的越密越高，越显绿色越好。很多绿化模范、典型、多数都是绿过头的，消耗超过了奉献。选择优良品种的标准也是越高产越好，有个马场改良蒙古马先用三河马，再用伊犁马还不高产，进口卡巴金再找更高的顿河马吗？有人提议干脆和电线杆子杂交吧。评价环境的优劣，草场的好坏以中等、适度为优化，向两边递减。放牧强度最好最高分最优为适度，如适度放牧强度为甲，较轻和较重度放牧均为乙，轻度和重度放牧均为丙。禁牧和极重度放牧均为丁。只有适中才不会造成压力，呈现宽容的环境，才能使更多的物种和谐相处，才能稳定。这就是生态学原则，宽容适中和谐多样。

9 崇尚自然，尊重民众，传承民族文化

地球生命产生在38亿年前，最后的400万年演化出人类。若把生物产生演化的历史算作一天24小时，人类产生在最后的1分半钟。人类对地球起强烈作用，也就最近的200年，相当一天的最后4分之4.5秒。不足人类演化史的2万分之一。但是就这短短的200年的错误就差点毁了地球38亿年的努力。不过人类很快就知道了自己的罪责。

地球上已知的生物种类有150万~180万种，这只能算做全部生

物种类的一个小零头。就昆虫而言，还有大约1000万种有待被人发现，大约世界有一万名分类学家，每年有15000个新发现物种被登记。照现在的速度还要15000年才能登记完，其他生物还要更多时间。地球上大部分的生物种类是肉眼看不见的微生物。它们虽然十分微小，由于数量极其庞大，约占整个生物量的80%。其种类恐怕是个天文数字，绝大多数还未被人类知道。你只要随便在原野上抓起一把土就可能手握100亿个细菌。在1克土中就可能有4000~5000个不同种类的细菌，其中多数还未起名字，所以说人类算不了什么，只不过来的晚点，更加完美些。不过与水果、蔬菜没有多大区别，人体一半以上的化学反应在香蕉里都能找到。它还有很多不足，视觉不如老鹰，嗅觉不如狗，连跳蚤在人类面前也有值得骄傲的地方，比人类跳得高。只要向其他动物学会一招，如像蚂蚁学会举重，人就能成为世界冠军。人类的生存需要多少生物伙伴帮助，连自己也说不清楚。有的还会被人误解。人类的产生是地球众多生物和环境共同努力的结果，这个孕育了38亿年的幸运儿，如今仍处在幼儿园阶段，逐渐会成为地球大家庭的有益成员。

人类是自然之子，蒙古人说天是父亲、地是母亲，蒙古人把山顶比作母亲的头，茂密的森林是母亲的头发，浑圆的山峰为母亲的肚腹山谷是子宫，生命由此产生，小溪流出乳汁哺育大地的生灵。山最靠近蓝天父亲。蒙古族歌颂母亲的歌曲最多，母亲就是江河大地，就是草原，就是大家共同的家园。美国印第安族首长西雅图说：人类属于大地，而大地不属于人类。大地不能只为人类一个物种所有，更不能让人类个人私分。地球能满足人类的需求，而不能满足人们的奢侈（圣雄甘地）。1251年蒙哥汗登基时给野生动物发布了特赦，昭书上说：要让有羽毛的、四条腿的、水里游的、草原上生活的各种禽兽，免受猎人的箭和套索的威胁，自由自在的飞翔或遨游，要让大地不为桩子和马蹄的敲打所骚扰。流水不为肮脏不洁之物所玷污。曾有一位普通的蒙古国牧民僧格斯莫这样说："在利用草场方面，牧民有两条传统的必须遵守的道德规范，第一是牧民在夏秋两季必须共同避免在冬春的公有草场上放牧。第二是保证当一个社区里的牧民由于气候灾害（干旱或暴风雪）要进入另一个社区的草场寻求庇护时，可以不被拒绝。"这些道德规范的必然结果是牧民们几乎是普通的诚信，在他们这种干旱和多变的环境下，草场归个人私有会导致一场灾难。许多牧民明确表示在一个人一块地的所有制体系之下，有必要保留不受限制的进入和通过他人草原的权利。为什么土地不是哪个私人的，是因为我们是一个游牧民族。如果出现了干旱或者冬天有暴风雪，草场不够了，我们就搬到哈日乌斯甚至到苏木中心去。如果土地是私人的，我们就没有权利移动到那里去，那牲畜就要遭罪了，这就是为什么不存在私人的土地，而我们有权搬到好的草场去。朝格巴达哈说："在我看来，没有必要占有一片固定的地方来放牧我们的牲畜，今天我们不得不按照这样的原则来生活，占上你家周围的地，马笼头能吃到哪算哪儿。如果牧民互相限制，那就是一场灾难。私有化这个办法，把牧民和牲畜的自由都限制住了。当然在城市中心，如果没有土地私有制，那就不能指望理性，有效地利用土地。可是总待在一个地方，直到那儿全被牛粪覆盖，普通牧民是不会有兴趣的。"19世纪60年代，西雅图酋长代表印第安人给美国总统回了一封信，后来成了著名的西雅图宣言："总统从华盛顿捎信来说，想购买我们的土地。但是土地、天空、河流……怎能出卖呢？这个想法对我们来说真是太不可思议了。正如不能说新鲜的空气和闪光的水波仅仅属于我们而不属于别人一样，又怎么可以买卖它们呢？这里的每一块土地，对我们的人民来说都是神圣的……如果我们放弃这片土地转让给你们，你们必须记住，就如同空气一样，对我们所有的生命都是宝贵的。世界上的万物都是相关联的，就像血液把我们身体的各个部分联结在一起一样。生命之网并非人类所编织，人类只不过是这个网络中的一根线、一个结。如果我们放弃这片土地转让给你们，你们要像我们一样的热爱它、照管它，为了子孙后代你们要矢志不渝地献出全部力量、精神和情感保护地，就像上帝对我们大家所做的那样。正像我们是大地的一部分一样，你们也是大地的一部分。土地对我们是珍贵的对你们也是珍贵的，我们懂得一点，世界上只有一个上帝，没有人能够分开，无论是印第安人还是白人我们终究是兄弟。"

美国已经意识到恢复大平原的环境，要从印第安人的文化中寻找答案，但是为时已晚。因为他们已经把当地固有文化摧毁，失去了与这片土地融合的文化，是一种无根的发展。发展不应是改变传统社会使之现代化的问题。它不应该是发达国家追求的那种高度消耗能源和资源的复制。发展必须考虑当地的环境和资源的内部再生潜力，以及风俗习惯和传统文化的作用，发展在本质上必须是可持续的（联合国环境规划署）。非洲牧场集约化系统与传递游牧系统回报比较，津巴布韦共有草场传统方式放牧是牧场集约化模式的10倍，博茨瓦纳超出3倍。莫桑比克传统放牧为多种回报，而集约化牧场回报单一。南非特兰斯凯传统回报比白人牧场高，但生产力指标低。乌干达高2倍，每只牲畜高三分之一。我们游牧文化有几千年的传承，始终维护着草原。蒙古高原作为一个整体，天然草原一直保持基本完好，固有的游牧文化在强大的冲击下，一直坚持至今。这在全世界是了不起的奇迹，正是天然草原和游牧文化的力量保护了世界上最大的干旱区脆弱带，在新的形势下继续发挥不可替代的作用。这是我们的最大优势，也是美国自作自受的最大劣势，我们为什么不吸取美国人的教训，反而把自己的优势当成原始落后加以改造，重复美国人的错误呢！感谢尘暴敲响了警钟。

10 政策的制定必须符合生态规律

干旱的环境特点就是干旱、低产、脆弱、时空多变，物质分布不均。小范围固定集中发展加大了不稳定性、脆弱性和低效。必须依据环境变化、雨水的丰歉进行大范围移动才能获得所需的各种物质避免灾害，把压力分散，得到相对平衡稳定的发展。干旱区的物质就像自助餐式的摆放，在草原上、荒漠上在某一地方只能吃到一种菜，吃不饱还浪费。大范围移动就像流动的船只、车辆，必须有严格的交通管理，服从集体。草场就像马路一样，不能私人占用。自助餐的每一种饭菜，要大家都能各分享一点才行。草场按户经营等于把马路分段，由各户围起来只自己用。把自助餐每人一份，单吃辣子，有人单吃稀饭。

草原荒漠地势平坦土层薄，不像农田山地复杂。就草原上的湿地由于水源不稳定也承受不了过重压力。因此不能在某一点上下功夫，以缓解面上的压力。干旱太多的废墟就是证明。草原荒漠的土层适合又大又软的骆驼蹄子，不适合女人的高跟鞋。干旱区有特殊功能的地方，如水源地，更应多加保护，不能久留，让大家分享。因此草原荒漠上的好点，为了以点代面以缓解面上的承受力，不是加重点上的压力，尽力开发，而是尽量减轻点的负担，轻度利用。

脆弱的草原荒漠承受力弱，只能经受轻度、适度利用。过重和不用两个极端都对草场不利。荒漠化就是极端化。

畜牧业生产周期较农业慢，如畜种的更换经营方式的改变，不是短时间能完成的。不能把着眼点放在市场的某一需要上，要做长远打算。不能单打一要多样化。现有的生产生活方式和畜种是经过千万年考验的，不要轻易改变。发展符合生态环境特点和文化的传承。对市场的引导要小心谨慎。美国的黑风暴在很大程度上其直接原因就是为满足市场对小麦的需要引起的。我国为摆脱对澳毛的依赖，在草原上大力发展细毛羊，虽然投入巨大，很多人为之忙活了大半辈子，最后仍旧失败。

我们的优势就是利用天然草场，牲畜吃百样天然牧草，吃自助餐投资少见效快，充分持续利用天然草场，做到利用保持两利。发展人工草地、舍饲、集约化经营正是我们的劣势。

新中国成立初期，根据内蒙古草原牧区的特殊情况。执行了不分不斗不划阶级，牧民牧主两利，放牧自由的政策，内蒙古草原畜牧业得到迅速发展。草原游牧社会，由于经常移动不善积累。牧民说：金山贵重搬不走又有何用。所以游牧就必须简约。牧主也同样，不像农、林地主积累很多财富。牧主有一定领地，但可越境放牧。牧主的主要财富就是牲畜多，可是牲畜是可变的，一场大雪能损失过半。因此为了稳定生产，采取不分不斗不划阶级的政策是英明的，符合草原牧区的环境和社会特点。这在全国以阶级斗争为纲，轰轰烈烈斗地主分田地运动中，是非常不容易和可贵的。放牧自由就是可以大范围游牧。合作化期间也与内地农村的公社化有区别。由于游牧就是集体活动对草原牧区改变不大。牧民对公社化的抱怨远不如农民，很多牧民还很怀念集体化时期。即使文化大革命对草原牧区生产上的冲击也比内地农村小。那么基本上以畜群或畜群组在嘎查范围内游牧，但经常越境，全旗还有公用的夏牧场、冬牧场和打草基地，遇到干旱或雪灾全旗、全盟甚至自治区统一安排抗灾。牲畜坐上火车大范围转移。盟、旗设有由几级干部和老牧民组成的抗灾委员会和过冬委员会，全党全民全力支持畜牧业。畜牧业生产牧民生活，生态环境大好形势维持了几十年。虽然也出现了过"左"、一刀切，草原开垦等错误，但基本保持游牧的生产生活方式，党的根本政策没变，牧民当家做主依然传承着固有的游牧文化。游牧的原则就是移动集体、简约、和谐。人与自然的和谐相处。

照搬农村政策，草原也像农田那样划分到户经营，只能在自家有限的草场上放牧，失去了移动的可能，断绝了集体合作，只能定居定牧，造成周围草场过牧退化，走向买草、种草养畜，传承了几千年历史证明行之有效的游牧宣告结束，根本违反了自然规律，背离了草原牧区的生态环境特点，成为更加频繁、强烈沙尘暴的主要原因。

11　内蒙古草原退化的现实、原因、监测和防治

草原退化又叫荒漠化。一般认为草的高度、盖度、产草量下降了，草质坏了，发生了盐碱化、沙化、砾石化、灌丛化和病虫鼠害。生态学家强调植被向远离顶极群落的演替，生物多样性和生态系统的受损。牧民对草原一般不用恶劣、退化一词，说草原累了。

应该把地区所有草场作为一个整体，一个地区有少部分退化草场，只要能恢复，还属正常。草原是动态的、循环往复的生态系统。即使是最好的草场也不可能永远处于原生顶级状态，要经过放牧演替的锻炼。就如一个人一生不可能不得病，不犯错误一样。退化草场也不一定是病态，是演替的一个阶段。一个地区大部分草场处于适度利用，少部分利用轻长势好的草场做冬牧场或打草场，部分退化草场做接羔点，充分利用返青早的小白蒿。退化草场植被低矮稀疏消耗少，为草场恢复积累了肥料，加速循环的正常进行。

11.1 草场退化的现实

（1）持续退化的草原

据美国森林局报道，与原来相比，牧草的损耗为52%，载畜能力从原来的2250万头下降到1080万头。整个西部的牧场植被不及百年前的一半。由于对草场退化本质的认识和检测方法的不同，我国的草场退化有多种报道，数字有很大差异。通过内蒙古环保局遥感调查，内蒙古草原区本世纪初受到破坏的草场面积占草场总面积的23.5%，比20世纪80年代增加了18个百分点。据内蒙古草勘院报道，2002年内蒙古草场退化、沙化、盐渍化面积占草场总面积的59%。退化最严重，占本地区草场总面积90%以上的旗县多位于中南部，有黄旗、四子王旗、鄂托克前旗、白旗、乌拉特中旗。受损最轻的多位于东西两端，如额济纳旗、陈旗、阿拉善右旗、鄂托克旗、阿拉善左旗。2007年我们在锡盟东苏旗和西苏旗做荒漠草原调查。距居民点附近分别为9.4米、12米、17米最远到59米以内都为裸地，没有植被。之后为猪毛菜、小旋花。见到地带性原生植被小针茅、无芒引子草、多根葱草原，分别在88米、110米、177米、180.6米开外。而对应的蒙古国一方，蒙古包跟前就是小针茅草原。可见反复践踏对草原的破坏。

（2）沙尘暴并未减少

近几年影响内地尘暴到了减轻的周期，有人认为草原环境有所好转，可是牧民反映，局部的沙尘反而多了，土壤的风蚀搬运更频繁了。在居民点、饮水点、围栏的细微土粒大量被风吹走了。当地气象局的人说，近年来上下对流的气流比较多，造成气象灾害。牧民说，这些留下的粗砂、砾石吹不上天，就地搬运，形成沙柱沙墙。有的草被埋，有的地方露出草根。上下气流与沙土砾石部分受热与上边的空气形成气压差有关。2015年7月28日，一面巨大的沙尘墙从北而来，吹垮了西苏旗那达慕大会，还死伤一人。经追踪调查，中蒙边境蒙方植被完好，只是风大而沙尘不多。说明风从蒙古国来，沙尘来自西苏旗北部沙化草原。

（3）一年生草本植物群落大肆泛滥

大面积裸地、沙地为一年生草本的生长创造了有利条件。锡林郭勒盟中、西部、南部、阿巴嘎旗、东苏旗、西苏旗、黄旗和白旗，最东可到东乌旗西部额吉诺尔，出现一望无际的一年生草本，特别是蒿子建群的草原。它们分别是栉叶蒿、黄蒿、大籽蒿、丝裂蒿。藜科的灰菜、刺穗藜、猪毛菜。它们以前大量出现在撂荒地、畜盘处和路边。荒漠中雨后出现一年生禾草，牧民称热草。一年生禾草、狗尾草、虎尾草、蜂芒草、小画眉草可成为荒漠草原伴生种。如此大面积分布，从前从未见过。由于到处是蒿子，当地牧民也有的得了花粉过敏症。由于没有别的草，牧民打下来储备过冬，牛吃多了牛奶变味，拉稀。一年生草本完全靠种子繁殖，种子量极大，可以随风吹到各地，大量储存在土壤中。一旦条件具备，很快萌发。条件就是有空地，缺少多年生草本竞争，再就是一场及时雨。早下雨对栉叶蒿有利，雨下得晚成了猪毛菜、黄蒿的天下。一年生草本建群的草场无疑属于重度退化草场。当然也能起到一定的挡风固沙的作用，成为植被恢复的先锋阶段。据报道：多年生猫尾草维持表土养分的能力是一年生草本的54倍。苜蓿和混合多年生草本比种玉米、黄豆一年生作物，水土流失减少5倍，硝酸盐流失减少35倍。多年生植物固碳效果比一年生作物多出50%以上。一年生作物所需杀虫剂和除草剂的费用比多年生作物多4~8.5倍。多年生作物的农田鸟类密度是一年生作物农田的7倍（王治河等《第二次启蒙》59页）。

而在鄂尔多斯鄂托克前旗北部察布一带及相近地区，大量分布的蒿子变成了半灌木的沙蒿。它们占据了大面积沙化土地。牧民说，以前蒿子只分布在裸露的流沙上，长沙蒿的地方其他植物都很少。牲畜只冬春采食，但是有很好的固沙作用。牧民在里面种柠条，解决当务之急，现在大力推广，效果如何，沙蒿和柠条如何演替不得而知。

（4）羊草被针茅替代

内蒙古草原，特别是中东部，原来世界上最好的放牧场和打草场羊草草原被更耐旱的针茅替代。由于针茅扎羊，成了现今草原的一大害。欧亚草原区主要类型就是各种针茅草原，占如此压倒优势恐怕另有原因。羊草草原能在针茅草原的天下占有一席之地，与地区较湿润、地形、土壤等因素有关。还取决于羊草本身的保水性能。羊草这个跨越草甸草原、典型草原、盐化草甸的根茎禾草，生长密度大，越年枯草能保留，能保持土壤水分免于大量蒸发。其本身又能截留大量露水，冬季还能积雪，加上火烧、适度放牧，土壤不缺粪肥，使得接近中生的羊草站稳脚跟。针茅和羊草在某些方面成了竞争对手，当然我们更需要羊草能获得胜利。干旱无疑对针茅更加有利，针茅比羊草怕火烧。大畜特别是马更喜食针茅。春季针茅未长出茎秆前羊也喜食。禁牧与过度放牧更不利于羊草。冬季储草、打的主要是羊草。针茅的叶子滑而弯曲，不好上刀。年年打草，枯草也留不下，对羊草很不利。冬季也积不下很厚的雪。羊草更喜水肥。现在实行禁牧特别是春季禁牧，大畜特别是马减少，草原火没了，年年打草等等措施，帮了针茅的忙，使羊草这种最好的牧草逐渐被针茅替代。针茅本来也是最重要的饲用植物，由于过于繁盛，压倒了其他植物。扎羊，成了内蒙古草原一大害。但是如今针茅替代了羊草成了主要的冬春储草，牧草的价值也在提升，假如针茅又被一年生蒿子替代就更惨了。

（5）大面积出现两层结构的草原

另一怪现象是内蒙古草原近年来出现大面积两层结构的不正常草原类型。上层为单一的高大针茅，呈压倒优势。底层是低矮的糙隐子草，还有耐践踏的退化指示植物如小白蒿、星毛委陵菜、小旋花。一高一低。上层为原生植物，下层为退化类型的指示植物。高大的针茅重要值往往占80%甚至95%以上，下面的小草看起来作用很小，但它们占有较多的种类，表示群落的性质。

样1.鄂尔多斯，乌兰镇，短花针茅占绝对优势的两层结构草原，$1 m^2$，总盖度35%，高层高25cm，盖度30%，短花针茅。底层10cm以下，4种植物，盖度17%。

	高度cm	盖度%
1.Stipa breviflora 短花针茅	25	30
2.Cleistogenes songolica 无芒隐子草	10	10
3.Enneapogon borealis 冠芒草	10	5
4.Artemisia scoparia 黄蒿	5	1
5.Astragalus galactites 乳白花黄芪	5	1

样2.西乌旗松根向北东乌旗方向5公里，打草场，克氏针茅为主的两层结构草原，$1 m^2$，总盖度75%，高层高50cm，底层20cm以下，4种植物，盖度13%。

	高度cm	盖度%
1.Stipa krylovii 克氏针茅	50	73
2.Cleistogenes songolica 无芒隐子草	15	3
3.Allium sp. 葱	20	1
4. Convolvulus ammanii 小旋花	2	5
5. Cleistogenes squarrosa 糙隐子草	10	4

样3.西乌旗，白音胡硕，大针茅占绝对优势的两层结构草原，1m²，总盖度70%。高层高70cm，盖度70%，底层15cm以下，5种，盖度3.3%。还有一种细叶葱高40cm，盖度0.1%。

	高度cm	盖度%
1.Stipa grandis 大针茅	70	70
2.Leymus chinensis 羊草	15	0.5
3.Cleistogenes squarrosa 糙隐子草	10	2
4.Haplophyllum dauricum 草芸香	12	0.5
5.Allium tenuissimum 细叶葱	40	0.1
6.Euphorbia humifusa 地锦	0.1	0.2
7.Chenopodium aristatum 刺穗藜	2	0.1

样4.西乌旗，白音胡硕，打草场，已打草，大针茅已经被打下，底层草可以显现，1m²，总盖度75%。由于打过草，目前都在10~15cm以下，原来的高层大针茅、羊草、麻花头，盖度35.3%。

	高度cm	盖度%
1.Cleistogenes squarrosa 糙隐子草	10	60
2.Stipa grandis 大针茅	10	30
3.Leymus chinensis 羊草	15	5
4.Scutellaria viscidula 黄花黄芩	10	10
5.Cymbaria dahurica 芯芭	10	5
6.Serratula centauroides 麻花头	7	1
7.Chenopodium album 藜	3	0.3
8.Chenopodium aristatum 刺穗藜	3	5
9.Astragalus galactites 乳白花黄芪	2	0.2
10.Anemarrhena asphodeloides 知母	8	3
11.Carex duriuscula 寸草苔	10	3

样5.东乌旗满都，陶森队，2005年7月3日正常放牧场，1㎡，总盖度65%。

	高度cm	盖度%
1. Koeleria cristata 洽草	45	1
2. Serratula centauroides 麻花头	35	5
3. Poa attenuata 早熟禾	26	0.5
4. Artemisia frigida 小白蒿	25	4
5. Stipa krylovii 克氏针茅	20	10
6. Iris tenuifolia 细叶鸢尾	20	0.1
7. Medicago ruthenica 扁蓿豆	15	5
8. Allium senenscens 山葱	11	2
9. Salsola collina 猪毛菜	11	2
10. Allium tenuissimum 细叶葱	10	3
11. Potentilla tanacetifolia 菊叶委陵菜	10	0.5
12. Carex duriuscula 寸草苔	10	0.5
13. Convolvulus ammanii 小旋花	7	2
14. Chenopodium album 藜	7	1
15. Cleistogenes squrrosa 糙隐子草	3	40
16. Astragalus adsurgens 直立黄芪	3	0.1
17. Heteropappusaltaicus 阿尔泰狗娃花	3	0.1
18. Chenopodium aristatum 刺穗藜	1	2
19. Allium bidentatum 双齿葱	1	0.1
20. 地木耳	1	0.5
21. 地衣	1	0.1

（6）荒漠草原的界限在向东移吗？

记得20多年前，内蒙古气象局王长根说：内蒙古近年来降雨量减少，气温升高。大家认为这可能是趋势。李博老师说，不能盲目下结论，可能到了另一个循环周期。还有人说，东苏旗荒漠草原的界线在向东移。一位蒙古国的学者也曾和我讨论过这个问题，问我荒漠草原与典型草原是如何过渡的。我说：在内蒙古是宽带，不好划一条明显的界线。在荒漠草原临近典型草原带的丘陵阴坡，常出现典型草原的植物群落类型，而在典型草原常常出现荒漠草原类型的地方为丘陵阳坡，逐渐过渡到高原面显域性生境的广阔地面。这个过渡带并不稳定，依据气候变化东西摇摆。以前的变化暂且不说，近一万年来中国北方至少发生了四次较剧烈的冷干、暖湿的气候变更。个别地方因地形及其他原因也引起变化。1743年贝子庙建在锡林浩特额尔德尼山下，就因为山上盛开黄花，图个吉利。在山阳坡盛开黄花肯定当年处于草甸草原地带，而如今则为距草甸草原以西约50千米的锡林浩特成了典型草原带了。克莱门茨针茅（Stippa klemenzii）为荒漠草原建群种，以前认为它不跨地带分布，为荒漠草原代表群落，只往西的草原化荒漠地带分布。而第一次在典型草原的西乌旗吉林郭勒路西的丘陵坡地上看见一片。当时刘钟龄老师说不可能，可能看错了，过去一看果然是。以为是特例不足为奇。后来又在锡林浩特至阿尔山21千米处的路南侧的丘陵坡地有多片分布的克莱门茨针茅群落，里面还有无芒隐子草，蒙古鸦葱（Scorzonera mongolica），荒漠草原的种。油田附近的沙地上还分布矮叶锦鸡儿（Caragana pygmae），以为属草原退化造成干旱引来的。经监测，发现草原退化后，克莱门茨针茅反而被克氏针茅替代。后来才发现风蚀到砾石化后克莱门茨针茅又大量回来。近年来又在东乌旗乌里雅斯太、呼伦贝尔达赉湖、陈巴尔虎右旗均发现了片状分布的克莱门茨针茅群落。它们均远离过渡带，而绝不是特例了。回想1984年在巴林左旗辽上京遗址，发现片状分布的远隔千里的荒漠植物大花骆驼蓬（Pegania harmala）认为是旅游团从阿拉善带来的。随后又在宣化的铁路边也有分布。是不是地质时期遗留的呢？除此之外，荒漠草原的主要群落类型多根葱（Allium polyrrhizum）群落在锡林浩特、东乌旗西部大面积分布，其中还有沙葱（Allium mogolicum）。而这些荒漠草原的主要植被类型，与荒漠草原地带还隔着阿巴嘎旗、东苏旗东部好长一段距离。大面积分布的一年生草本栉叶蒿（Neopalasia pectinata）在东乌旗西部也同样大面积分布，这里本应该是黄蒿的地盘。是气候变化还是另有原因呢？

在东乌旗乌里雅斯太至西乌旗5千米处的坡地上，在克氏针茅群落背景上出现斑块状的克莱门茨针茅群落。克莱门茨针茅群落只分布在砾石化的地面上。砾石直径1.5~0.5厘米，砾石的盖度70%以上。而无砾石的地面仍然为克氏针茅群落。此处原生的顶级群落的大针茅草原，退化后被克氏针茅替代。发生风蚀沙化砾石化为克莱门茨针茅的分布创造了条件。假如继续砾石化，这块草原全成了克莱门茨针茅草原了。假如再扩大与克莱门茨针茅草原大本营，荒漠草原地带连起来，又怎么说呢？希望不会出现这种现象。

样1.东乌旗乌里雅斯太至西乌旗路上5千米处，严重砾石化，砾石直径1.5~0.5厘米，盖度70%，$1m^2$，总盖度30%克莱门茨针茅草原。

	高cm	盖度%	体积	值%
1.Stipa klemenzi 克莱门茨针茅	18	20	360	67.75
2.Stipa krylovii 克氏针茅	25	2	50	9.41
3.Cleistogenes songolica 无芒隐子草	5	8	40	7.53
4.Cleistogenes squarrosa 糙隐子草	7	7	49	9.22
5.Convolvulus ammanii 小旋花	2	5	10	1.88
6.Chenopodium album 藜	3	1	3	0.57

	高 cm	盖度 %	体积	值 %
7. Chenopodium aristatum 刺穗藜	3	1	3	0.57
8. Salsola collina 猪毛菜	2	2	4	0.25
9. Allium tenuissimum 细叶葱	4	0.5	2	0.38
10. Euphorbia humifusa 地锦	0.5	0.1	0.05	0.01
11. Chloris virgata 虎尾草	1	0.2	0.2	0.04
12. Eragrostis pilosa 画眉草	10	1	10	1.88
13. Astragalus galactites 乳白花黄芪	1	0.1	0.1	0.02
			531.35	

样2. 地点同1，无砾石覆盖，克氏针茅草原，1m²，总盖度60%。

	高 cm	盖度 %	体积	值 %
1. Stipa krylovii 克氏针茅	50	50	2500	94.54
2. Stipa klemenzi 克莱门茨针茅	10	5	50	1.89
3. Cleistogenes squarrosa 糙隐子草	5	10	50	1.89
4. Scutellaria viscidula 黄花黄芩	7	5	35	1.32
5. Salsola collina 猪毛菜	5	1	5	1.19
6. Convolvulus ammanii 小旋花	1	1	1	0.04
7. Chenopodium aristatum 刺穗藜	1	1	1	0.04
8. Astragalus galactites 乳白花黄芪	2	1	2	0.08
9. Chenopodium acuminatum 尖头叶藜	3	0.1	0.3	0.01
			2644.3	

（7）禁牧造成草场退化

长期禁牧，草原植被5年以上荒漠植被3年以上就会出现不同程度的退化，甚至枯死。长期禁牧物种减少。中科院锡盟草原定位站羊草样地围封十几年以上，原来1平方米维管植物20多种，退化到不到10

种。羊草草原演变成了大针茅草原了。加拿大一块草地围封20年每平方米只剩下一种植物。荒漠植被只放羊不放骆驼，高大灌木霸王，亚乔木梭梭长期得不到采食而枯死。春季禁牧使很多植物更新受阻。针茅春季不采食，长高后羊不喜食，大都结实，结果扎羊造成危害。牧民夜牧加重了草原的践踏。

东苏旗西部，围封5、9、13年围栏内外特征（2007.5.1 1m^2，重量克）

	围栏内	围栏外
Stipa klemenzi 克莱门茨针茅	2.0	37.33
Neopalasia pectinata 栉叶蒿	2.33	
Allium mogolicum 沙葱	0.83	6.0
Salsola collina 猪毛菜	0.4	0.33
Asparagus gobicus 戈壁天冬	0.17	5.0
Convolvulus ammanii 小旋花	0.33	
Heteropappus altaicus 阿尔泰狗娃花	0.17	
Allium polyrrhizum 多根葱	1.0	
Haplophyllum tragacanroides 针枝芸香	8.33	
Astragalus golubovii 新巴黄芪	0.33	
Artemisia scoparia 黄蒿	0.17	
Plantago lessingii 条叶车前	0.17	0.33
Cleistogenes songolica 无芒隐子草		1.67
Stipa braviflora 短花针茅		15.67
总重量	16.23	66.33
枯草重量	45.5	27.0

阿拉善左旗十三道梁项目区红沙荒漠围封效果表（2007.5.31）

围封年限	当年产量公斤/公顷	平均每丛绿色部分比%	10×10米枯死比%	草本产量 g/m^2
5年	81.66	36.7	20	26
未	378.0	93.2	4	9.5

（8）长期围封生物种类减少

围栏破坏了草原生态系统的完整性，交流受阻。围栏加重了草原的践踏，特别是围栏边缘（30—60米）入口处和牧道长期将成为裸地或长沟。因为牲畜总喜欢走出围栏寻找更可口的牧草，造成草场退化破碎化。

（9）年年打草造成打草场退化

东部最好的草场出租打草场卖草作为重要收入。年年打草越留茬越低，枯草都被搂光了，地面裸露，冬季雪全被吹跑，越发干旱。打草场全面退化，是形成单纯化两层结构的重要原因。针茅替代羊草，成了主要打草对象，价值下降。有的连蒿子、猪毛菜也成了打草储草对象。今年政府规定打草时间推迟到8月20日以后，每亩60斤以下的不许打草，又是一个一刀切。针茅草场不早打，待狼针都成熟造成危害，降低了干草质量。大量打草卖草，出售原材料，草原第一性生产，钱给中间商，让别人发展畜牧业，破坏环境，草场得不到任何养料的补充，把退化损失留给自己。东乌旗一个公路收费站，一天就有200多辆拉草车通过，拉的只是干草吗？

（10）地下水位持续下降

河湖水量减少，干枯，污染。鄂尔多斯遗鸥国家级自然保护区也没能避免湖水干枯的命运。高大的荒漠木本植物胡杨、梭梭、霸王、白刺，连最耐旱的柠条也有大面积枯死。枯死的胡杨林倒成了让人们欣赏的旅游点。不能赖天旱，因为同一个草原的蒙古国只有轻微变化，看来主要是人为的。农田、工矿、城镇发展、家家打井、绿化等。干旱区最缺的是水，保护水源是内蒙古当前最紧迫的生态问题。

（11）工矿对草原的破坏日趋严重

内蒙古截至2007年，全区矿山开发占用破坏土地7.58万公顷，其中采矿占59.1%，44798.55公顷，土地塌陷16297.27公顷，占21.5%。仅正在建设的白音花四号露天矿，破坏和占用的天然草场超过400平方千米，合60万亩，仅扎赉诺尔煤矿塌陷面积31.1平方千米，1~19.6米深，不仅破坏草场，也造成人畜伤亡。2010年内蒙古工业废水排放量为37199万吨，其中采矿业排放8260.24万吨，每开采一吨煤将直接破坏2.48吨水。仅乌海市每年因采煤破坏的水资源就达6200万吨。2010年内蒙古产煤7.89亿吨，因采煤一项就破坏了19.57亿吨水。可以算一笔账，到底这些水、土地、草场值钱还是煤值钱。采矿业到底给内蒙古带来了什么？（达林太，2014）

（12）草原开荒面积逐渐扩大

草原开荒名义上禁止，实际上内蒙古的开垦面积越来越大，很多是打着草原治理的名义得到政府支持的。内蒙古这个以天然植被为优势的民族自治区，已成为全国耕地面积第一的大省。由于土豆算作主食，新的一轮草原开垦又开始了，将造成更大面积草原退化，水源枯竭。

（13）五畜的不平衡，特别是大畜、马的减少，造成草场利用的不平衡和不充分

牧民说，现在马少了，马吃的草没了。骆驼没了，骆驼吃的草快消失了。大畜活动范围大，大畜减少，物种的交流范围缩小，多样性丧失。马的减少是出现两层结构，羊草被大量替换成针茅的重要原因。马喜吃针茅，使针茅结实率减少，也降低了针茅的危害。大雪天或针茅结实多的草场，先放马以减少雪灾和针茅的危害。蒙古族是马背民族，现在骑摩托放羊，据说摩托等轮式车辆对草原的碾压力度是牲畜蹄子的40倍以上。马、骆驼对草场环境及牧民的生活、健康、文化传承的作用是多方面的，而且是深刻的。

（14）草原最根本的退化，是并未引起关注的多样性丧失

首先大畜少了。狼、黄羊、狍子没了。野生动物，就连老鼠、蝗虫也是忽多忽少，数量变化剧烈。从空间和时间总的看，数量也少多了。虫子、鸟类、草原上的蚊蝇也比以前少多了。有专家讲，一种兰科植物的消失会带来20多种昆虫陪葬。反之一种昆虫的灭亡又会造成多种植物的灭绝。草原上的很多生物的消失就不奇怪了。我们随便拿出20世纪80年代以前的植被调查样方，与现在大部分草原样方对比，不由得大吃一惊。我们很难见到以前草甸草原1平方米有30~40种，最多52种维管植物。典型草原20~30种，荒漠草原稳定在十七八种，在个别地方如今只在锡盟灰腾梁野生植物园内登记到了1平方米37种维管植物，在大面积草场上多数下降到20种以下，10种以内，有的不到5种。很多老牧民都能说出已经见不到的牧草种类。土壤动物微生物的消失，肉眼看不到，大部分还未被我们认识就已经默默消失了，其后果更严重。因为土壤里的生物种类比地上多得多。土壤还是地上生物的种子库。土都被吹走了，种子也就被带走了。生物多样性分4个层次，景观、生态系统、物种、基因。我们只能知道宏观的一小部分，对微生物、遗传基因的丧失知之甚少。草场退化有趋同现象。如大针茅草原，退化演替经过羊草群系，克氏针茅群系，放牧退化都趋同于小白蒿、星毛委陵菜为主，最后为一年生草本群落。原生植被的顶级群落，内蒙古中东部典型草原、草甸草原的各个类型，如贝加尔针茅草原，大针茅草原，羊草草原，只是轻度利用下有区别，随着退化程度的加重，都趋同为相同类型。也就是说在强烈干扰下，都会失去原有的独特性，趋向于单纯化。不仅物种，其群落、生态系统的多样性也随之丧失，成为单纯化多灾多难剧变的不稳定草原。

内蒙古草原随机取样，20世纪90年代前与2000年后1m²植物种数比较。

植物群落	20世纪90年代以前		2000年后	
	统计样方数	维管束植物种数	统计样方数	维管束植物种数
克氏针茅草原	6	23.17	10	9.1
羊草草原	5	22.7	2	13
大针茅草原	5	23.5	7	7.4
贝加尔针茅草原	3	26.7	1	14
克莱门茨针茅草原	5	16.6	3	6.7
糙隐子草草原	2	17	1	11
平均种数		21.6		10.2

随机取样20世纪90年代各群落1m²平均维管束植物种数。

野古草群落31.5种，小白蒿群落13.5种，星毛委陵菜群落11种，羊茅群落21种，线叶菊群落24种，麻花头群落18种，羊草群落37种。

1977年太仆寺旗贡宝力格羊草草原经过严重鼠害后，平均亩产鲜草220斤，其中羊草比例为37%。

（15）土壤的流失和贫瘠

土壤是生命的舞台。有人说形成1厘米表土要几百年，在干旱区更不容易，土壤又是动物、昆虫、微生物的家。土壤生物的形成和回归要多少年呢？我们说草原多变易变，一般指气候，特别是降雨。可是土壤的变化如何呢？土壤的变化和形成，取决于地上植被，又滞后于植被。目前的土壤可能与以前的地上植被更有直接关系。因此用土壤有机质含量作为监测草场退化指标，所反映的是以前的植被。土壤的变化又对地上植被起决定作用。有人说这种影响是根本性的。由于草原退化，地面裸露，风的搬运，沙尘暴频繁，草原土壤的变化越来越剧烈，相应引起地上植被及生态系统的整体变化更加频繁和猛烈。这就是植被、土壤、生物、牲畜、风等之间的复杂的连带关系。没有肥沃的土壤就没有生长旺盛营养丰富的牧草和农作物。土壤使草原农田兴旺，也可使人畜灭亡。

（16）草原管理知识的丧失

现在的年轻牧民，可谓多才多艺，不仅会骑摩托，会开汽车，大小车都行，有的还会开拖拉机、打草机、推土机，电脑手机都不止一个。是劳动者又是经营者，是老板还给别人打工。可是有关放牧、草场牧草知识，却不如老牧民。有的一问三不知，有的都不会骑马放羊了。上午把羊赶进围栏，下午再骑上摩托把羊赶回来就行了。有的干脆雇羊倌放羊。他们从未有过转场游牧的经历，也不知道什么叫游牧。现在一年四季在自家草场上转，知道那么多草场牧草知识又有何用？知道哪儿的草场能抓膘也不能去。政府公布的十个全覆盖，没有一个是覆盖草场牧草的。天不下雨什么都没用。陈旗瑙图克沁（草场管理者）吉格米德老人，发愁自己的知识传不下去。一旦恢复转场放牧，谁来转移牲畜，谁来调配草场，谁来当瑙图克沁？现在会放羊会认草的就剩下老人了。会评价草场的没几个人了。草原沙化了，草场、牧业知识也退化了。

（17）草原法起不到应有作用

本草原法没能广泛征求各方面意见，特别是基层干部和牧民的意见。

本草原法没有把我国草原的范围交代清楚。第二条，本法所指草原是指天然草原和人工草地。第七十四条，所指天然草原，包括草地、草山和草坡。人工草地包括改良草地和退耕还草地，不包括城镇草地。草地、草山、草坡概念模糊，只是以草为主。我国最大面积以超旱生灌木、半灌木、亚乔木，骆驼的主要放牧场、荒漠算不算？沙漠、沙地、山地森林草甸、灌丛算不算？本法所说的草原主要是草场。我国草场可以首先分为两大区域和两大类。两大区域一为我国北方西北干旱、半干旱、高寒区域，以天然草场为主的多民族草原牧区。另一区域为我国半湿润、湿润、半农半牧和广大农区。本草原法应该主要面对前者，后者应归为农业范围，而畜牧业是副业，多圈养舍饲。两大类为天然草场和人工草地。

草原法应先给草原一个全面定位。草原不仅是畜牧业基地，更重要的是游牧民的家园，生态屏障，民族文化的摇篮。担负着生态、生物多样性、文化、国家民族安定团结的重任。

本草原法应以天然草场的合理利用保护为主。传承固有民族文化。

本草原法不仅要考虑牧民的权益，还要顾及草原的天然性、多样性和生态系统的完整性。

牧民的权利主要强调牧民的自由移动放牧权，不是固定放牧权。是集体权、民族自主权，不是个体私有权。

本草原法不仅以人为中心，还要考虑草场、牲畜、野生生物的权利。草场间的相互配合、交流、适度利用。人与牲畜、野生生物和环境的和谐。

本草原法主要鼓励了草原建设、改良、建立人工草地、划区轮牧、灭虫灭鼠、定居、舍饲，逐步摆脱靠天养畜方面。牧民当家做主的权利、集体权利，尤其对固有文化的传承只字未提。总体有摆脱草原实际，向农耕靠拢的倾向。

新疆的巴音布鲁克草原，土尔扈特蒙古族，截止新中国成立后四十年，未发生一起案件。我国新疆、内蒙古等民族地区，偏僻农村，法律纠纷显然少于发达城市。就是城市里以前大部分纠纷，也被社区、邻里、街道办事处和解了。那时高校的政法专业没人报考。"文革"后政法人员突然吃香了，首先满足大城市，尤其是北京的需要。吉格米德老人说，以前草原上根本没有贼，丢失的牲畜几年后找回来，有时回来的不仅是丢失的一只母羊，还带回来在人家生的羔子。以前牧民在森林里放牧，没听说有盗伐和人为失火的事情，也不见动物减少。颁布法律后，禁牧、禁伐、禁猎，反而不如以前安全了。牧民从小就接受礼仪、道德、环境教育和祖先的遗言，养成了习惯，可比现在干巴巴的普法教育起作用。可参考草原以前的法律和流传于草原上的习惯法，如未经过商议的情况下，在其他季节不许进入冬营地。在发生灾害的时候，不能拒绝外来牲畜进入我们习惯用的草场。四五户家庭有帮助一户困难家庭成亲的义务。假如妇女坐在蒙古包里为她准备的专座上，任何人包括公婆都必须对她表示尊重，不许指使她们做别的事情。假如有女儿、儿媳说情，罪行可以减半或免罪。蒙古习惯法还有很多爱护牲畜和野生生物的法律。敖包山、宝格达山都作为神圣之地加以保护，体现草原的情理，体现人与人、人与环境的和谐。

11.2 草原退化的原因

（1）草原退化的原因，很多人认为是天旱

为什么现在人们对天旱下雨少反应得特别强烈？我暂且不管老天爷降雨真的少了（气象局讲，降雨量并未明显减少，气温有点高），可是现在草原的确更旱了。同在一个草原的蒙古国，还有内蒙古草原退化不明显的地方，对天旱反应就不那么强烈。我们的老天爷并未换岗，即使多下一场好雨，过不了十天就会被蒸发光了。不过雨水对草场的临时作用更明显了。所以牧民天天盼下雨。空气温度来自日光照射地面后又反射回到空气中的热量，地面把日光热大部分吸收了，空气也就凉了。如夏天海洋吸收的日光热比大陆多，反射少，空气就比大陆凉，气压就高，风就从海洋吹向大陆。冬季相反。因此气温在很大程度上取决于地面状况。地面植被稀疏，裸沙、砾石，比植被茂密反射日光多，气温高，蒸发就更强烈，所以就更干旱。风能加速水分的蒸发，而植被的覆盖有挡风作用。茂密的植被，尤其是比较好的羊草草原，还有截留露水和冬季积雪作用。清晨在羊草草原转一圈裤腿很快就湿了。枯草层也有很好的保水作用。据海山等人于2006年6月在东乌旗草原的观测，裸露草场土壤比枯草层下土壤温度，0~5厘米处高4℃，5~10厘米处高4℃，含水量0~5厘米处低3.76%，5~10厘米深处低4.02%。因此草场退化植被稀疏，枯草层消失，加大了旱情，不是天旱是地旱，而地旱又促使草场进一步退化。

（2）超载过牧也是人们谈论的话题

超载与否取决于草场生产力。天然草场的生产力，放牧牲畜的采食量不像人工草地舍饲那样，很难确定。以前内蒙古全区确定的载畜量为21.58亩一只羊单位，假定这个数字是正确的，也排除各地区的差异，草场产草量也从2000年为界，前后相差一倍。那么2000年以后则为40亩一只羊，2008全区合12.6亩一只羊大大超载了。24个牧业旗，1988年2469.4万只，合47.87亩一只羊，不超载。2008年下降到2393.74万只，合33.53亩一只羊，稍微超载，此时的农区半农区养畜更多。

（3）现在草原上的普遍超载是支出拉动的

从另一方面说明，打储草、种草料、买草料多了，说明天然草场不够了，也就是超载了。首先利用天然草场放牧是最省钱的，其次是利用天然打草场，种草是生态环境付出。支出最多的是购买草料。牧民会首先选择利用天然草场放牧，而最后不得已才买草料。买草料越多说明天然草场越不够，也就是越超载。到了与卖羊的收入持平了，牲畜就开始下降了。目前有的地方已经到了这个节点。牧民的其他支出也在增加，交通费、汽油费、机械费用、小孩进城上学、大人陪读。有的相互攀比，房子越盖越阔气。有的一年的化妆费高达5000元。可是年年贷款。这些费用都压在天然草场上，只能再多养牲畜。

一户典型牧民的收支（一年）：

主要收入：家有5000亩天然草场，500只大羊，5口人。出售羊羔200只，每只600元，共12万元。羊毛等收入2万元。玉米地100亩，除了成本，收15万斤玉米，收入13万元。其收入共27万元，不算玉米14万元。

主要支出：①拉水。水钱和油钱共2.25万元。②草料支出共11万元（500羊每天150元）。③生活费每人1万，5口人5万元。④修棚圈、围栏0.4万元。⑤兽药0.3万元。⑥两个孩子读书2.4万元。⑦两部手机话费0.24万元。⑧礼金1.5万元。⑨租房1万元。⑩车油费3万元。总支出共27.09万元，还没算治病吃药、基本建设、购买大件等费用，基本持平。

蒙古国草场面积比内蒙古大很多，全国载畜量相当内蒙古的一半。政府还鼓励多养牲畜，多生孩子。他们的羊比我们的便宜一半多，并不超载。总收入牧民比我们低，纯牧业收入更低，而其他非牧业收入却高于我们的牧民。牧业收入多样化，不限羊肉、羊绒。他们还上税、上保险、养老金，可是却基本满足生活娱乐和学习。他们的支出比我们少得多，基本不买草料。主要支出是交通费。属于福利国家，受教育程度很高，牧民比我们年轻化，素质也高。关键是他们的天然草场保持完好，人民生活和天然环境没什么压力。我们以前的草原水热条件、多样性都比蒙古国优越，主要区别发生在20世纪90年代以后，我们发生了前所未有的翻天覆地的巨大变化，把集体草场划分到各户经营，完全定居，告别了几千年的游牧，牲畜只能在自家有限的草场上转来转去。居民点、饮水点周围，围栏入口处，四周边缘相继退化成了裸地。随后要求草高的冬营地打草场消失，靠买草料过冬春，步入恶性循环。靠打草、种草、买草养畜并未减轻天然草场的压力，过多的支出只有增加牲畜，给草场施压，造成草场全面退化，更需多买草料来补充，更得多养牲畜还贷款。牧民们把希望寄托给老天爷，盼着下场好雨，盼着今年的羊有个好价钱，盼着能多种几亩饲料地，盼着政府能多给点草场补助。牧民说，我们现在是在为二道贩子和银行放羊，希望银行多贷点钱，省得借高利贷。现在的草场压力是牧民压力过大造成的。可是，把压力转给草场并没能解决根本问题。如让汽车多挣钱，超载、多跑路，缓解家庭压力，结果是人病了，车坏了，还得花更多的钱治病修车。

（4）不符合当地实际的放牧政策

博茨瓦纳制定放牧政策的专家声称，通过控制牲畜数量，改善饮水、围栏，牧场的净生产力比传统的共有草场移动放牧的高两倍。但实际上都低于后者，有的甚至低了一半。其经济回报，传统方式放牧的高于前者3倍，在津巴布韦高10倍。在莫桑比克不仅比前者高，而且有多种利益的回报。十个案例表明，保持传统移动放牧最多的蒙古国、俄罗斯图瓦、我国新疆，草场退化程度低于定居的俄罗斯布里亚特、赤塔，尤其是内蒙古（来源 Humphrey and Sneath 1989，李文军等《解读草原困境》

2009，23页）。在内蒙古的调查结果表明，（1）在嘎查范围内各户草场合起来放牧的。（2）自家草场宽又好，牲畜随蒙古包移动的。（3）在划分草场时就有所考虑，把每户草场分成5块，四季和打草场，每块都是细条形，便于移动。以上3种情况都好于在自家围栏内放牧的牧户。

不同放牧方式草场比较表（线段长952米）

	A. 各户在自家围栏内放牧	B. 各户草场合起来嘎查范围内放牧
线段	1条952米	1条952米
植物种数	样线共25种，平均1平方米11.8种	样线共33种，平均1平方米15.2种
群落比例	1.克氏针茅群落63.99；2.大籽蒿群落18.97；3.小白蒿群落4.41；4.羊草群落4.41；5.糙苏群落4.41；6.小旋花群落4.41	1.羊草群落62.93；2.克氏针茅群落37.08
植物表现值前十位	1.克氏针茅67.09；2.大籽蒿10.93；3.糙苏5.01；4.羊草4.41；5.小白蒿3.44；6.黄蒿2.88；7.刺穗藜1.51；8.扁蓿豆1.41；9.细叶葱1.30；10.小旋花0.58	1.羊草47.07；2.克氏针茅28.09；3.糙隐子草6.52；4.小白蒿4.03；5.黄蒿3.80；6.星毛委陵菜3.22；7.冰草2.33；8.狼毒0.83；9.菊叶委陵菜0.70；10.小叶锦鸡儿0.65
总盖度 %	平均74.38	平均74
高度 cm	平均35.38	平均21.9
1平方米总体积	3096.53	949.46
生活型	多年生草本15种80.68，一年生草本9种15.88	多年生草本23种91.11，一年生草本8种2.95
水分类型	旱生20种80.41，中生5种12.6	旱生28种99.78，中生5种0.27
区系地理	达乌里－蒙古种3种，4.29	达乌里－蒙古种8种，50.93
成分	西部草原种7种，74.58	西部草原种9种，39.71
均匀度	围栏之间、围栏进出口、围栏的不同位置出现羊草、小旋花、糙苏、小白蒿斑块	类型单纯，比较均匀一致

干旱区时空多变剧变，物质分布不均，生产力低，环境脆弱。必须

适度利用，适度还要牲畜稳定就得随环境变化进行移动。游牧是对干旱脆弱多变环境的积极适应，是草原、牲畜和牧民双向的最佳选择。社会的现代化，科技的发展，人类只能更理智，社会更合理，更不能反其道而行之与大自然作对。干旱的草原荒漠草场，划分成小块由各户独立经营。这种做法，古今中外从未有长时间大规模执行而取得最后胜利的先例，可谓创新，但在我国涉及政策，一般不便公开研讨，高挂免谈牌。实际上这已是问题的关键所在。大量事实证明了问题的严重性和紧迫性，不认真解决，更严重的后果不可避免。时间越长，挽回的困难越大，损失越大。

11.3　退化草原的监测

（1）载畜量的确定

退化草场监测的目的就是确定适宜载畜量和放牧方式，避免再退化。载畜量的确定与当地草场生产力及相关环境多种因素有关。我国现行的确定方法，是以草场牧草的一次剪割量为基础，换算成全年最高产量，再得到各季节产量，牧草的再生率，牲畜对牧草的利用率等一系列系数的乘积。大小牲畜按5比1的比例，得出当年的载畜量，还要考虑不同年份的差额，看来比较合理，但这种算法只适合人工草地，进行舍饲，对于天然草原放牧影响因素太多，太复杂。只能供参考。不同环境的一块剪割量与真正草的再生性产出差异很大。如多年生苔草、嵩草草甸的一次剪割量肯定不如草原植被，但其再生草的产量要大大高于草原。另外利用次数、利用时间、间隔时间不同，产草量也不一样。冬春牧草的保存率，牲畜的利用率（如牲畜只吃嫩叶）也随牧草种类、牲畜类别与环境而改变。利用草的动物不只是牲畜，最多的为土壤微生物，它们是分解者。第二为昆虫。第三是啮齿动物。第四才轮到包括牲畜在内的有蹄类。牲畜利用草场主要不是采食，而是运动，是践踏。有人说踩踏的作用是采食的一倍多。往往耐踩踏的草场如河边草甸，比产草量高的草原载畜量至少高一倍。因此土层厚结构好，挡风沙，地形复杂，地下水位浅的草场能多养牲畜。牲畜对牧草的采食践踏对牧草的影响不是直线关系，适时适量的采食践踏对牧草更新生长还有促进作用。因此保持多次、适当、五畜并举可大大提高牧草的产草量、利用率和载畜量，还与草地经营方式和水平有关。关于天然草原载畜量的影响因子及各因子的关系，我们目前还没搞清楚，定量就更困难。把空间和时间拉大拉长，比如一个地带，留有余地，还可勉强有个大致的轮廓。一家一户很难确定。在做不到的情况下，固有的传统知识就显得十分重要了。认真向牧民和基层干部学习，蒙古族有谚语，"有自知之明的人才算人，认识草场和牧草的牲畜才算牲畜"，那就经常仔细观察牲畜和草场吧。

（2）天然草地退化、沙化、盐渍化的分级标准

（中华人民共和国质量监督检疫总局发布 中华人民共和国国家标准

GB/9377-2003，2003.11.10发布，2004.4.1实施）

表一.必须监测项目 草地退化程度的分级与分级指标（国家标准）						
监测项目			退化程度分级（未、轻、中、重）			
必须监测项目	植物群落特征	1.总覆盖度相对百分数减少率（％）	0—10	11—20	21—30	＞30
		2.草群高度相对百分数降低率（％）	0—10	11—20	21—50	＞50
	群落植物组成结构	3.优势种牧草综合算术，优势度相对百分数的减少率（％）	0—10	11—20	21—40	＞40
		4.可食草种个体数相对百分数的减少率（％）	0—10	11—20	21—40	＞40
		5.不可食牧草与毒害草个体数相对百分数的增加率（％）	0—10	11—20	21—40	＞40
	指示植物	6.草地退化指标植物个体数相对百分数的增加率（％）	0—10	11—20	21—40	＞40
		7.草地沙化指标植物个体数相对百分数的增加率（％）	0—10	11—20	21—30	＞30
		8.盐渍化指示植物个体数相对百分数的增加率（％）	0—10	11—20	21—40	＞40
	地上部分产草量	9.总产草量相对百分数的减少率（％）	0—10	11—20	21—50	＞50
		10.可食草产量相对百分数的减少率（％）	0—10	11—20	21—50	＞50
		11.不可食草与毒害草产量相对百分数的增加率（％）	0—10	11—20	21—50	＞50
	土壤养分	12.0—20cm土层有机质含量相对百分数的减少率（％）	0—10	11—20	21—40	＞40

必须监测项目第1、2、9、10、11项都是以草的高度、盖度、产草量的一次剪割量为指标。大面积、长时间草场退化会带来产草量减少趋势，但主要随降雨量波动。退化的一年生草本阶段，雨后疯长，超过原

生植被。这些指标实际上是对龙王爷的监测。第12项从长远看随着草场退化，土壤有机质有减少趋势，但在退化后的初期若干年，由于植被稀疏，牲畜离去，消耗减少，加上过牧积累的肥料，有机质反而增加。土壤的变化滞后于地上植被。现在土壤的有机质反映的是以前长期未退化时的指标。第4、5、10、11项，草场放牧退化往往是耐践踏及一年生杂草增加，并非是优良牧草的减少和劣质毒害草增加。退化的冷蒿草原，反而优良牧草占优势，只是冷蒿耐践踏。第6、7、8项有一定指示作用，只适用某些类型，也不是如表上的逐渐增加。只有第3项原建群种优势种被次生种替代为草场退化的本质特征。但原优势种及退化指示植物，随地带不同而各异。同一种植物如克氏针茅在典型草原东部及草甸草原地带为退化类型的次生种。在典型草原西部，就是原生植被的建群种了。原优势种被次生种替代的过程，不同地带、类型和环境有很大差异。东部的草甸草原退化演替梯度层次多，如草甸草原的贝加尔针茅草原建群种贝加尔针茅被大针茅替代，随后又被羊草替代，都超过40%以上而所剩无几，仍然不能算退化。而更耐干旱的半荒漠、荒漠的原优势种，就是大自然的最后选择，略有减少就不得了。原生、次生、退化指示植物，各地区各类型有差异，通过对本地区长期观察确定。可参考有关资料（刘书润《这里的草原静悄悄》368页）内蒙古东部打草场退化指示植物主要有白头翁、麻花头、射干鸢尾、糙隐子草、克氏针茅。

目前出现的大面积两层结构的草原原建群种大针茅，退化后更增加，而其他物种，都为退化指示植物，而且物种数大大减少，又怎么算呢？因此还得增加多样性指标。多样性并非种类越多越好，要看种的性质，原生种还是次生种。总之要综合全面看问题。这就给定量化出了难题。要按不同地带、植被草场类型确定指标。看起来很复杂，还需要求助传统知识。实际上当地老牧民一看便知。牧民说，看看牲畜的精神，尝尝牛奶的味道就知道草场怎样了。《全国草原监测技术操作规程》（农业部草原监理中心于2007年修订）也大致如此。除了牧草高度、盖度、产量外，增加了植物的种数，和2—3种主要植物的名称，我们以国家天然草场退牧还草工程为例，如何进行监测结果的分析。

国家天然草原退牧还草工程

工程实施前后工程区指标变化（2006—2012年对比）

省区	县（旗、区）	盖度		鲜草产量			
		2006年	2012年	2006年		2012年	
				斤/亩	千克/公顷	斤/亩	千克/公顷
新疆	富蕴县	16	18	99.8	748.7	100	150.2
	温尔县	55	63	221.9	1664.4	272.8	2045.7
	精河县	40	46	119.2	894.2	161.7	1213.1
	尼勒克县	57	61	289.9	2174.3	340.8	2556.1
内蒙古	陈巴尔虎旗	70	72	292.7	2195.1	348.8	2616.1
	新巴尔虎旗	43	56	166.7	1250.5	219.3	1645.0
甘肃	夏河县	74	77	724.4	5433.5	772.7	5795.5
	碌曲县	83	84	875.3	6565.1	886.7	650.1
	玛曲县	75	79	703.1	5273.3	788.3	5912.2
	天祝县	62	64	604.9	4536.6	612.2	4591.1
宁夏	海原县	32	61	136.3	1022.5	269.6	2922.3
	沙坡头区	31	46	66.8	500.8	109.5	820.9
	盐池县	37	56	130.7	980.2	225.3	1689.3
四川	若尔盖县	80	83	918.7	6890.0	991	7432.2
	阿坝县	77	81	880.0	6600.1	983.9	7379.0
	红原县	78	81	924.4	6933.3	968.6	7264.4
	壤塘县	72	80	808.8	6066.1	942.4	7068.1
云南	德钦县	45	52	530.8	3981.0	622.3	4667.4
	香格里拉县	60	68	627.5	4706.6	760.8	570.65
平均		57.2	64.6	480.1		546.1	

所谓退牧还草工程以禁牧为主。首先，全国从新疆、内蒙古到

云南19个县中，工程实施前2006年未退牧时，工程区的草群盖度超过40%有15个县，占79%，超过50%的占60%。两个县盖度超过80%。工程区退牧前亩产鲜草300~500斤10个县，850斤3个县，2个县各990斤。平均盖度57.2%亩产鲜草平均480斤。锡林郭勒草原2009年平均盖度28.8%，平均亩产干草76.86斤，折合成鲜草不超过170斤。我国草原分级最高一级合每亩鲜草产量300斤。说明工程区大部分草场为该地区较好的，没必要上项目退牧。草原地区草的盖度、产草量随降雨量波动很大，可相差3~5倍。结果表明19个县全部平稳上升，无一例外。看来龙王爷这6年来也接受了贿赂。假如数据是真实的，其结果会与愿望相反，因为2006年未上项日前的测产，是在正常放牧下测的，加上牲畜吃掉的才是真实的。2012年应比2006年增产很多才能体现效果。编者没考虑牲畜吃掉的部分，反而增加弥补上以前牲畜吃的部分，岂非表明效果坏了。这显然违背了编者的主观愿望，只能怨自己作假水平不高。由于退牧还草做法错误，加上监测指标的问题，无论如何编造也得不出满意的效果，因为真正做到完全禁牧六年，大部分都已经是枯草了。

（3）附带说说草场的等级评价

产草量分8级，从1到8，亩产133.5斤至8.6斤。一等草场优等牧草占总产量≥60%，二等草场良等牧草占总产量≥60%，三等草场中等以上牧草占总产量≥60%，四等草场低等以上牧草占总产量≥60%，五等草场毒草和不可食草占总产量≥40%。这里有个数学的问题，假如优等牧草占60%，剩下40%全为劣等牧草，该算哪个等级的草场？牧草的等级用牲畜的适口性和营养价值评定，小叶锦鸡儿只能算二、三等，但它有突出的挡风积雪等重要生态价值，它有延缓草场退化的作用，却未被考虑。草场的好坏，牧草也只是一个方面，但还不是最主要的。假如给我一块10万亩的草场，第一要考虑所处地带，在内蒙古范围内，最好位于呼伦贝尔草甸草原地带，离海拉尔最近的黑土带。第二要有河流、水源，要有山地，平原，沙地还要有块盐碱滩，给牲畜补充微量元素。类型多样，有打草场和四季营地，草场的合理配合。第三要土壤肥沃，土层厚耐践踏。第四才轮到优良牧草丰富。

（4）关于草原健康的评价

不健康的草场是指发生了严重的水土流失、风蚀，草原结构发生了根本变化，不可恢复的草场。必须进行综合评判，向国家标准那样，但也不能像草场退化程度做重复测定。

11.4 退化草场的整治

（1）牧草引种和草场改良

我们所指的是干旱、半干旱的草原，荒漠植被草场的退化，只能以预防为主。这类退化草场一般不适于利用栽培植物进行改造。在内蒙古草原荒漠地区，不知进行过多少千百次试验，超过几百个品种，耗费了多少资金。像家畜引种一样，至今还没听说过哪个牧草引种品种，在广大草原牧区，由牧民自发，不用国家一点补助，一直长久而不放弃的。在有条件的地方，仍然还是用传统的玉米、燕麦、青谷子不多的品种解决草料的不足。个别地区如鄂尔多斯有过栽培苜蓿的传统。只有柠条有的牧民还在栽种，可是播种3年不许放牧，长大后一两个冬天就吃完了。飞播沙蒿主要是解决水土流失由政府推广的。进行浅耕翻只限于水分条件较好，土层较薄，践踏较硬实的土壤，能够增加根茎禾草的产量。但以迅速释放土壤多年积累的养料、破坏了土壤结构为代价。草原是不能轻易动土的。

（2）集中建设的弊端

在草原牧区，用1％的土地种植高产饲料地，进行集约化经营，或大量开矿、集中办奶牛村、小城镇，增加投入，换来99％的草原得到恢复。可是这1％反而成了耗水、掠夺资源、污染的大户。事实证明除了便于满足一些腐败官员和资本家的私利外，并未给广大草原和牧民带来福利，而成了草原的毒瘤，更增加了草原的压力。我们并非反对一切集中建设，要适当、要利于当地的发展。可是大量事实证明，在这些不适当发展的同时和他们纷纷倒台之后，伴随着草原更严重的退化，牧民贫困户的增加，而不是草原的恢复。因为他们干了不适合草原牧区的事。

（3）特种养殖代替不了放牧牲畜

草原上养鸡养狐狸，既能消灭虫鼠害，又能受益，一举两得。可是草原上的蝗虫和老鼠很不稳定，大发生除了鼠虫有本身的周期外，只在退化草场上短时间爆发。另外鸡和狐狸短时间也吃不了那么多鼠虫，总吃肉也不行。因此鼠虫对养鸡、狐狸贡献不大，鸡狐也控制不了鼠虫害。有人也曾在草原上养过鸡。一群鸡百十来只，10个人放不过来，很不好管理。而1个人放一群几百只羊就没那么费事。当然牧民各家养些鸡是可以的。提出"畜南下禽北上"的口号不太适宜。现在草原上也有养鸡场，只是把一大块地围起来把鸡放出去，喂的饲料和内地没区别，只是标明生态鸡，卖高价维持。在草原上近年来引进了很多禽兽和作物，但是都替代不了传统畜牧业对草原的保护作用，都成不了草原生态系统的正式成员，对文化的传承更谈不上。

（4）干旱区不宜发展人工林

美国人曾提出过水从犁至，一切都要经过犁的改造。森林、草原都要像农田那样进行播种、收割。森林，甚至农田房屋都能增加降雨。在大平原掀起了造林的浪潮。持不同观点的人做了实验，把一个山沟的树林全部砍光，不料流出的水不仅没减少反而增加了不少。经过森林的恢复，流出的水又慢慢与以前和对照区持平了。这样的实验重复了多次，这才明白森林不能增雨，由于树木的蒸发反而消耗了不少水。不是先有森林才造成湿润的气候，而是先有充足的降雨，才为森林的分布创造了条件。森林只有保持水分避免很快流失的作用。世界一些国家和地区包括中国也曾有过植树造林改善干旱区环境的宏伟举措，不过多数国家已经吸取了教训，而我国仍在大张旗鼓地进行。鄂尔多斯一位煤老板为回报家乡，租了一块地，打了很多机井，大造人工林，结果流淌的泉水一个个消失了。在库布其沙漠，百万植树大军营造出大面积人工绿洲，他们的杨柳树、油松替代了沙漠原生的花棒、柠条、沙冬青这些珍贵的本土植物，在制造更大面积的沙漠化。因为干旱的荒漠、沙漠养不起这些外来的大肚汉，最终两败俱伤。

（5）划区轮牧不宜在干旱区推广

关于划区轮牧。在很多国家如澳大利亚的热带湿润区是成功的。有专家呼吁，把我国草原畜牧业的出路寄托在划区轮牧上。在内蒙古草原也搞了不少试点，如某旗的草甸草原地带，国家投资180万元，在一个嘎查做了划区轮牧的试点，结果围栏设施都不存在了，只剩下一个大牌子。鄂尔多斯沙质土的荒漠草原地带，牧民自家2000多亩草场围了7块，还有一块玉米饲料地，分不同季节和牲畜类别轮牧，结果居民点附近围栏入口处、牧道、铁丝网边30~60米范围都几乎成了裸沙地，近处的几个围栏都严重沙化，生长砂蓝刺头、沙蒿、沙竹、狭叶锦鸡儿，只在远处的围栏内还有原生的短花针茅。对草场利用没有益处，只起了把牲畜隔开的作用。有的牧民把中间的铁丝网都拆了，说羊在里面转不开。西乌旗有一户划区轮牧搞的比较好，草场较宽，羊不多。丘陵沟谷，土层厚，暗栗钙土，杂类草丰富的羊草草甸草原，沟谷中间类似杂类草草甸，可谓最好的草场。划区轮牧需要具备一定条件，不可作为一项推广措施，要因地制宜。

（6）听取群众意见，认真反思

我国干旱区水热条件、生态环境、生产力总体不如美国。我国内蒙古最好的草甸草原，不到美国的高草草原产草量的一半，内蒙古的典型草原产草量相当于美国矮草草原产草量的三分之一，美国高草草原平均降雨量600~1000毫米，相当我国华北阔叶林区的降雨量，热量更高，他们草原的多样性不如我们，更缺乏古老特有的物种。我国干旱区游牧畜牧业历史，游牧文化的深厚程度，美洲国家是不能比的，但对历史经验的吸取功夫下得不大。美国20世纪30年代发生黑风暴连总统罗斯福都称，是让大平原干了它不该干的事，意思是不该大面积开垦。有学者说，黑风暴发生的原因不能赖干旱，是我们在文化传承上出了问题。避免黑风暴可以从印第安人那里吸收经验。不适当开发引起的黑风暴促进了克莱门茨顶极群落学说的产生、动态生态学的确立和发展。我国可能还没有哪位国家领导人声明沙尘暴的大规模发生与草原开垦有关的事实。说游牧落后，牧民多养牲畜的大有人在，也没听说过有什么理论创新。硬搬农村的做法，草场划分到户经营，正是近年来草原大规模全面退化的关键所在。不仅不认真反思，还对不同意见进行封杀。可是，我们的祖先都不这样做。窝阔台汗曾公开承认，一生做了四件错事。蒙哥汗在一次辩论会上说："我虽然不赞同你的主张，但我必须尊重你的发言。"历史资源再丰富，不吸取又有何用。幸好一些国内外学者弥补了我们的不足。美国人拉铁摩尔20世纪就说过："任何单独的草场都是无价值的，除非可以随时到其他草场上放牧，任何最好的草场都不能满足牲畜四季固定放牧而不退化。"这倒值得我们认真思考。难道我们的牧民比美洲印第安人保护经营草原的经验少吗？我们为什么不从蒙古族牧民那里吸收恢复草原的经验呢？

（7）政策是关键

草原的大规模退化，在我国最引起社会关注发生在20世纪90年代之后，这是不争的事实。通过几百人的问卷调查，90％以上也都认为发生在草场承包之后，余下的人认为是天旱。实际上草场退化使旱情更严重了。大面积草场退化的防治还要从退化原因着手。还是要人畜移动放牧。因为只有游牧才能适应草原的多变、多灾、物质分布不均、脆弱的生态环境，永远利用而不退化。才能避免多种灾害的发生。从道义上讲，正如加纳一位酋长所说："我认为，属于的这片土地的多数人已经死去，只有少数活着的人还在经营它。后面无数的主人还没有出生。这片土地为这样庞大的家族所有。"当然这个庞大的家族，不仅为本家族的人，也不只包括人类一个物种，还有更多的生物，以及其他土地上的人们和生物也有份，因为土地都是相互联系的。我们经营这块土地不能只想到自己，还有子孙万代及其他人和生物的共同利益。牧民们说："草场的私有将酿成悲剧。草原是大家共同的母亲，不能任由她的儿女们进行肢解。"游牧是对干旱草原的最佳适应，依据不同的环境，社会不断改进。游牧是动态的，很少有物质积累，牧民开放进取，容易接受新事物，没有沉重的物质和思想包袱，善于吸收新的先进科技和思想观念。现代社会的游牧创造了更光明的前景，现代社会也更需要游牧的草原陪伴。游牧与先进的社会文化、科技、美好的草原、牧民、牲畜共存。

有人认为草原只有私有才能避免公地悲剧，确保草原合理利用和保护，体现人权。事实证明，只有国家的法制，社会集体权利的加强和民主制度的实施，牧民的诚信，草原才能确保得到有效的保护。靠草场承包者个人顶不住强大的压力和金钱的诱惑，反而容易丢失。草场他用、转让必须经过全体牧民的协商，损失和利益均由全体牧民承担。游牧民的权利不是固定的财产权，而是移动权、游牧权，不是个体权，而是集体权、民族权。不仅是人权，还有畜权，草权和维护环境的权利。总之草原的保护要靠民族和集体。迁移的鸟兽都是成群的，游牧必须是集体行动，建立在牧民互助诚信的道德之上。草场分割到户的最大弊端就是让牧民自私自利，蚕食草原，毁灭民族。美国也曾主张将印第安人的公有地划给私人，让他们产生自私自利等于折断民族脊梁骨。由于遭到反对，未能实施。

（8）传承固有文化，发挥牧民的主人翁作用

还自由给牧民，让他们投入草原。现在上岁数的牧民提起大集体时还充满怀念之情。特别是人民公社前的初高级社时，认为是草原牧区最好的时候。生活水平不仅高于农民，甚至高于城市干部。一般青年人不愿进城工作。虽然游牧住蒙古包，没有房子，反而有到处是家的感觉。一般听不到牧民们相互争吵，好像从没有发愁的事情。他们没有多少私有财产，个人隐私也不保留，都是直来直去，和草原的路一样。对一些禁忌，牧民也不太在意，只有一条，就是不能说谎失信用。那时的草原就是自由、宽松、简单而放心。牧区的人爱串门，爱打听消息，对知识的获得比较上心。对有专长的人十分敬仰，特别是草原畜牧能手，如种畜场的"十大兽医"、白银库伦的"段气象"、东乌旗脑得克沁冬日布远近闻名。几乎每个生产队都有几个"能人"被大

家传颂。政府号召"千条万条，养好牲畜第一条"。经常召开经验交流会。那时大家崇拜的不是明星，而是劳模。因此民族文化、乡土知识得到了很好的保留和传承。为什么能够这样？因为牧民得到了真正的解放，获得发挥才能的自由。

现在牧民大不相同了，不仅牲畜，草场也划分到户经营。看起来自主权提升了，更自由了。不料草原牧区走了另一条彻底告别游牧，完全固定放牧的路。首先房子、棚圈、围栏、水井是必需的，国家还有补助。牧业税也免了，加上牲畜价格大幅度提升，当时草场还未退化，大部分牧民买了车盖了房很快富裕起来。可是没过十几年，由于固定放牧天然草原开始大面积退化，首先打草场和冬草场消失了，开始买草料过冬春。遇到天旱或牲畜降价买草料的费用越来越高，还有房子、棚圈、围栏、机械车辆的维修，这些资产设施倒成了负担。随着定居放牧时间的延长，牧民互助的缺失，由于收入负于支出而开始年年贷款度日，迫使牧民在已经退化的草场上再增加牲畜或开垦饲料地，形成恶性循环。牧民被拴在自家退化的草场上，盼着老天下雨、政府补贴、牲畜涨价、草料降价，盼着孩子毕业找到工作，还得给孩子在城里买楼娶媳妇。牧民一天从早忙到晚操不完的心。牧民说现在是给银行和二道贩子干活。看起来现在牧民财产、房产、地产多了倒成了奴隶，倒失去了自由。多年积累的传统知识继承不下去了，大部分用不上了。过去草原牧区一等财主有朋友，二等财主有智慧，最大的财富是草原。现在只剩下钱了。最大的财主看市场。而牧民永远处于市场的底层。草原分割不仅切断了野生动物、牲畜的联系，失去了草原的价值，牧民说也把我们的心分开了。草原上最远的距离，牧民说，是围栏铁丝网两边。草原畜牧业最大也是唯一的优势就是老天赐给的天然草原。天然草原脆弱多变，必须适度利用。适度利用最有效的方式就是移动，就是坚持游牧。草原的历史、文化、知识智慧都反映了这一特点。游牧的终止不仅破坏了草原，也宣告了草原历史文化智慧的传承成了无根之树。

（9）草原畜牧业的多样性、复杂性与政策的一刀切

放牧畜牧业的场所也就是草场，约占地球陆地的一半，跨越热带、亚热带、温带和寒带。从海边低地到世界屋脊，从森林到荒漠，从湿地到沙漠，可以说是世界上人类活动最复杂的生态系统。中国的草场可谓全世界历史利用最长久最复杂的。贾慎修把中国的草场类型划分成18类，下又分组、型。草场类型与植被不同，植被只是其中的一方面，还要考虑气候、地形、土壤及利用方式，把几大因子混合在一起，给分类系统造成混乱。一般的草场分类系统划分类、组、型三级。类主要指标为气候、植被型或亚型；组主要考虑地形、植被群系；型为最基本单位，土壤、植被群系4或群丛和利用方式。这样一来，必然造成极多的重复，仅羊草草原就重复十多次。全国草场图就会有几百甚至上千个图例，无法做图。有人反对用植被图、地形土壤图代替草场图，其实一些自然类型图就是为利用服务的。为了方便、明晰，完全可以把其他图改成草场图，依据地区大小、利用方式分别做图，不必统一图例。

内蒙古从东到西的干旱地区，从半干旱、干旱到极端干旱。由草甸草原、典型草原、荒漠草原、草原化荒漠、典型荒漠到极端荒漠。以阴山山脉为界，北部为中温型草原，南为暖温型草原和暖温型荒漠。美国大平原同样由于气候变化，由高草普列里、混合普列里、矮草普列里到荒漠的系列变化。地带性土壤也由暗栗钙土、栗钙土、棕钙土

到荒漠土。气候、地形、土壤及其他干扰因子形成不同的植被类型。它们之间有明显的区别。这些差异是难得的优势。通过相互比较能够准确判定各自的特点，凸显规律性，上升到理论，指导我们的工作。假如忽略这些差异，特别是地带性差异，就会成为犯错误的根源。

20世纪50年代，在苏联专家的倡导下，在内蒙古不同地带成立了5个草原试验站，后来还觉得数量不够。1979年中科院植物所在锡盟东部与克旗临近的白音锡勒牧场成立了草原定位研究站。30多年来取得了丰硕成果。限于定位站的性质，很多成果是在固定围栏内得到的。可是不知为何，派生出的很多著作不考虑草原时空多变的特点，不加说明地无限扩大。一些数据被生搬到大大超出了其代表的范围。如作为定位站本底调查的"锡林河流域植物区系"600多种维管植物，大部分存在于森林、草甸、沼泽和沙地，其中有乔木9种、47种灌木，中生植物占76%，这怎么能代表集中国典型草原生态系统、内蒙古草原呢？大家都晓得草原群落也就只有几种锦鸡儿灌木。就典型草原而言，锡盟东部原生的代表群系为大针茅草原，而西部就成了克氏针茅草原了。南部的暖温型典型草原区别更大，成了春季结实的本氏针茅草原。区系地理成分也主要由达乌里 —— 蒙古种，变成了亚洲中部种。白银锡勒定位站曾有人做过围栏内外啮齿动物对比调查。围栏内种类多于外面。就被人片面引用得出过度放牧造成啮齿动物多样性降低的结论。短时间的观察一下子成了规律。典型草原相应的土壤为栗钙土。这是在内蒙古草原多年研究的事实。可是在达里诺尔湖边的羊草草原土壤为沙质草甸土。这是由于土壤发育滞后于地上植被，时间还不到成熟阶段，总不能说羊草草原相应的土壤为草甸土吧。有人讲元朝在科尔沁开荒，对草原造成破坏。实际上在元朝的时候，气候处于温暖湿润期，科尔沁属阔叶林，相当现在的华北平原。元朝时克旗达里诺尔同样有发达的农业。因此说我国北方不仅从空间上在时间上也是多变的，不能把现代的结论扩大到几百年前。

内蒙古范围，从南向北跨越暖温、中温到寒温。从东到西跨越湿润、半湿润、半干旱、干旱到极端干旱，几乎跨越了全部水分生态系列，具有多个地带性植被类型。这是内蒙古的环境多样性优势。全面分析很有必要。下面就内蒙古中温型草原、暖温型草荒漠从东到西，在放牧由重到轻的演替规律做概括分析，供参考。

1）均以放牧适度利用范围最宽、最适宜。

2）草原植被放牧演替由轻到重，有趋同现象。趋同方向为荒漠化趋势。如东部的贝加尔针茅草原、大针茅草原、羊草草原，趋同于克氏针茅草原，逐次为糙隐子草、冷蒿、星毛委陵菜、小旋花、一年生草本群落。

3）放牧过度和禁牧两个极端造成生物多样性丧失为共同特点，多样性最丰富的为适度放牧阶段。草原地区放牧演替有从达乌里—蒙古种向亚洲中部种过渡最后为广布种的趋势。

4）东西两端，东部的草甸草原、西部的荒漠，特别是极端荒漠，较为稳定。中部半荒漠耐牧性最差，越易退化。

5）从东到西演替的梯度越来越少，东部的草甸草原往往为六级以上，西部的荒漠最多二级，最终为骆驼蓬和裸地。

6）东部的草甸草原及典型草原的系建群种优势种容易被替换，替换的物种多。如原贝加尔针茅逐次被羊草、大针茅、克氏针茅、糙隐子草、冷蒿、星毛委陵菜、一年生草本替换。因此演替的梯次多，不易退化。而半荒漠的克莱门茨针茅比较难被替换。而荒漠植被，如红沙、霸王、球果白刺、膜果麻黄荒漠，是大自然的最终选择，一旦失去就没什么替换的了，就不好恢复了。

7）在放牧退化演替的过程中，枯草的作用。东部的草甸草原、典型草原更明显。枯草本身也随之有梯度变化。当年挺立的枯草，完整的枯草层，枯草层盖度不足50%。枯草零星覆盖，枯草层消失。枯草层的消失表示草场已经趋于退化。而西部的半荒漠、荒漠，枯草不易留存。

8）放牧演替过程中，东部的草原土层较稳定。由于植被较密集、土壤较湿润、紧密，不易发生风蚀。西部的半荒漠、荒漠植被稀疏、干燥，易风蚀发生沙尘暴。大风引起土壤的搬运，带来植物种子的传播，对植被演替作用明显，增强了植被的不稳定性和不确定性。

9）东部草原不同畜种对放牧演替作用明显。如马的放牧半径大，而羊容易造成居民点、饮水点草场退化。由于羊随走随吃随排便，退化草场比较均匀，在没有围栏自由放牧的情况下更是这样。牛容易造成草场斑块化。马、牛、羊混放或轮流放牧可增加草场利用率，减轻草场压力。而西部荒漠放牧畜种选择性小，最适宜放骆驼。骆驼蹄子大而柔软，放牧半径大。至今还未曾发现因放牧骆驼造成大面积草场退化的实例。只放羊不放骆驼，往往造成高大灌木枯死。

其他的地带性差异还可以列举很多。

实际上每户的草场都不一样，牧民自己会安排。硬性推广，好事会变成坏事。如把额尔古纳的三河奶牛硬推广到半荒漠草原，建奶牛村，牧民都当肉牛卖了。

1）东部天然草原容易着火。火烧演替是研究植被动态的重要内容。而西部半荒漠、荒漠植被不容易起火。

2）从东到西，打草场从丰富、自己满足还有剩余出售，到没有天然打草场。

3）从东部枯草期主要靠天然草场放牧、冬季以雪代水利用无水草场，到荒漠草原以西，无稳定积雪，冬春舍饲。而阿拉善荒漠，虽无打草场，但由于荒漠灌木、半灌木冬季是活的，保存良好，骆驼、山羊不补饲或少补饲。

4）内蒙古普遍容易发生旱灾，而东部还可能发生雪灾。

5）北部中温型草原干旱寒冷、无霜期短，大面积火山台地不宜发展人工种植。南部暖温型草原，在水源充足的地方可以少量种植牧草。

6）东部森林草原地带湿润草高，较稳定。北部边境人口稀少，可以考虑划区轮牧。其他地区不宜推广。

7）在内蒙古东南部，水热条件好的半农半牧区，可以发展农牧结合、人工草地建设、家畜改良、舍饲经营。其他大部分地区不可行。

8）阿拉善放骆驼，贺兰山放山羊，可以人定居，牲畜放牧可以不跟群。阿拉善沙漠夏天骆驼可以放牧，而草原区沙地最好用做冬营地。

草原生态环境经营方式复杂多样，时空多变剧变，草原畜牧业的多样性复杂性高于农业、林业、渔业等各个行业，甚至高于它们的总和。牲畜又是能跑动有情感的动物，又增加了复杂性。

1）如锡林郭勒盟东乌旗满都，中温型草甸草原，大面积最好的放牧场和打草场。羊草草原为主，草场宽阔，产草量高，天然草场有剩余，无饲料地，可出售干草。各户草场大，不用租草场，多数户雇羊倌放羊，主人定居，羊群随羊倌住蒙古包在自家草场轮牧。不用借款，牧民多有存款。

2）太仆寺旗贡宝力格，中温型草甸草原，羊草草原为主。普遍轻至中度退化，草场人口多、牲畜多。无饲料地，有天然打草场，需购买草料过冬，各户草场合起来在嘎查范围内放牧。

3）白旗明安图镇郊区。中温型草甸草原。羊草草原的退化类型。克氏针茅、一年生蒿子、藜科植物。天然草场放牧场割草场不足。有公共草场。各户在自家围栏内放牧，购买草料过冬。多有贷款。

4）鄂尔多斯市鄂托克前旗北部察布。暖温型荒漠草原。原生为短花针茅草原。大都沙化为沙蒿群落。有大面积白刺滩地。在自家有限草场放牧。有饲料地。无天然打草场，舍饲时间较长，需大量购买草料，多有贷款，把希望寄托在多开饲料地上。

5）鄂尔多斯鄂托克旗，暖温型荒漠草原。原生植被短花针茅草原。无天然打草场，有饲料地。每年还需购买草料。自家草场划分7块，划区轮牧。临近居民点、围栏周边草场沙化。

6）额济纳旗。暖温型极端荒漠。天然荒漠宽阔，无天然打草场，无饲料地。人定居，自家草场放骆驼。不买草料。

7）呼盟陈旗哈登胡硕。中温型草甸草原，羊草草原为主。草场良好。冬贮草可自给，还可出售一部分。在自家草场放牧。各户草场分五块，四季放牧场和打草场。还有公共草场。草场划分成细条形放牧，不退化。

上述全国、省区、地区的草场分类系统和7个内蒙古的实例可以看出，全国草原牧区的复杂性和多样性。在东乌旗满都苏木范围内，就有7个植被型，134个群系。

侯学煜先生曾对我说，他刚给中央首长讲课回来。他讲课的主要内容是植物地理学，就以胡耀邦总书记号召全国采集种子帮助甘肃种草种树为例。胡书记坐在头排认真地做着笔记。他说植物地理学不仅是高校的课程，应普及全体干部。中国是全世界环境最复杂的国家，位于北方干旱区的新疆要比欧洲、美洲复杂，西藏更复杂，四川云贵就别提了，让领导和各级干部制定政策措施不能一刀切。侯先生就曾批评过内蒙古全都学乌审召，到处垒草库伦，也反对在草原上到处种树。我们在草原上到处飞播、造林、禁牧、禁伐，可能在某些地区某个时间段是可行的，到处推广就成了问题。以畜产品代替牲畜头数畜牧业的主张是英明的，但对于广大牧区就行不通。不仅是畜产品的价格不稳定，各地也不同。特别是质量不好甄别。再者，畜牧业的生态、文化价值还是以头数为主。所以说再好的政策措施，也有局限性，不能一刀切。中国人喜欢整齐划一，统一思想行动，便于领导，善于把复杂的事物概括出规律性，而不习惯在诸多看似一致的事物中发现不同点。目前中国更需要多样性思维，避免一刀切，尤其在复杂多样的草原畜牧业的经营上。美国的草原畜牧业、生态环境、历史文化并不比我国复杂多样，但在经营政策、措施等方面由各州说了算，避免了犯全国性大错误。内蒙古解放初期在全国轰轰烈烈阶级斗争、斗地主分田地浪潮的巨大冲击下，却执行了适合本地区实际的"不分不斗，不划阶级，牧主牧民两利，放牧自由"的特殊政策，获得成功。可是几十年后，在全国拨乱反正的大形势下，不顾本地区特点，而中央并未施加巨大压力，内蒙古领导却不顾很多干部牧民的不理解甚至反对，充当了与农村相同的在草原牧区分草场到户的急先锋，甚至比内地农村分田到户还彻底，从此走了下坡路。

12 对草原有关的几种理论或说法的探讨

12.1 平衡与非平衡和克莱门茨顶级群落学说

非平衡生态系统的理论指出，干旱区环境有三个特点：即生态可变性（Ecological variability），不可预知性（Unpredictability），高度的弹性恢复力（High resilience）（《非平衡、共有和地方性》，王晓毅等，2010年）。任何生态系统都是可变的，应改为生态易变性。干旱区草原、荒漠相对于森林、草甸简单、规律性强，容易判断，不可预知性欠妥。小针茅、多根葱只剩下根部，地上部分几乎看不到了，只要下场好雨，很快就恢复了。但是仔细观察，20世纪50年代兵团在呼伦贝尔草原开垦过的草原，虽然长势早已恢复，但植物的组成还能看出开垦过的痕迹。草原以草本为主，恢复到原来的高度、密度、产量比树林要快得多，但要恢复到原来的种群结构，特别是土壤动物微生物，生态系统的完全恢复，要比森林、草甸难。一般湿润地区形成一层表土要几百年，而干旱区时间更长。再者干旱区土壤容易风蚀搬运。所以说干旱区环境高度的弹性和恢复力，要看在哪方面，要看干扰破坏的程度，假如发生了严重的风蚀、水土流失，就很难恢复了。

还有人认为干旱频率和干燥程度标志着半平衡（半干旱）和非平衡（干旱）系统的分界（Coppok，1993）。草原就被认为是非平衡系统的一个例子，因为它有极端的季节性，牲畜对植物造成的影响很小，而牲畜的死亡率很大程度上取决于干旱季节的长度（Ellis&Smith，1988）。任何生态系统气候的影响都是决定性的，还取决于干扰的类别、性质和干扰强度，以及系统本身的抗干扰能力，按平衡非平衡划一条明确的界限很难做到。牲畜与其他因子共同对草场起作用，有时牲畜最关键，微不足道的微量元素，只要是急需的，起作用有时还是决定性的。牧民主要运用牲畜的头数、类别、放牧方式、寻找牲畜、牧草与其他生物和环境达到动态平衡。不能说牲畜的影响不大。

有人提出克莱门茨顶级学说是基于平衡理论的，它产生于降水充沛的北美草原，迅速成为世界各地草场管理的主流理论（Oughenou，2004）。上述论述表示，克莱门茨顶级学说基于平衡理论，不适合非平衡的干旱草原。而美洲的草原特别，属平衡系统。我们认为克莱门茨顶级学说适合地球各种生态系统，不同意把生态系统分成平衡和非平衡两类，把北美草原和其他草原以此分开更没必要。顶级群落早期来源包括 Hult（1887）、Warming（1890）等人的著作。影响最大的顶级群落学说来自 Clements（1916年，1926年，1936年）。这个学说最初说明，一个地区的全部演替都将聚为一个单一的稳定的成熟的植物群落，称顶级群落。这种顶级群落的特征只取决于气候。此说为单元顶级群落学说，即气候顶级。经过后人的发展，除了气候外，不同的地形、土壤因素也可以产生不同的稳定群落，叫次级顶级群落，或为多元顶级学说。气候顶级群落多为地带性植被，往往为植被型一级，如草原植被型、次顶级多为亚型、群系等，如羊草草原，大针茅草原。在一定区域内的平坦地带，即显域生境，反映的顶级群落就是地带性植物群落，如温带干旱、半干旱的锡林郭勒草原顶级群落为草原植被型。温带湿润的华北平原顶级群落为华北夏绿阔叶林。顶级群落确实存在，与当地气候相一致，在当地气候影响下植被趋同的结果。植被通过适应不同的干扰因子发生变化而偏离顶级发生演替，如火烧演替、放牧演替，形成多种类型。干扰加重，如重度放牧，这些草原类型又趋同为重度退化的一年生草本群落。干扰减轻植被慢慢恢复到原顶级群落，如贝加尔针茅草原放牧退化演变为贝加尔针茅草原 —— 羊草草原 —— 羊草 + 大针茅草原 —— 大针茅草原 —— 克氏针茅草原 —— 冷蒿 + 星毛委陵菜草原 —— 一年生草本群落。大针茅草原、羊草草原放牧退化演替梯度最后同样经过克氏针茅草原、冷蒿、星毛委陵菜阶段，最后到一年生草本群落，在重压下的趋同演替。不只是北美较湿润的草原，其他各种植被类型都发生各自不同的演替规律，一般越复杂多样，越接近顶级的群落类型，其演替梯度越复杂。如荒漠植被演替梯度只有二、三级。顶级群落学说的客观性、合理性反映了植被与气候环境的一致性，并且有广泛的实用性。这种演替梯度变化有始末正反之分，基准就是反映当地气候的顶级群落，各梯度反映干扰的强度及恢复的难度，还有发展的趋势。不存在顶级群落就无法确定在干扰下植被演替的位置和走向，人们要采取的措施也就无从下手。在首先确定本地区，此地环境的顶级群落的前提下，才能进一步探讨植被演替规律，判断草场状况。如在锡林浩特北部平坦草场发现克氏针茅＋冷蒿草原，有少量羊草、大针茅存在。首先确定本地的顶级群落为大针茅＋羊草＋杂类草的典型草原，其梯度应在轻度和适度之间。假如群落中羊草大针茅不存在，还有糙隐子草和星毛委陵菜，则为轻度退化类型。若把演替梯度分为5级的话，算4级。上述为2—3级。假如克氏针茅＋冷蒿群落出现在阿巴嘎旗至东苏的中间平坦草场上，由于本地区顶级群落就是克氏针茅草原，那就成了轻度利用，为2级了。

我们认识一个地区的植被，描述和制作植被图，是以各地的地带性植被顶级群落为主要单位的。如我国华北地区现在都是农田了，土地利用图无疑为农田。可是植被图就必须标示地带性植被顶级群落及其次生类型，即温带夏绿阔叶林。当初的克莱门茨顶级群落学说只是单元气候顶级，以后发展成多元顶级，现在仍在不断发展，逐渐成熟。随着美国大平原的疯狂开采，植被的演替普遍进行，孕育着顶级群落学说的发展和广发应用，称为动态生态学的里程碑。感谢尘暴的贡献。有人说它是错误的平衡理论的产物，对在草原上的应用提出质疑，实际上这一理论的应用还远远不够，至少在中国如此。我国官方草原退化指标及全国环境治理恢复标准体系，仍然以植物的高度、盖度、产草量为主的初级阶段。我国大部分草原管理者，包括一些官员专家，很少知道顶级群落，能够正确判定本地区顶级群落类型的寥寥无几。

12.2 关于人地关系论及和谐论

关于人地关系是地理学、生态学、社会学重要的研究课题，曾出现过人地关系决定论、相对论两大理论体系。还有适应论、相关论、可能论、人定论等。人地关系也就是人与环境的关系。环境因素有决定因素和相对因素，如氧气对人来说是决定性的，对一些厌氧生物就没那么重要。某些不起眼的微量元素，只要是急需的，就是决定性的。有的虽然不直接需要或有害，如狼对牲畜是有害的，但能控制有蹄类的数量使草原与食草动物保持平衡，就是很必要的了。所以牧民说，没有石头的地方不能盖房子，没有狼的地方不能放羊。所以上述各论除了人定论之外都没错，要看在何等尺度、何等情况、什么意图。万有引力学说表明，环境与环境，人与人，个体与个体，一切事物都是相关的，相互影响互为环境。只要存在，就有必要，都值得尊重。蒙古族先民认为万物有灵，相互转化，循环不息；而汉族先民认为人是用黄土捏成的。草原牧民没有捡东西的习惯，甚至贵重物品，好玩的奇石，也不会捡回家，都放在原处。从不动土。即使是药材，也只采地上部分，研粉冲服。即使住在河边也不浪费一滴水。鄂温克猎民和蒙古族牧民，最大的遗憾是多打了一个不该打的猎物，多养了一个不该养的牲畜。蒙古高原人口、牲畜、野生动物，在极不稳定的气候下，多年保持相对稳定。在蒙古族语言里，对环境从不用恶劣一词，都是赛汉（美好）白音（富裕），对野生动物鸟类也不用益害区分，甚至把它们作为家庭成员。这就是生态系统的观念。最好的人地关系论就是适应论、和谐论，而游牧就是人地关系和谐论的最好例证。

12.3 草原的市场化、产业化和生态化

有人将市场神秘化了，用市场带动经济发展。但是从来就没有公平的市场。市场是有钱人掌握的，以人的需要为本，但并非是为大众的需要，往往是少数有钱人的需要。因为他们可以让商人赚更多的钱。市场最需超前高消费，往往带来资源的枯竭，环境的污染。因此，资本主义社会常发生周期性经济危机，以至于用战争刺激消费，造成环境和人类社会的动荡。市场还是需要的，是人们物质交换的平台，游牧民族更需要市场交换。古代的很多战争，都是由于市场关闭引起的，蒙古帝国拓展了中西方交流的通道。市场要建立在平等互利的基础上，依据资源、环境、生产、需求有计划进行。本来政府可以运用提高补助、调节物价、缓解草原的灾害和不稳定的特点，可是目前羊价主要由市场控制，忽高忽低，加重了草原的不稳定性和削弱了抗灾能力。草原更需要市场，但不需要市场化，不需要加重草原不稳定性的市场。

12.4 草产业、沙产业是产业化还是生态化、人性化

所谓草产业是以我国北方大面积草原为基础，以种草收草开始，不搞粗放的放牧，要精心种草搞知识密集型加工。沙产业就是在不毛之地的戈壁沙漠搞农业生产。在草原承包到户经营基础上，建立农牧林约万人的小城镇，进行现代集约化工厂的流水式生产。

干旱高寒的草原荒漠沙漠高原的价值不在于提供粮食畜产品和矿藏，最大的价值在于保护了世界最大的脆弱带，孕育和保护了众多抗旱耐高寒古老特有珍稀生物，为人类做出重大贡献的游牧文化，还有犹太教、天主教、佛教、伊斯兰教等宗教。流出了几大河流，产生了几大文明古国。游

牧文化又把它们串联激活。人类的文化是干旱高寒文化，是世界走向现代文明的文化基础。草原、沙漠、荒漠、干旱高寒区，本来不适于种植，都变成农田、人工草地、人工林，不可能也没必要。沙漠中制造人工绿洲将带来更大面积的沙漠化，因为水是有限的。亚洲中部干旱区都变成绿洲，形不成与海洋的气压差，季风消失，水汽进不了大陆，我国华北地区将变干旱。在青藏高原隆起前，我国亚热带的大部分地区受亚热带高压控制，像如今世界其他亚热带一样，分布大面积沙漠。青藏高原的隆起造就了我国世界上最湿润最富足的亚热带。大自然就是这样安排的。

我国草原进行的牧民集中点、奶牛村、以前的国营农牧场、生产建设兵团，对草原进行农业改造由来已久，名目繁多的项目一个接一个，效仿西方和内地农区的做法，特别迷信现代科学技术、实验室试验地里的片面结论，而对传统文化几千年积累的传统知识不屑一顾，尽管屡屡失败还不吸取教训。他们的理想是把草原畜牧业、农业也变成像制造飞机汽车一样的工厂，进行集约化、机械化流水作业，把自由自在在草原上放牧的牧民和牲畜都进行机械化操作，一天天、一年年一生都千百次千万次在一个地方重复一个简单的动作，像没有知觉的机器零件一样。只为更高效地为大公司大财团牟取更多利润。这就是产业化的最终目的。恳求你们留下这一片属于现在和未来的蓝天白云，全体生灵自由的天然净土。

草原至少可分四个部分。一为地下土壤，土壤动物，地上动物的巢穴，昆虫的幼虫，地上植物的根系，种子库，土壤微生物。土壤为一个大的生物体，比地上物种更丰富，结构更复杂的活的系统。二为由多种植物组成的植物群落及它们的凋落物。三为由多种鸟兽、昆虫组成的动物系统。四为人畜组成的生产生活系统。四者都充满各种生物，共同组成更新变化的系统。这个系统还包括无机元素和空气。这个系统与周边进行物种和物质交换，组成更大的系统。人类只是这个系统有机部分千万物种的一个物种。从体重来说，也只有所有生物体的千百分之一。人类在这块土地上的历史也是短暂的。人作为一个物种本质上与其他物种没什么区别。人之所以能在这块土地上生存，是靠与其他物种的互助。人若正常地在这个系统中生存繁衍，也必须成为本系统的普通成员。生活的美好，要看人类对本系统对其他物种的贡献，而不是以人为中心，为短期的私利多吃多占。不能违背祖先的教导。我们怎能在干旱脆弱的草原、荒漠进行大规模开发，为自己生产千万斤粮食，而不顾其他呢？

13　草原生态学研究应该密切关注我国当前的实际

新中国成立初期为了全面学习苏联，由我国著名植物学家吴征镒带队去苏联考察。发现当时生态学专业（地植物）在国民经济中起重要作用。可是在我国当时只有个别国外回国的专家做过一些零星的植被调查。吴征镒建议在我国高校建立生态学专业，在地理学领域开设植物地理学课程。国家教委同意了建议，把筹建任务交给了北京大学教授、我国著名植物生理学家李继侗。李先生首先阅读了植物生态学及有关学科的资料，研究了学科的历史，在中科院和北大办了学习班。陈昌笃老师整理了李先生的讲稿和自己的笔记，出版了《植物地理学、植物生态学和地植物学的发展》的小册子，又创办了《生物生态学地植物学学刊》。李先生研究了生态学的历史，得出它最大特点是紧密联系实际。依据环境和经济发展生产需求的不同，主要分为三大学派，各有侧重，相互补充。中国地域辽阔环境复杂，应全面学习各国长处。首先在北京大学创建生态学（地植物学）专业，侧重中国北方，主要学习苏联学派，命名地植物学专业。南京大学面向亚热带，主要向英美动态生态学学习。复旦大学主攻热带，学习法瑞植物种群学派。复旦大学的生态学专业迁往云南大学。李先生不顾别人劝阻，毅然将地植物专业迁往内蒙古草原，认为草原更能接近生产实际，是生态学的温床。"决心把骨头埋在草原上的人请跟我走。"当时内蒙古大学还没盖好房子，李先生带领他的助教和两位研究生扎根在呼伦贝尔大草原，一边学习俄语翻译雅鲁申科的《植被学说原理》，一边考察实践。当看到大兴安岭剃光头式采伐时，气愤地说："林业部长应该枪毙。我们向大兴安岭要的不是木材，是水，是水！"当时兼任内大校长的乌兰夫问李先生："王震要在呼伦贝尔草原开荒怎么办？"李先生坚定地说，"草原没有荒地，都是草地，开荒破坏草原，坚决反对！"乌兰夫将牧区工作会议从呼和浩特搬到哈拉尔，会议内容就是禁止开荒。乌兰夫和王震在草原上对峙，后经毛主席决定，王震去新疆开荒去了。

　　1957年招第一届学生，头三年主要在草原上上课。李先生给生物系提出面向草原旁及农林的建系方针。由于内蒙古大学生态地植物专业一直坚持面向草原实际的正确路线，"文革"后在南京大学、云南大学生态专业先后衰落的情况下，内大生态专业却扩大了队伍，令全系老师没想到的是李博老师把我这个出了名的倒数第一的学生调回内大任教，就因为我在"文革"中放了十年羊。李先生对我说，你的任务最重要，带学生在草原上实习。我写下很厚的实习讲义，不料李先生在封面写下几个大字"让学生脱胎换骨！"意思是让学生通过在草原上实习，热爱草原投身草原。内大生物系"文革"后前几届毕业生在国内外做出了重要贡献，生物系先后有了三位院士。20世纪50年代，15位专家上书农业部，在内蒙古农牧学院成立了我国第一个草原专业。

1979年中科院植物所在锡盟草原建立了中国北方草原定位研究站，年年被评为中科院先进站。

吴征镒先生生前回答记者的提问说："我没什么贡献，只是把我的老师们（他特别提起李继侗）的事业继承和传下来给后一代。"李继侗、李博老师都先后离开了我们，都把骨头埋在了草原上，长出了新的牧草。我们怎样继承他们的事业，特别是他们联系实际的作风呢？摆在我们面前，如今的草原发生了巨大变化，草原退化沙化，沙尘暴势头越演越烈，对我们是挑战又是机遇。美国的黑风暴促生出克莱门茨顶极学说和动态生态学的确定。环境恶化污染被卡森抓住，《寂静的春天》使生态学成为最受社会关注的大众科学，引起了生态学的一场革新。中国20世纪末的沙尘暴，我们都错过了这个机会，只是机构、资金增加了，生态学本身并无大的进展。这个机会都被一些不学无术、投机分子抓住了，耗费了大量资金和人力。我们的很多院校科学家却把大部分精力放在全球变化、物质循环上去了，对于本国的环境变化，物质循环却漠不关心，忙于在封闭的排除一切干扰的实验室里，紧跟所谓的世界潮流，把文章发表在国外的刊物上，却忽略了草原这个大实验室的实实在在的实验，如大规模的禁牧、围栏、舍饲、划区轮牧这些千载难逢的大实验，它们给我们创造了这么好施展本领的机会。这些虽不易排除一些干扰因子，但都反映了客观现实，是出真成果的最佳场所。生态系统是生态学的基本原理，可是我们的一些科研却违反生态系统原则。搞草原的不过问牲畜，搞畜牧的不认识草，搞科研的不过问生产生活。我国生态学工作者的最大缺欠是对地理、地质、气候环境知识的不足。在生态实验站工作几十年的科研人员，对所在地方的经济发展生产生活状况一无所知，从不过问。他们说，我借贵方一块宝地。一些顶尖专家教授整天忙于项目经费，研究生统统称导师为老板，有的根本不下来。

目前我国关于草原问题大致分为两大观点，一是主要改变草原的落后面貌，运用先进的科学技术，发展集约化畜牧业。二是重视游牧文化的传承和牧民的意愿。奇怪的是正统的生态学家除个别人以外，都偏向前者，而社会学家多偏向后者。钱学森晚年非常担心中国缺少大家。他认为大家需要有广博的知识，顾全大局，高瞻远瞩。他特别强调文理结合，希望理科的要学习社会学。他认为理科学者学习文科比较容易些。其实社会学比物理、化学的难度不在以下。有人说把二者结合起来更难，其实相反，反而把难度降低了。因为很快把问题看得更全面更清楚了。如草原的价值，它不仅是畜牧业基地、生态屏障，还是游牧民的家园、游牧文化的摇篮。假如把文理分开，就不会做出多视角的正确评价，会犯顾此失彼的错误。苏联一位小麦育种专家，为了弄清小麦种子的来龙去脉，后来成了著名的中亚历史学家。草原研究更需要文理结合。假如缺少了草原生态学研究，就不好判断社会变动对环境的影响是好是坏。相反，没有深入的社会调查，就抓不住环境变化的人为原因，更谈不到切实可行的改进措施。草原发生的事，是生态问题也是社会问题。我们的生态学前辈，由于当时的草原没有出现大面积退化，社会比较平稳。我国的草原生态学正处在打基础找规律阶段，没能对社会有更大的关注，也没顾及历史文化。可是现在大不相同了，草原发生了前所未有的巨大改变。首先是政策引起经营方式和文化的变化，成为生态环境改变的根本原因。正如美国20世纪30年代的黑风暴，决不能赖天旱，是社会和文化原因，是让大平原干了它不该干的事情，过度开垦造成的。不关心社会不学习草原文化历史行吗？

蒙古高原有3000多年的游牧史，在辽河流域晚于农耕，相当于匈奴东胡时期，在金属马镫的发明、社会有严密组织之后。美洲有没有游牧文化呢？我想没有游牧传统的欧洲人，在没有牛羊、印第安人狩猎的大平原进行掠夺式放牧从欧洲带来的牲畜，不会有什么生态意识，也不会有人教他们怎样游牧保护草原。游牧是对干旱、高寒多变环境的积极适应，也是草原可持续利用而不退化的保障，是以草场公有共用、集体互助为保证。游牧是游牧文化的载体，游牧文化对世界做出了巨大贡献，游牧文化就是生态文化，为世界人类社会走向生态文明做出了榜样。游牧文化是最值得我们骄傲的文化传统，更是生态学工作者的宝贵财富。可惜的是我国的多数生态学家，对自己的文化传统从不过问。他们有人说，文化能数量化吗？能做模型吗？文化不就是唱歌跳舞吗？看来我们有的学者真得应该补习文化。

现代生态学起源于19世纪的欧洲。生态学是研究生物与环境关系的科学。研究范围从生物的个体、群落、生态系统到景观，从微观到宏观至整个地球，从植物、动物到人类社会。研究领域从理科到文科，涉及人类社会学、哲学，从科学院、大学到人民大众。实际上生态学的理念、理论和实践，贯穿着人类的产生和发展。生态学研究更深入、更广泛，与人类社会的关系更密切。有人讲，生态学已经跨越出一门科学，成为人类社会走向最高理想的生态文明社会的指路灯。这样讲，生态学的产生历史就得重新编写，而不限于公开发表的文献。中国是有十几亿人口的古老大国，生态学积累及其雄厚，可是我国目前主流的生态学主要是来自欧美的那一点儿。可以说，庄子的《道德经》是我国最早的生态学论著。而草原生态学更广泛存在于牧民的生产生活当中。他们的谚语、诗歌、歌曲、史诗、传说、故事，生态学内容极其丰富。蒙古族就是生态民族。中国的生态学应该有别于西方，更具历史性、社会性，更具文化色彩。草原生态学是典型代表。我们老一辈生态学创始者没能意识到建立中国特色生态学派的必要性。这一神圣使命落到了我们和下一辈人的手中。建立我国的草原文化生态学，那就必须深入草原实际，到大草原去，到牧民中去。

一位老牧民的家中有多少只羊，一时说不清楚，但300多只羊每只羊的名字都能叫出来。以畜产品价值代替牲畜头数计量畜牧业，可谓很好的建议，可是牧民说：我家有5口人，不能说我家有500斤肉吧。牧民把牲畜当成家人了。草原的精神产出不能用毛、肉计算。一位学者发现学生做的羊草草原样条，隔十几米就有一条羊草长得特别好的条带，于是大做文章。实际上是搂草机把打下的羊草搂成垄、堆成垛剩下的干草腐烂造成的。国家草场健康评价标准，把几十种影响因子做数学公式进行评价，看来比较合理，可是一旦发生严重的水土流失，其他因子又有何用。就如一个人到癌症晚期，耳目腿脚再好，总分再高，又有何用？为了排除干扰，所有实验都在围栏内进行，有的甚至把以前的牲畜粪便都拾干净。为了排除主观因素，闭着眼睛选样方地点，利用人海战术在草原上平推做上千个样方。有人凭想象或出于其他目的说我国北方的沙尘暴主要来自蒙古国。有的仅凭遥感影像判断说，蒙古国草场退化比我国严重。其实这位遥感博士根本不知道什么是草场退化。今年7月28日，西苏旗刮了一场强沙尘暴，有人讲来自蒙古国。我们沿着沙尘暴来的地方做地面调查和走访，发现赛罕以北草场严重退化沙化，有的地方草根被风吹露出地面10厘米，有的被沙埋住，牧民用铲车清理房后的沙子。靠近中蒙边界两侧特别是蒙古国一方，植被明显良好，没有起沙尘的可能。牧民和边防战士对那场沙尘暴反映并不强烈，说只是风较大。说明此场沙尘暴风来自蒙古国，沙尘产自我国境内。有人发表草原植被的论文，照片却属盐化草甸。有的反映羊草草原的文章却是在大针茅草原上做的调查。药用植物资源普查，按经纬度等距离取样进行计算，其实药用植物的分布规律并不是均匀分散的。有的用临时工取样，说是排除主观性。过分相信数量化而不深究原因，在没有定性的情况下大做数字文章，不是为了弄清问题进而解决问题，只是为了发表文章。抄袭、作假屡屡发生。发表的文章把试验地都盖满了，结果这块试验地都没有保住，照样退化了。

建立我国的草原文化生态学。这个草原文化生态学，并非完全照搬西方和国内农业的教条，而是吸取它们的可取之处。以我国几大草原牧区的实际情况，以我国天然草原的生态环境为基础，以当地民族历史文化、牧民大众的实际经验为基础，密切联系当地当前草原出现的问题为方针。生态学应该是综合的、生态环境与社会情况相结合的、文理结合的、具有人文精神的有情科学。体现生态系统动态循环和谐多样宽容适中的理念，以喜闻乐见的多种形式的大众科学充分体现我国草原的天然性、多样性，体现民族历史文化、本土传统知识的丰富多彩。建立我国的草原文化生态学，为草地经营的发展，为生态学做出贡献。若搞得好的话，还不止如此。

访谈录

郑宏问：发生在美国大平原的尘暴的直接原因是天气干旱、大风和被开垦而暴露的土地。那么，发生在内蒙古草原的沙尘暴的主要原因是什么？

刘书润答：尘暴多发生在干旱、半干旱、多风、植被退化沙化的春季，古今都曾发生过。虽然是自然现象，但是环境的人为破坏可诱发和增加尘暴发生的频率和强度。中美尘暴发生的原因类似，但也存在一定差异。美国20世纪初的西部大开发，在政府政策的推动下对大平原进行大规模掠夺性开垦，是导致20世纪30年代发生大面积尘暴（"黑风暴"）的主要原因。内蒙古近代频繁的尘暴发生在20世纪八九十年代，草场实行承包到户经营和定居放牧，彻底告别了几千年传承的游牧之后。随着固定放牧时间的延长，以定居点为中心的草场退化面积逐渐加大，退化程度逐渐加重，尘暴不可避免。因为，任何草场，即使是最好的草场，也经不起牲畜四季放牧而不退化。2015年7月28日，西苏旗赛罕塔拉附近及北部地区，发生了罕见的夏季沙尘暴，吹垮了正在举行的那达慕大会。经追踪调查发现，此次沙尘暴的风来自北部的蒙古国。可是据在中蒙边界的牧民和边防战士反映，那天风很大，但是没有多少沙尘。这里的草场植被保持完好，尤其是蒙古国一方。在沙尘最严重的赛罕塔拉那达慕会场附近的一户牧民的草场原生植物所剩无几，许多牧草都露出了根部。被沙尘掩埋的房屋刚用铲车清理完。可以证明，风虽然来自蒙古国，但是并未带来沙尘。扬起的沙尘出自我们没有植被覆盖的退化草场。蒙古国的草场不退化的原因是，仍然保持四季游牧。

问：美国大平原尘暴的重要教训是把湿润地区的种植模式不适当地搬到干旱地区。中国内蒙古草原出现生态问题、发生沙尘暴是否也与不适当照搬其他地区的发展模式有关？是否受到一些不可跨越的自然因素的制约？

答：我们将主要依靠降水、没有积水、地势平坦、靠大气候维持的地面称为显域性生境或地带性生境。干旱区显域性生境蒸发量大于降水量，是干旱缺水状态。多年生植物可以靠植物的根、茎、叶度过严寒的冬季。一年生草本当年的根、茎、叶死亡，营养被储存在种子里以完成生命的延续。因此，真正耐旱的植物为多年生植物。一年生植物多是机会主义者，借助降水迅速生长、结实。在草原上一般为伴生种或先锋植物。有蹄类动物虽然可以连茎、叶、花、果一起吃，但是采食最多的是茎和叶。因此，草原、荒漠可以养活大量食草动物和牲畜。人类的主要食物为植物的果实和种子，大都为一年生草本，如小麦、稻子、玉米、黄豆等。人类最初的粮食作物，如谷子、糜黍都是偏旱的。为了高产，必须施加水肥。如今的粮食作物大都成了中生的了。中生植物，即使在湿润地区，为了获得高产，在干旱和关键时期也需要补充水分。而在干旱环境下，必须经常浇水以保持中生环境，才能获得高产。现代农业必须越来越多地施加能量和物质，特别是水分，造成水源枯竭、环境恶化，结果得不偿失。干旱区的农业尤为如此。

经过多年的实践，在我国大致以年降雨400毫米作为半干旱和湿润区的分界线，即农耕和游牧的分界线。此线并非是一条永恒的降雨量的直线，而是一条南北摇摆的宽带，成为过渡的农牧交错带。这就是大自然的安排。它制约着人类的活动。远在温暖湿润的元朝，克什克腾旗达里诺尔周边沙地分布着森林，人们从事农耕。丘处机曾有过描述。到了明朝，周边变成了草原，以游牧为主，原因是明清小冰期到来，气候过渡到了干旱期。

问：与美国大平原上的农业垦殖做比较，内蒙古草原放牧生态系统有什么特点？如今出现了哪些生态问题？

答：美国草原与中国内蒙古草原同为温带草原，但是美国草原的水分、热量和生产力都比较高。在我国的环境下，美国的高草草原就很可能不属于草原植被了。由于有20年左右周期性的干旱期，仍然以草原为主。内蒙古草原可谓是世界温带草原的典型代表：水热不足，环境多变、易变。依靠着历史悠久的游牧文化的传承，几千年来内蒙古草原仍然保持原生状态。游牧文化是内蒙古草原的保护神。而美国草原的原住民原来一直在狩猎。畜牧业是欧洲殖民者带过来的，根本谈不上游牧文化的传承。内蒙古草原与牲畜，与游牧文化有着几千年的密切的关系。干旱草原荒漠是地球十分脆弱的生态系统，容易退化，退化程度明显，必须适度利用。要做到适度，就必须进行游牧。定居放牧就会出现利用不均。定居点必然出现过度践踏和过度采食，远离定居点则会出现利用不足。过度和不足都会导致退化和老化。久而久之，定居点附近就会出现逐渐扩大的裸地。原生植被消失，为本地旱生一年生草本的繁殖腾出了地盘。一年生草本在雨后迅猛生长，大量消耗营养和水分，而且自身还不稳定，在干旱和枯草期，草场又恢复成裸地，成为沙尘源，加剧了草场的恶化。以前一年生草本群落片段只分布在撂荒地和路边，如今大面积地分布在天然草场上。无疑，这是内蒙古草原严重退化的表现。内蒙古草场退化面积仍在扩大，退化程度不断加重，而且表现形式多种多样，除一年生草本蔓延外，优良牧草减少，害草增加，老化、单纯的两层结构大面积分布，最终导致多样性丧失，牧区贫困，人畜健康水平下降，疫病、缺素症发病率上升。这就是草原大面积退化的必然结果。

问：目前草原生态状况的趋势是什么？是好转还是恶化？依据是什么？需要哪些新的判断和生态系统指标？

答：有人说近年来草原环境有所好转，沙尘暴减轻了。可是牧民说，近年来影响面积大的尘暴是少了，但是发生在局部地区的沙尘暴反而多了。有人讲细微的尘土刮得差不多了，留下较粗的沙土刮不到天上。据了解，现在草原上的沙子短距离移动有所加强。有些牧民专门购买了铲车，随时准备着把房子从沙子里挖出来。这几年不仅春季，冬季还刮起由雪和土混合而成的泥暴。2015年7月28日，正值盛夏，一场沙尘暴吹垮了那达慕会场，造成1人死亡。气象部门讲，现在空气上下对流的风增加了，原因是地面裸露，容易受热。据内蒙古草原勘测院调查，现在内蒙古草场面积7880万公顷，比20世纪60年代综考会调查时减少了1000万公顷。2010年全区平均亩产干草87.1斤。较高的呼伦贝尔市180.36斤。锡林郭勒草原92.6斤。鄂尔多斯100斤。1963年锡林郭勒盟白音锡勒牧场（原锡盟种畜场）贝加尔针茅草原亩产干草276斤。大针茅草原255.5斤。最低的冷蒿草原100斤。全场平均198斤。敖包图分场平均亩产干草253斤。沃森吐鲁205斤。最低的锡尔塔拉分场147.6斤。草场类型的变化更加明显。1963年锡盟白音锡勒牧场（原锡盟种畜场）最好的干草草原面积占全场草场面积46%。针茅占12.9%。现在恐怕倒过来了。多年打储草唯一的选择是羊草草原。

因此说，打草就是指打羊草。现在打下的针茅也算是好草了。2015年
呼伦贝尔市规定亩产60斤以下不许打草。以前最低的打草场亩产干算
也得在200斤以上。锡林浩特与克旗交界处，1963年线叶菊草原1m²
有维管植物44种。羊草草原1m²有维管植物32种。西苏旗克莱门茨
针茅草原1997年以前1m²平均16.33种。现在有10种以上就不错了。
个别地区，如东乌旗满都，还能见到每平方米有30多种维管植物的草
原。2015年锡盟灰腾梁野生植物园草原每平方米有34种，说明物种
大量减少的原因并不是气候干旱。在以前，我国内蒙古草原和现在的
蒙古国，枯草层都被当作草场变化的指标。现在枯草层基本上消失了。
相反，在一些多年禁牧的草场，枯草可达每平方米500克。20世纪90
年代前，草原冬季照常放牧，进入21世纪后，就基本上依靠买草料舍
饲过冬了。买草料的支出越来越高，有时在干旱的冬季也得喂料。购
买草料成了牧民最大的支出。这说明廉价的天然草场不够吃了，退化
了。以前的草原有几百种草供牲畜采食，各种营养都有。现在只能在
自家越来越退化的草场放牧，异食症、缺素症普遍发生。牲畜不吃草，
而是互相吃身上的毛。老牧民都能随便举出几种已经消失的生物，如
狼、黄羊、鸟类和一些植物。至于土壤动物、微生物和整体生态系统的
破坏，谁也说不清楚。生物多样性的丧失是最本质的退化。多样性的
恢复非常缓慢，有时很难恢复到原来程度。

为什么目前对草场状况的判断出现相反结果？排除人为主观因
素，那就是我们制定的标准有问题。大多数情况下，采用植物的高
度、盖度和一次剪割的产草量评估草场状况。这些数据容易采集，但
是，判断草场状况主要取决当年的降雨量。严重退化的一年生草本在
雨后长势迅猛，各项指标反而超过原生植被，处在生长期的草原更显

绿色，使用遥感很容易发生误判。应该用原生植被替换程度作为主要的退化指标。然而，不同地带、生境和群落类型差异很大。草甸草原地带植物退化、演化的梯度多而复杂。例如，贝加尔针茅草原要经过羊草、大针茅、克氏针茅、小白蒿、星毛委陵菜等梯度，经过多重植物的替代，直到克氏针茅群落才进入退化阶段。而同为克氏针茅草原在典型草原西部就属于原生植被了。荒漠草原顶多经过三个梯度就到了严重退化的小旋花或骆驼蓬群落了。所以说，不能用一个统一的指标来估算草场退化导致的一系列环境生物变化，应该做综合分析判定，比如土壤、牲畜状况等。地上维管植物有指示作用，容易判定。当地牧民经常观察什么草没了或是哪种草多了，表明草场退化了。他们心中有数，一看便知。这样简单易行的方法，对于我们的草原干部来说，为什么行不通呢？因为他们对本地区草场、牧草和牲畜的情况知之甚少。他们认不得几种草，至于每一种草的性质就更不知道了。进行草场评估时，丝毫不考虑草的种类，只是随便测量一下高度、盖度，再剪上1平方米草称重了事。实际上，他们监测的是当年老天爷下了多少雨。

问：大平原的尘暴产生了克莱门茨植被演替理论。这一理论主要针对当时大平原出现的什么重要问题？如今内蒙古草原退化带来哪些新的问题？克莱门茨理论需要哪些新的发展？

答：克莱门茨顶级学说具有很重要的理论和实践价值。顶级学说是"生物与环境统一"这个生态学基本原理的体现。开始，克莱门茨阐述了植被与气候的关系：在一定的气候条件下，总有一个最稳定的群落与其相适应。最初为单元顶级学说（又称气候顶级学说），后又发展为多元顶级学说。多元顶级学说考虑地形、土壤、人为因素对大气候的水热等因子的再分配。例如，山地阴坡湿润而阳坡干燥，海拔高的地方较寒冷等，都有不同的顶级群落相对应。此外还有前顶级、后顶级、偏途顶级等，以及顺行演替、逆行演替。单元顶级与多元顶级并不矛盾，都是植被适应环境的结果。单元顶级考虑大气候，多元顶级重点考虑在大气候下地形、地物、基质、土壤、人为活动、生物引起的环境变化。有人说顶级学说产生于美国大平原较湿润、较稳定的平衡生态系统，不适用更加干旱多变非平衡的生态系统的草原荒漠。实际上，地球凡是有植被的地方，都有与气候相对应的顶级群落。在环境及其他因素的影响下，都在不停地演替，向与气候环境一致的方向靠拢。顶级学说和动态演替规律是我们了解植被的一把钥匙，特别是在干旱草原，在内蒙古草原牧区，判断群落顶级和演替规律是衡量每位草原工作者认识草原程度的重要标尺，是对草原进行诊断前必须首先确定的内容。如2015年河北省北部农区康保县的撂荒地承担了环境修复项目，目前为多年开垦的撂荒地成了一年生蒿子为主的植被。首先确定此地为半干旱的典型草原地带，顶级群落为大针茅草原。环境恢复首先考虑恢复草原。种树就属于再造生态系统。呼伦贝尔陈旗的一片草原鲜花盛开，有兰盆花、麻花头、地榆、飞燕草、射干鸢尾等，下面是白头翁、隐子草、日阴菅，看上去十分鲜艳，惹人喜爱。但是牧民说，这是年年打草造成的，羊草都快没了。首先确定其顶级群落为羊草丰富杂类的草甸草原，现处于割草演替的一个阶段，属中度退化。草原地带环境极端、脆弱，顶级群落演替规律明显且规律性强，容易判断，是应用动态演替、顶级群落理论为草原诊断发挥作用的最佳场所。如今，内蒙古草原干扰因子较以往和国外更加复杂，如大规模长期禁牧、集中养殖、建设奶牛村、设立围栏、开矿、乱挖奇石、搂发菜、浅耕翻、飞播等。草原偏离顶级，进行逆向演替、恢复演替，促使顶级学说向更多元的方向发展。就内蒙古草原荒漠顶级群落而言，多元顶级可以列举出80多个。演替类型如放牧类型中的单种牲畜和多种牲畜，羊与牛、羊与骆驼、羊与马的混牧演替、定牧演替、游牧演替、沙化演替、盐化演替、割草演替、火烧演替撂荒地演替等。内蒙古地带性植被草原与荒漠有9个不同的地带：中温型草甸草原带、中温型典型草原带、中温型荒漠草原带、暖温型草甸草原带、暖温型荒漠草原带、暖温型草原化荒漠带、暖温型典型荒漠带、暖温型极端荒漠带。每个地带都存在着多个顶级群落。同一种演替在不同地带表现形式各异，大大地丰富了植被动态的内容，促进了生态学的发展。

制・度・篇

文＼额尔敦布和

引言

　　这里所说的放牧制度并非指放牧人选择什么样放牧场、何时出牧、何时收牧、放牧时要采取何种方式等诸如此类具体生产工艺和技术层面上固化的操作规程类制度安排，而是指社会经济制度层面上基于其传统文化的牧业社会之经济制度或者叫经营体制。

　　中国内蒙古牧区和美国大平原都出现沙尘暴现象的对比研究中，就其社会经济制度作为一个研究视角自然有其重要意义。处在不同地理位置和不同社会背景下的中国内蒙古牧区和美国大平原居然发生同样的沙尘暴这样相同问题，以他们社会经济制度作为一个视角去探索表象背后的机理，的确颇有益处。特别是当内蒙古牧区草原出现沙尘暴后人们千方百计地寻求出路之际，又有人极力误导内蒙古牧区应该照搬美国式的"现代化"的时候，能从制度对比中揭示出这一主张行不通的缘由所在是很能令人感兴趣的事情。

　　诚然，我们没有机会公款旅游到美国或去美国"考察"大平原，更没有条件到美国土著人家里去一起喝酒、照相或接触互动，我们赖以研究的资料少之又少，所以不敢说我们的研究没有局限性。然而，我们一直力求研究思路不能有悖于事物发展正常逻辑和内蒙古牧区的实际情况，因而特别注意避免犯下那种眼花缭乱的大标题下内容自相矛盾的简单逻辑错误。

　　中国内蒙古牧区草原严重退化和包括沙尘暴在内的环境恶化是近三五十年的事，那么之前的历史长河中草原为什么不这样，为何千百年来的长久游牧状态下草原居然被保存完好地交给了我们这一代人手中，而近数十年采用各种"先进方法、技术和制度"后草原却变成这个样子了呢？答案也许就在制度研究中得出的结论中吧。长久以来能够可持续的，恐怕无法说它是落后的；而数十年的短暂期间即可无法持续的，何以认定它为先进呢？

而预设为效仿榜样的大洋彼岸"西部大平原"，有人认可其文化是归入牧业文化里的所谓"牛仔文化"。可是事实上它却是强制毁灭北美本土土著文化基础上强力移植过来的外来（欧洲）殖民文化。它以殖民者的私利为核心、对自然环境与土著人的掠夺为特征，制定出来的宅地法等土地制度其本质就是掠夺本土土著人土地的法律制度。而后的演变进程证实：在这样土地制度下的土地所有人或经营者统统都唯利是图，当牛羊肉能卖个好价钱时经营"牧畜王国"，疯狂掠夺土地，超载养畜；当矿产和种植业更有利可图时，经营者便毫不犹豫地抛弃牧业、开矿建城或引进种植业。正因为如此经营，才最终不可避免地导致了震惊世界各国的美国"尘暴"。

本书的制度对比研究中，读者或许将能看到可持续的和不可持续的两种前景，应该如何选择？ 这问题就交由诸位来抉择答案了。

尘暴与制度变迁

内蒙古牧区数十年的制度变迁以及政策实施实践表明：每当实行一项政策措施，包括经济、政治、技术政策，如果能同当地文化相契合，就能成功；如果与当地文化相违忤，肯定就要受挫折甚至失败。

中国和美国草原地区施行的制度比较，这个话题很有意思，因为两个国家的差异相当大，却又面对很多相似的问题，比如土地的主权、所有权，草场适宜的经营方式、制度和组织结构，甚至是生态恶化及国家的生态补偿等。这些问题的核心则聚焦在土地制度和经营模式上。今天，当我们要对比中国和美国有关草原制度的时候，重新回顾和反思我们近百年来走过的历史过程尤显重要。

美国的土地制度，从欧洲殖民主义者到北美以后，一开始完全是通过把当地原住民用枪炮赶出他们的家园掠夺和霸占其土地，之后利欲熏心的殖民者又将欧洲式的私有制强加于此来管理这片土地的。可见，美国的土地制度是源于"外来"之制度。殖民主义者到来之前，这里的原住民印第安人并非没有自己的土地管理制度，而是有他们自己族群内共有的独特的土地所有制及管理办法。可见，美国的土地制度并不是当地"原生态"社会制度自然演进和发展的结果，而是外来强权强加给这里的产物。自从自我标榜为文明和先进的殖民主义者把欧洲式的土地私有制强加给这里，美国大平原的这块土地就彻底失去了当地原住民原有的土地管理"原生态"制度的保护，而处于一种完全没有抗拒、无序和任凭宰割下土地被迫成为殖民者榨取利益之工具的状态。

事实上，殖民者入侵时原住居民印第安人的经济实力、防卫能力或者说武力与外来殖民者相比完全处于绝对劣势，在具有资本主义工业萌芽的强势殖民主义面前，实难抵御。特别是这种强势的殖民主义当时是在民主和法制的名义下进入的。当然，这是一种狭隘的民主和法制。以至于与之配套的《宅地法》，本质上就是把人家的地方抢过来，占有五年之后进行"登记"，就冠冕堂皇地归属于殖民者的了，连买都不算，是彻头彻尾地抢。这种夺过来的土地，被当作牧场养牛，只是纯粹为了利益，赚得利润。有了好的效益以后，包括英国旅行者，马上就引进大量英格兰、苏格兰、爱尔兰的资本，投进去买地和扩张。后来牧业繁荣一段时间后逐步萧条，紧接着农业乘虚进入了大平原。这还不是大资本家引入巨额资本进行的新一轮盈利的赌博，而是大多数属于为养家糊口进入草原进行开垦的普通贫民所为，随着岁月的流逝这些被开垦的场所逐渐成为农场。之后，过度开垦造成荒漠化，逐渐扩大，形成了沙尘暴。

内蒙古的情况是，从自治区成立时到现在的几十年间，先后经历了最初全部草原归民族公有，到我国第一部宪法颁布后成为国有，后来又通过立法形式将其大部分草原归集体所有，再以后把所有草原承包给单家独户经营使用；与此同时，固有的传统游牧生产经验被逐步舍弃，组织结构经历了从有意识地强化集体合作到强调依赖个人私利去推动的单家独户经营等等多方面的演变。由此，各种生态和社会经济方面的种种问题和挑战也逐渐凸显出来。

1 从古代到新中国成立之前的草原制度

当前内蒙古绝大部分（除少量属于国有以外）草原属于集体所有，承包到户经营。历史上在蒙古帝国之前，蒙古高原草场的所有权有两种说法。一种认为，早在蒙古帝国之前的匈奴甚至再之前的戎狄，已经有了草地私有的情况。如我国知名蒙古史学家陶克涛先生认为，古代蒙古高原草原归白音（富人）所有。那时候的富人又是领主又是头领，他们对土地有最终的所有权。究竟其进一步的史料文献依据是什么，究竟这块地归属于富人之后是怎么被利用的，这些都没有详述。

另一种观点，外国专家中有许多人认为，蒙古帝国及其之前，整个蒙古高原嫩秃黑（草原）归氏族共有。不是私有，是共有。比如，日本的后藤，俄罗斯的弗拉基米尔佐夫等就是这样看的。这一点我们很赞同，依据有以下几条：

第一，蒙古帝国以后的史料主要是看《蒙古秘史》。《蒙古秘史》既不是文学作品也不是如《史记》那样的史书，但它同样具有史料价值，它是用其他民族的文字记录下来的蒙古帝国黄金家族的历史，所以叫作秘史。其中讲到，铁木真（尚未称可汗之前的成吉思汗）少年时期为了摆脱生活困境和寻找朋友等原因，经常来往或游居于客鲁涟河（今克鲁伦河）和斡难河（今称鄂嫩河）之间相距上千里的广袤地域内。这说明什么呢？说明当时土地不是私有的。如果是私有的，就不会这么自由地移动。

第二，《蒙古秘史》记录，窝阔台皇帝反思自己的错误，首要一条就是，说自己为了搞清楚行政区域之间的界限，做了一些行政区域间的隔离带。具体障碍物究竟用什么做的并没有详细记录，很可能并不是单一材料，或包括堤坝围墙等。他认为的错误就是，这种地界隔离带阻挡了动物（包括家畜）迁徙，还阻止了兄弟国之间的联系。这是被当作皇帝自己的错误来记载的。可见，当时并不存在不可逾越的属于私有的草原界线，把皇帝建立的作为行政区域之间界线的障碍物视为是错误的产物，说明当时的土地还是一定范围内的人们所共有的。

第三，几百年来延续下来的，草原文化和乡规民俗中，老百姓一代代传承下来的观念中，就从来没有把草原看成具有不可逾越界限的、归属于某个私人所有的地块。这种观念是根深蒂固的。可以想见，正是人们共有草原的社会"存在"才使人们有了上述社会"意识"。

第四，千百年来，蒙古高原一直存在着长距离的游牧生产方式。当然，不同地域的游牧距离有所不同，最常见的是几十千米到数百千米之遥。这样远距离的游牧活动，在草原被分割成不同个人私有状态下是绝不可能实现的。

根据以上几点，有理由认为蒙古帝国时期以来一直都延续了草场民族公有的制度，即便到了清代采取八旗制，其核心也不是为了分地块，而是为了达到能够分而治之的政治目的。规定这个旗的人不能随便到另一个旗去，在旗内还是可以游牧的。八旗制度更多还是着眼于"行政权"而非当下意义的"产权"制度中强调的使用权和经营权。清末，一些地方官曾经出卖过草原和土地。他们之所以能出卖，靠的就是行政权力，有点越权批准的意思，行使的也仍然是行政权而非使用权或经营权。民国时期，基本延续了清末的格局，一方面承认了蒙古地方公有土地，另一方面各地方长官有一定的支配权和处置权，它不是法律条文上规定的，而是实施行政权过程中自然实施的。

在这儿必须要强调的是主权、行政权、产权和经营权的不同。可以理解为，每一个国家都有主权，主权是最高权力，在封建集权的王朝里，主权用皇权来体现。普天之下莫非王土，就是主权具体到某块土地上的行政权的概念，而不是产权。同时，封建集权的王朝里，对微观上的具体土地所有权还是认可和尊重的，只是最终说了算的还是皇权，也就是主权。主权（皇权）可以否定你的私有权。比如当前为公共利益征收土地的行为，就是通过行政权来行使主权，制约所有权的体现。二者相辅相成，行政权和主权也不能毫无节制地无限扩大，所以现代"为公共利益征收"集体土地时，制定了不同面积大小的土地有不同级别的行政机关批准的限制性规定。

主权和所有权之间必须相互补充和制约，应该是主权制约下的所有权。法律上已经确定的所有权，主权应该维护而不是主动去推翻。但具体到牧民们的生产生活层面，真正起作用的是经营权，这一点在当时并没有明确界定，游牧能一直大范围、无界限地存在就是最好的证明。

2 自治区成立后到互助组（民族公有的草原所有权制度）

1947年5月1日，内蒙古自治区成立。当时正值解放战争刚刚打响不久，气焰嚣张的胡宗南气势汹汹地以数十万兵力大举进攻延安，中共中央从延安转移出来，暂时无暇顾及更多其他事务的时刻。曾在延安接受中共中央培养教育的蒙古族共产党员乌兰夫同志奉中央指令回内蒙古搞自治运动。内蒙古自治政府成立后的施政纲领里宣布，"要保护蒙古民族土地总有权的完整性""保护自治区域内其他民族之土地现有权利"。其意思是，内蒙古土地的所有权，在国家主权框架下归蒙古民族公有，其他民族当下使用的土地维持原状。

第二年，也就是1948年7月，乌兰夫在一次会议报告上说，内蒙古草原牧区，搞民主改革跟农区不同，我们要实施的是"三不两利"的政策，即"不分不斗不划阶级，牧主牧工两利"，在牧区民主改革中，第一条就是要废除封建特权，宣布"内蒙古境内土地为蒙古民族公有"。我认为，"蒙古民族公有"这句话非常关键，这也为后来内蒙古地区草原的绝大部分从法律意义上被确认为集体所有奠定了社会历史基础。后来中国《草原法》颁布后内蒙古草原的绝大部分法律上确认为牧民集体所有而其他省区草原却都定为国有、没有被确认集体所有的原因，与那些省区从来就没有过像内蒙古这样的社会经济历史不无关系。

说到"三不"里的不分，这主要指"不分富裕户的财产"。因为农区土改斗争矛头指向地主阶级，施行分掉他们的浮财没收其土地。牧区民主改革则主要是要废除牧区封建特权。农村土改施行了：地主的土地和浮财、房子、金银细软分给农民的政策。而牧区民主改革中，除了作为生产资料的草原历来即属于共有之外，作为主要生产资料的牲畜和其他浮财也不采取平分的过激政策。当时认为，这是因为牧主对牧民的剥削有别于地主对农民的剥削而具有一定程度的资本主义雇佣剥削的色彩，因此牧区民主改革就施行了"不分"畜群的政策。那时不存在草场私有，所以也就没有"分"草场的必要和要求，也根本没有人产生分草场的动议。

乌兰夫的上述报告曾经及时上报给东北局和中共中央，内蒙古地区的土地归蒙古民族公有这一点不仅是乌兰夫同志个人的见解和主张，应该是得到了中央的某种认可或默许。同时，报告里还提到，蒙古族的地主和汉族地主在民主改革中不能采取相同的政策，原因是，蒙古族从畜牧民族变成农耕民族的历史很短，在这不长的时间里蒙古族地主对农民的剥削总体上还没有达到汉族地主那样残酷程度，而且他们的经济状况在自然灾害和多年战乱中也受到了不同程度的损失。牧主与地主的区别，从根本上来说也是产权制度的不同造成的。草原的土地一直以来都是民族公有，跟农田的私有截然不一样，封建地主在农田私有制前提下，是通过吃地租对佃户进行剥削的，剥削的性质属于不对等的阶级剥削；而牧主则是在土地民族公有、牲畜私有的基础上，通过雇工形式进行剥削，这跟资本家剥削工人是类似的，是属于对劳动力的剥削。

所以在对待牧主的政策上乌兰夫采取了类似对资本家的政策，只是调整了分配比率，让牧主和牧工都能获利。他当时能够看到这一点并采取了不同的政策，这不能不说是非常伟大的。当时基层根本没有这样的看法，甚至盟市一级的领导还认为按着农区对待地主的方式来处理牧主问题更加省事儿，看不到牧区与农区的不同。

实际上，乌兰夫出台"不分不斗"的政策也是有着一些地方处理不当走弯路的事实和经验教训作为基础的。就在这个政策实施之前，有两个地方率先分了牧主的畜群，一个是兴安盟的乌兰毛都，另一个是赤峰的翁牛特旗和巴林右旗，造成极为消极后果，这给制定"不分不斗"政策提供了基础性事实依据。

兴安盟科右前旗的乌兰毛都是个牧区乡。民主改革中他们按着平等原则，将这里的全部畜群按全乡户数进行了平分。这样分了以后，原先的大畜群没了，各户都分了几只羊几头牛。当时是发动群众分的，老百姓很高兴。只是这种高兴是场面上的高兴，晚上回家就发愁了：就这么几只羊该怎么放牧、怎么经营？羊少了不成群不好放牧，只能圈在羊圈里，还要割草或买草回来喂羊，这样成本就高了。于是牧民们商量着，很多人就把羊杀了卖了。还有人说，要一点点发展到牧主那么多的羊得多少年啊？而且政策是牲畜多了就得分掉，如果我们分到的牲畜也经过艰难努力发展得很多了是不是也要被分？于是大量牲畜被杀掉处理，平分后全乡牲畜头数锐减，给社会生产力造成了重大破坏。

另一个案例是赤峰的翁牛特旗和巴林右旗民主改革中发生的事情。翁牛特旗和巴林右旗的牧区与农区相毗邻，农业文化的影响比较深厚，一说到民主改革，人们很自然就要照搬农村斗地主分田地的模式把牧主和富有牧户的牲畜统统都给平分了。于是发生的事情跟乌兰毛都一样，大量牲畜损失、死亡、被卖出。这两个案例都被报给了内蒙古党委。党委经过研究，认为牧区和农村不同，牧区不能搬套农村经验，应该尊重畜群的组群规律。在这些案例事实的基础上，就总结制定出了"不分不斗"的政策。牧区也才有了一个比较平稳过渡到民主改革后经济发展的一个新阶段。

可以说，能够认识到牧主与地主的区别，是立足于承认草原的民族公有的历史和制度基础上的，没有民族公有的草场制度，也就没有牧主与地主的区别。能够认可内蒙古草场为民族公有的土地制度，也才能在当时复杂的历史背景下，清醒地认识到牧区与农区的区别，能够采取不同的政策决策。

但是这种认定"草原属于民族公有"的观点并没能一直持续下去。初期的民主革命时期结束以后，我们国家结束了革命战争，开始恢复国民经济，进而又进行有计划的国民经济建设。1954年全国人民代表大会，通过了宪法。第一部宪法颁布的时候，草原就被认定为纯自然资源而被规定为国家所有了。与此相对，农村土地（农田）却被认定属于集体所有。其理论依据是，土地是有劳动投入的，是生产资料，而草场是没有投入（起草法律条款的人不了解草原也是有不断大量劳动投入的）的自然资源，就按着纯自然资源的属性算作国家所有了。

直到1982年修改宪法时，加上了"草原、河流、森林、矿藏都是国有的，法律规定属于集体所有的除外"。其中"属于集体所有的除外"

这一条，在1984年起草1985年生效的《草原法》里面再次得到了体现。1985年草原法里明确规定："集体所有的草原必须到旗县级人民政府登记，发给所有权证。"但是到目前为止，内蒙古草原大部分都是没有登记没有确权的，这就是草原"产权"的现状。然而，按照我国物权法的规定，不动产不登记就没有法律效力。就是说虽然法律规定了草原是牧民集体的，但是如果没有登记，就等于没有确权。以至于打官司法庭都不受理。你被侵权了就得要拿出证明。这样的事儿还很多，开矿的，以及政府的一些征地上也都存在类似藐视或事实上否定草原牧民集体所有权的违法行为。

从理论角度来说，草牧场或者草原，它并非没有"劳动投入"的一种天然资源，千百年来劳动牧民对草原反复进行了长期劳动投入，只是由于草原面积十分宏大且相对于草原而言投入劳动的牧民人口稀少，劳动投入效果不易显现而已，就如同一根火柴的火焰难以烤化一座大冰山相类似。然而，由此就断然否认牧民对草原的劳动投入，把草原判定为天然资源是缺乏根据的错误判断。新中国成立后，无论政界还是学界对草原的准确科学认知方面都曾有某种偏颇或缺失是毋庸置疑的，所以才把草场看作是纯自然资源，认为是没有进行过人工改造的，没有价值的，自然状态下的自然资源。这就是第一次颁布宪法时将草原定为国有自然资源的背后原因所在。其实，把草原看作没有人力投入的看法是不对的。那种看法忽略了草原上的人们已经延续几千年连续投入劳动而把草原早已改变成为与草原家畜融为一体的生态经济系统的事实。放牧过程中，草和牲畜之间形成的相互适应、互相协调的关系，是人工劳动作用下形成的；是一种长时间的劳动积累，是有人类劳动投入之下形成的，所以应该肯定有人类投入。农区的土地面积和人口之间的比例关系，跟牧民和牧场面积之间的比例关系放在一起观察，牧民的人均土地面积远大于农民，这很自然就造成了单位面积的投入远远小于农田。这也导致人们误认为草场是没有人工投入的缘由。实际上农业的投入和牧业的投入并没有质的差别，只是数量的差别而已，都同样具有人类劳动的投入。

人们常常引用马克思说过的"大片的无人地区是畜牧的主要条件"这句话来试图证明草原是未经投入的自然资源。其实马克思说的那句话是批评古代游牧人攻占城镇和农耕地区以后造成破坏性后果时讲的，原意并无把草原看成纯自然的无人地区之含义。其实草原既不是无人的地方也不是纯自然的，而是长期有不断人工投入的产物，只是投入的量与农耕区有区别而已。另外，就像马克思曾经肯定土地是农民站立的场所一样草原也是牧民劳动的场所，同时广袤草原更是草原牧民生存和世代繁衍生息的家园。

3 互助组时期的制度

我国农村合作经济组织的发展，除了陕甘宁边区等老解放区很早就有过各种合作组织外，其他地区的合作组织特别是生产上的互助合作活动基本上都是新中国成立以后陆续开展起来的。但是，内蒙古牧区与全国大部分农村有所不同，早在新中国成立前的1947年内蒙古自治区成立后不久，内蒙古牧区各地纷纷出现牧民自愿自发组建的各种形式的牧民互助合作组织。这主要因为牧区牧民与农村农民不同，以蒙古族为主的牧民群众在长期历史发展中养成了相互帮助、乐于合作的传统和一定意义上的团队精神；加之牧区的放牧畜牧业生产由于自然条件的严酷和居住分散等原因，在客观上迫切需要协作劳动，任何一个牧民户都不可能做到完全"自我封闭""万事不求人"。因此，历史上内蒙古牧区就曾经存在简单的互助合作组织。

1947年5月，在中国共产党领导下内蒙古自治区成立后的施政纲领中曾明确规定"自由发展本民族的经济生活，共同建设新内蒙古""提倡劳动，奖励劳动英雄，发展生产"和"实行减租增资与互助运动，改善人民经济生活"的方针[①]，并逐步实施了废除封建特权、自由放牧、不斗（牧主）不分（畜群）不划阶级（三不）和牧工牧主两利的民主改革政策，不仅使劳动牧民在政治上享有了平等权利，经济上也调动了他们的生产劳动积极性，自治区的国民经济和牧业生产都很快开始恢复和发展起来。随着畜牧业的发展，当时在个体经营情况下许多牧户特别是贫困牧民的生产工具和设施严重不足的矛盾日渐显现出来。而牲畜相对较多的牧户则劳力不足。出路在哪里？出路就在互助合作上。1948年呼伦贝尔盟（现改为市，下同）陈巴尔虎旗胡和诺尔苏木贫困牧民胡和勒泰在全区率先成立了第一个牧民互助组，被命名为刚果尔牧业常年互助组。之后，内蒙古牧区各地牧民为了合理搭配劳动力，解决生产设施不足的困难，增强抵御风雪灾害的能力，纷纷自发组织起各种形式的互助合作组织。牧区各地地方政府对广大牧民的合作热情给予了积极引导、坚决鼓励和强有力的领导。

这些互助合作组织，大多数都不是像胡和勒泰刚果尔互助组那样的"常年互助组"，而是一些季节性或临时性的生产互助组。有的，为了把各家不多的牲畜合群放牧，由几家亲朋好友自愿组成一个不定期的放牧互助组；有的，为使畜群安全过冬由居住较近的若干牧户自愿

---

① 转引自内蒙古党委政研室等编《内蒙古畜牧业文献资料选编》第2卷，上册，第4页，呼和浩特，1987。

组成季节性的抗灾自救互助组，这样的互助组当时在呼伦贝尔叫"霍日西（即邻里的意思）"（有的文章曾经译作"胡尔其"）小组；还有的，在打草、打井、接羔、剪羊毛等牧业生产活动中为了合理搭配生产工具和劳动力、节省人力，自愿组织的临时性互助组。总体上，常年互助组的数量很少，常年互助组的特点是成员间的互助合作是长期的，内部有一定的分工，有的凭借个人的生产资料还可多得些收益，还有的常年互助组有少量公共积累。这就是内蒙古自治区牧区最初产生互助合作组织的实际情况。据统计，1952年内蒙古牧区有4657牧业户参加互助合作组织，参加互助合作组织的牧业户占全内蒙古牧区总牧户的6.89%；其中参加牧业生产互助组的4625户，占牧区总牧户的6.84%；参加牧业生产合作社的32户，占牧区总牧户的0.05%。

实践中互助组发挥了十分显著的作用。以当时呼伦贝尔盟新巴尔虎右旗为例，1949年春季该旗开展互助合作的还很少时，因风雪灾害死亡的牲畜为1.2万头；1950年组建互助组抗灾，牲畜死亡减少为3000余头；1951年旗政府普遍推广互助组，全旗总共成立了抗灾"霍日西"小组414个，一个冬春经过10多次暴风雪考验，牲畜死亡仅700多头，互助合作的抗灾效果十分显著。呼伦贝尔盟陈巴尔虎旗由贫困牧民胡和勒泰带领的刚果尔常年互助组成立当时，由10来户贫困牧民组成，开始只有3匹马，32头牛，6只羊，共41头牲畜；1950年政府贷给他们扶持性畜群401只羊和两匹马，共403头牲畜；1951年牲畜发展到669头只；由于互助组充分发挥了互助合作作用，1951年冬季到1952年春季的整个冬春风雪灾害中他们没有损失一头牲畜，1952年的羔羊成活率达到99.5%，牛犊成活率达到100.0%，1952年牧业年度结束时胡和勒泰互助组的牲畜总计达到1164头。随着互助组畜群的迅速增长，生产的顺利发展和互助组集体家底的不断扩大，参加互助组的牧民生活都有了显著改善 。

那时候的人们的思想非常淳朴和单纯，从他们朴素的心理上已经感觉到一个新的历史时期正在来临，从过去一向遭受他人凌辱的时代转变到一个真正当家做主的时代了。人们感觉一切都那么新鲜，觉得党和政府的话特别值得信赖，祖辈梦寐以求的共同富裕梦想有望实现了。把人心紧紧凝聚在一起，不靠别的就靠精神。没有经历过那个时代的人很难理解，按现在的眼光来看，那时候没有什么特别的法宝。但是领头人的品格非常重要。大家都同样受穷的时候，有的人并不是只为自己谋取更多利益，这就使得大家非常拥戴和信赖他，他是为大家谋利的大家跟着他一定不会错！

互助组建立之前，牧区一直存在着"埃列（即历史文献记载的阿寅勒）"等各种形式的互助合作组织。它规模比较小，小于古列延，10户左右，30户以下，直到新中国成立时牧区各地都有过"埃列"，各地称谓可能不同，在锡盟叫浩特（即埃列），呼盟的上文所述"霍日西"等都属于此类组织形态。初期的互助组许多都是在类似社会协作组织的基础上设立的，或者几个"霍日西"一起组成一个互助组。这样的互助组都是自愿组织起来的，虽然地方政府有宣传和倡导，但毕竟大部分互助组都是牧民在生产实践中从实际需求出发自愿联合起来的。不过，出于各种原因不想参加互助合作的牧民在各个时期一直都存在过。一般而言，互助组非常受欢迎而且实际效果非常好。一个是生产过程中的协作效果很好，另一个是切实能够增强抵御各种自然灾害的能力。生产中的协作效果好是指平常生产层面里的生产力聚集和放大效果十分明显。

从牧民个体而言，最初萌发要建立互助合作关系时他们在内心里并不是刻意追求某种组织形态，而是在习以为常的实际需求自然推动下自发发展起来的。但是到常年互助组阶段就不一样了，这时候往前走的动力已经有了质的变化。既有外部推动力（主要是党和政府的引导鼓励），又有内生需求拉动。这种内生需求也不单单只是满足操作层面上的互相帮助，而又深藏着通过互助合作和集体化道路要达到共同富裕这样的长远愿望，并且这个后者更能给人以强大的精神鼓舞和力量。全面回顾那段历史就可以发现，党和政府的组织领导作用是决定性的，特别是与当下的专业合作社发展相比较，当时党和政府组织领导合作化的时候凡是有关合作化的所有事情都放在党和政府的议事日程上，经常调查研究互助组的各种问题，个别的给他们派去常驻干部，不断出台相关管理制度、分配政策、生产经营方面的政策措施、指明其今后发展方向等，以及互助合作的领头人或积极分子培养教育、专业业务培训等无一不涉及，没有不关心的。还有当时全社会广泛而强大的社会主义宣传教育也都产生了巨大推动作用，如上文所述牧民大众心里产生的通过集体化要达到共同富裕之长远目标的思想就是通过社会主义教育才有的。这可不是依靠人们只关心自身利益而不顾他人的本能所能实现的事情。那一时期的某些合理经验对今天扶持牧民合作社发展上无疑会有借鉴意义。当然，时代在变，经过家庭经营30多年来社会变革之"熏陶"后的当今人们思想已经不像当年那样简单了，用简单的共同富裕目标把众多都想"抓住机遇加快发展自己"的人们想法"拢"到合作经济的航道上绝非易事，恐怕更需要与时俱进的宣传教育"创新"。与美国对比，美国文化则是以我为中心的个人利益至上和所谓的"自由"和"民主"文化，同我国及我国内蒙古无法比较。

如此不同文化基础上产生的不同的社会经济制度，绝不能把美国的做法盲目地奉为"先进"的东西加以生搬硬套。

内蒙古牧区合作化初期的互助组与像埃列（阿寅勒）那样历史上延续下来的组织形态相比较，可以说是目的性非常强的组织形式，不像埃列（阿寅勒）只是自发组织起来的。在其目的性背后意味着大家已经明白或者逐渐明白，我们要通过这样的组织让大家一起富裕起来，彻底摆脱贫困这样的普遍心理期盼。

如果说之前的互助合作还只是牧民们朦朦胧胧的意识的话，这个阶段在上级或者说党和政府有意识的引导下，一步步走上正规的发展台阶。互助组是强调自愿加入的，可以参加也可以不参加，参加以后也可以退出。因为互助组本身没有统一章程可循，经济关系方面也是草场是大家公有的，其他生产资料也并没有公有化还是属于个人的，只是进行劳动力的合作。应该强调的是，在整个互助组时期内蒙古牧区土地制度是草原归全体蒙古民族公有，这是自自治区成立时宣布为民族公有延续下来的；生产放牧制度则是完全的游牧方式，这是历史延续的传统游牧方式。游牧方式与草场之间的这种匹配得当，加之牲畜头数不多，结果是草场没有大的压力，当时内蒙古牧区总体草原状况良好，不存在草原退化现象。

除了生产互助组以外，这一阶段还出现了牧区供销合作社。起初，牧区供销社向牧民征集了股金，搭起了合作办商品供销的架子，头几年还给社员分配过红利。几年后，牧区供销社逐步向官办商业机构演变。

概括起来讲，这一阶段内蒙古牧区的互助合作是在牧民互助合作传统基础上，牧民自愿自发推动起来的，自愿和自发是它的突出特点。当然，政府一直都在给予极大的关注和鼓励，只是这一阶段党和政府压倒一切的中心任务还不是互助合作，而是恢复国民经济和民主改革。广大牧民当时之所以有这种自发行动的主要原因是：因为牧区地域广阔、居住分散，牧户之间通常都相距比较远（数里之遥）；加之严酷的气候经常造成风雪灾害，风雪中畜群失散、牛羊丢失现象很普遍，牧民之间需要相互照应。久而久之，这种客观上互相帮助的需要，逐渐演化成民众的乐于相互帮助的一种文化传统。在这一点上，牧民生产上的互助合作显然同农民不一样。这个时期，牧区供销社的产生和发展则对结束旅蒙商在牧区的盘剥和活跃牧区商品流通，做出了历史性贡献。

纵观历史，在牧区，每当采取一个政策措施，包括经济、政治、技术政策，如果能跟本土文化相结合，就能成功；如果逆当地传统文化，肯定就要受到挫折甚至失败。互助组就是个很好的例子。

4 内蒙古牧区畜牧业社会主义改造 —— 向集体所有转变时期的制度

内蒙古牧区的牧民互助组从1948—1955年，一步一步演进为合作社。这个阶段，如前文所述随着国家第一部宪法的颁布，内蒙古的草原已从之前的民族公有演变为国家所有。所以，草原从民族公有变为国家所有和牧民个体经济转变为集体经济是这一时期的两大制度变革。

1952年，随着国民经济的恢复，党中央和毛泽东主席制定了中国"一化三改"的过渡时期总路线，即逐步实现国家的社会主义工业化，逐步完成对农业、手工业和资本主义工商业的社会主义改造的任务。我国从此开始进入有计划的经济建设和社会主义改造时期。当时，内蒙古牧区也已经圆满完成了民主改革的进程，因此，也具备了和全国一道开始走进畜牧业社会主义改造阶段的条件。

我国的农牧业社会主义改造任务是中国共产党按照马克思主义农业的社会主义改造理论提出来的，其核心是变革农业生产关系，把"私人生产和私人占有变为合作社的生产和占有①"。所以，我国农牧业社会主义改造一开始就同西方的合作组织和市场经济时代为解决大市场与小规模个体经营之间矛盾而建立的具有中介性质的合作经济组织截然不同。它根基于已经分得了生产资料后的个体农牧民只有联合起来才能实现社会主义的共同富裕这样的理论。1955年，中华人民共和国的领袖毛泽东曾经解释过这一理论："现在农村中存在的是富农的资本主义所有制和像汪洋大海一样的个体农民的所有制。…… 许多贫农，则因为生产资料不足，仍然处于贫困地位，有些人欠了债，有些人出卖土地，或者出租土地。这种情况如果让它发展下去，农村中向两极分化的现象必然一天一天地严重起来。失去土地的农民和继续处于贫困地位的农民将要埋怨我们，他们将说我们见死不救，不去帮助他们解决困难"，"这就是说，全国大多数农民，为了摆脱贫困，改善生活，为了抵御灾荒，只有联合起来，向社会主义大道前进，才能达到目的。"②在这社会主义改造的公有化过程中哪些东西要公有，哪些可以私有的问题，理论上其界限是很清楚的，即生产资料要公有，生活资料可以私有。

内蒙古牧区的畜牧业社会主义改造，在前一阶段发展各种牧业生产互助组的基础上，贯彻中央关于农业社会主义改造的大政方针，结合内蒙古牧区的实际，内蒙古自治区党委制定和实施了一系列符合牧

① 恩格斯：《法德农民问题》《马克思恩格斯选集》第4卷，第310页，人民出版社，北京，1972年。
② 毛泽东：《关于农业合作化问题》《毛泽东选集》第5卷，第187页和第179页，人民出版社，北京，1977年。

区实际的合作化方针政策。这些方针政策的主要精神是：必须坚持积极领导稳步前进的方针，牧民参加互助合作要贯彻自愿互利的原则，通过互助合作使个体牧民经济改造成半社会主义性质的经济，最后发展成为完全社会主义的合作化经济。[1]应当强调，正如我国农业社会主义改造，并非仅仅指一个产业或行业的改造而特指农村经济中的生产关系变革一样，内蒙古畜牧业社会主义改造不是仅仅指畜牧业行业的改造而是特指内蒙古牧区个体牧民经济以及与其性质不同的牧主经济、庙仓经济的生产关系变革。这种变革的真正启动从牧区民主改革基本结束时算起，到1958年将牧区全部个体牧户基本都改造为集体化的人民公社社员、把一部分牧主改造为公私合营牧场成员为止，大体经历了5年多的时间。

内蒙古牧区合作化 —— 社会主义改造的特点可以概括为：一是，党和政府直接组织领导。牧民互助组向牧业合作社的演进，已经不完全是牧民自发行为，它已经成为党领导人民大众建立公有经济走共同富裕社会主义道路的组成部分；期间党和政府不断出台相关政策措施直接组织领导和掌控牧业合作社的每一步发展进程；牧区各地党和政府把合作化相关的所有事情都放在自己的议事日程上，事无巨细都作为社会主义改造的政治任务去落实。二是，1954年颁布的宪法规定草原是国有资源，内蒙古自治区成立以来一直延续下来的内蒙古草原民族公有制度宣告中止，内蒙古境内草原全部成为国有。三是，整个社会主义改造时期内蒙古牧区生产经营形式仍然延续着传统游牧方式，只是已经开始增设一些比较简陋的棚圈和水井等生产设施。

[1] 1953年12月28日，乌兰夫同志在第1次牧区工作会议上的讲话，载内蒙古党委政研室等编《内蒙古畜牧业文献资料选编》第2卷上册，第115页，第126页，呼和浩特，1987年。

为了进一步了解它具体的详细进程，笔者把这5年多的演进过程划分为3个阶段来阐述：

4.1 第一阶段（互助组和牧业社交叉阶段）

积极稳步推进以发展互助组为中心，试办初级牧业合作社的阶段。时间大体是自1953年12月—1955年9月，1953年12月中共中央蒙绥分局第1次牧区工作会议到1955年9月内蒙古自治区党委召开党员代表会议通过《关于发展农牧业生产互助合作的决议》为止。这一阶段的主要特点是合作化已被列为中国共产党的工作重点，内蒙古党委确定了"积极领导，稳步前进"的工作方针。内蒙古党委第一书记、内蒙古自治区主席乌兰夫曾经对这个方针做了一个概括："要积极，就是党委要用很大力量来领导互助合作运动，要定期讨论检查总结，有专人负责做具体工作，要有计划地训练与培养互助组的骨干。要稳步，就是必须根据畜牧业生产的特点与当地的实际情况，必须从牧民的生产需要出发，必须贯彻自愿互利的原则，必须用典型示范总结经验逐步推广的办法，必须在牧区互助合作的现有基础上稳步的改进提高（一连五个"必须"——引者），掌握由小到大、由少到多、由低级到高级的规律，坚决反对强迫命令和生搬硬套，一切要有利于生产的发展。"[1] 1955年1月，中共中央蒙绥分局召开第2次牧区工作会议，强调牧区过渡到社会主义有一个相当长的过渡时期，要用更多的时间和更和缓的方式逐步地实现[2]。

整个这一阶段，内蒙古牧区各地认真贯彻中国共产党的上述方针

---

① 同上书，第126页。
② 1955年1月21日，乌兰夫同志在第2次牧区工作会议上的讲话，同上书，第151—152页。

政策，积极稳步发展了多种形式的互助合作组织。1955年，内蒙古牧区各种形式的牧业生产互助组由1952年的689个发展为5654个，参加互助组的牧民达32651户，平均每个互助组有5.77个牧户参加；试办的初级牧业生产初级社由1952年的2个发展为20个。

这一时期的互助合作组织是由临时互助组、常年互助组和初级合作社交叉并存的形式构成的。

临时互助组

这是为满足走敖特尔或春季接羔、剪羊毛、打草、打井和棚圈建设等牧业生产作业的需要，在互利基础上由几户牧民自愿组织起来的一次性或季节性临时互助组，畜群及畜产品仍归牧户各自所有，只是在具体生产环节进行劳动协作，待指定生产作业完成或生产大忙季节结束，它即可解散的互助组织。1955年，内蒙古牧区共有临时互助组5147个，加入的牧民达27799户，平均每组加入的牧户5.4个。

常年互助组

这是互助组的较高级形式，成员间的合作是长期的，规模比临时互助组要大，但生产资料仍然归牧户自己所有的互助组。有的常年互助组内部还有相对明确的分工和简单的生产计划，有的规定可按投入使用的生产工具分得部分收益，也有少量公共积累。因此，被认为它比临时互助组具有较多的社会主义因素。1955年，内蒙古牧区常年互助组共有507个，参加的牧户4852个，平均每个常年互助组加入的牧户达9.57个。

初级牧业生产合作社

这是党和政府领导下，在自愿互利基础上组织起来的半社会主义性质的集体经济组织。加入初级牧业生产合作社的牧民除了自己保留部分牲畜和生产工具外，其余部分作股入社，交给合作社统一经营，社员按照合作社的分工安排参加集体生产劳动。在一定意义上社员还保留着对生产资料的所有权。包括产品在内的各项收入由集体统一分配。入社牧民作为社员，除了按劳动分工得到劳动报酬以外，还要分得入社牲畜的畜股报酬。

总之，这一阶段的牧区互助合作，在积极推动的同时坚持自愿互利原则，尊重牧民群众意愿，形式和办法上采取灵活多样的宽松形式，时间进度上不急于求成而比较和缓，故没有出现大的反复，发展的很平稳。然而，随着党和政府逐步增强对整个合作化运动的组织领导，牧民自愿成分逐渐弱化，政治强权和"强力"因素影响的色彩趋于越来越浓厚。特别是与当前的牧民合作社发展相比较，这种反差尤为突出。由此可以想到，如果想要更有力地推动当前牧民合作社的发展是否也可以尝试政府增强对牧民合作社的引导和扶持力度？当然这不是希望政府再犯越俎代庖和强迫百姓的强制错误，而是希望政府能够寻求尊重民众自愿和政府加强领导之间的科学平衡点。哪怕是多深入基层调查研究，在牧民合作社急需解决的问题如资金短缺、培养领头人、业务培训等方面多提供帮助和服务。

4.2 第二阶段（试办高级社阶段）

从1955年下半年至1957年底，是初级牧业生产合作社大发展和试办高级牧业生产合作社的阶段。这一时期一开始，在全国"农村社会主义高潮已经到来"的判断指导下，内蒙古牧区合作化进程由平稳发展逐渐向激进的急于求成方向转变。1955年9月12日，毛泽东主持编辑出版的《中国农村的社会主义高潮》一书将内蒙古自治区《翁牛特旗建立了十二个畜牧业生产合作社使牲畜大为发展起来》的调查报告编入其中，文前还加了毛泽东的按语。此事在内蒙古牧区社会主义改造中引起很大震动。在1956年2月，中央决定以乌兰夫为组长组成中央牧区工作小组，具体研究少数民族牧区畜牧业社会主义改造问题，促使以兴办初级牧业生产合作社为中心的牧业合作化运动迅速发展起来。到1956年3月，内蒙古牧区初级牧业合作社由1955年的20个猛增到258个，入社牧户由占总牧户的0.02%迅速上升到10.2%。牧区合作化中，这种脱离原来平稳发展的轨道，过快、过猛的发展，突现出许多问题和矛盾。如有些地方违反自愿互利原则，干部包办决定牲畜入社的办法；牧业社的分配片面强调劳动报酬而忽视畜股报酬；过分限制入社牧民自留牲畜的数量；片面追求组建牧业社的数量和进度，忽视群众觉悟和牧业社质量。因而，有些地方出现大量出卖与宰杀牲畜的现象。[1]

内蒙古党委领导十分重视这些问题和偏差的出现。1956年6月和12月，分别两次召开牧区工作会议（即第3次和第4次），认真总结经验教训，重申"全面规划，加强领导"和"慎重稳进"的畜牧业社会主义改造指导方针，并且确定将牧区划分为5个不同类型地区，因地制宜地进行分类指导，把整顿和巩固牧业生产合作社作为当时压倒一切的紧迫任务，纠正了一些偏差或错误做法。经过这一整顿，牧区合作化运动速度得到适当控制，基本保持了发展、巩固、再发展、再巩固的稳步发展势头。从1956年12月到1957年12月，牧区牧业合作社的增加得到有效控制，"仅由543个发展到632个，入社牧户仅由22%增加到27.24%。"[2]1957年2月27日，乌兰夫主席精辟地概括牧区畜

---

① 内蒙古党委、人民委员会：关于农业区、半农半牧区发展畜牧业生产的几个问题的联合指示（1956.9.10），转引自《内蒙古畜牧业文献资料选编》第2卷上册，第213—214页，呼和浩特，1987年。

② 内蒙古畜牧业厅编委会：《内蒙古畜牧业发展史》，第112页，内蒙古人民出版社，呼和浩特，2000年。

牧业社会主义改造的基本方针为"稳、宽、长"三个字，并且指出"进行畜牧业的社会主义改造，其基本目的有一条，就是既要实现社会主义改造，又要发展牲畜"[①]。所谓"稳宽长"，指的是步子要稳，政策要宽，时间要长（又一说为，政策要稳、办法要宽、时间要长）。"稳宽长"是内蒙古牧区继民主改革时创造的"三不两利"之后，社会主义改造时期从实际出发而创造出来的又一条新鲜经验，是马列主义、毛泽东思想的普遍真理与内蒙古牧区的实际紧密相结合的又一个创新点。

在大力兴办初级牧业生产合作社的同时，1956年内蒙古牧区也陆续试办了19个高级牧业生产合作社。高级牧业生产合作社一般叫作"高级社"，它是党和政府领导下牧民在自愿互利基础上组织起来的社会主义性质的集体经济组织。有的高级社是在初级社基础上发展起来的，有的则直接由互助组或个体牧户直接升级组建的。高级社的规模都比初级社要大，它与初级社最大的不同点在于入社牧户的畜群、棚圈、水井等所有生产资料都转为本高级社全体社员集体所有，只有少量作为集体经济补充的自留畜仍留给牧户自己所有。其他像蒙古包、勒勒车、马鞍马具、游牧搬迁所用零星小型工具或生活资料，依旧都归社员私有。高级社有比较规范的章程和管理制度，社员须按高级社的分工指派去参加集体生产劳动。高级社的收入按照一定的规则和制度进行分配。即从全年收入中扣除当年生产费后交够国家牧业税，再提留一定比例的积累作为集体扩大再生产资金的公积金和公益金之后，剩余部分按照多劳多得、按劳分配原则分配给社员。多数高级社还取消了初级社时期的畜股报酬。

① 内蒙古政协文史资料委员会：《内蒙古文史资料 第56辑》，第173页，2005年。

从高级社的试办实践来看，它的入社办法、收益分配、内部劳动管理办法等都比较复杂，并且将畜股改为摊纳股份基金等做法更是使人难懂和难以掌握。而有的高级社试办时的工作做得不够细致，政策交代也不够，对牧民的吸引力不如初级社。牧区干部中的看法也不一致，有的干部认为：初级社比较适合牧区当时的生产水平、管理经验和群众的觉悟程度，高级社不易办好。1957年7月，内蒙古党委在第5次牧区工作会议上确定，已办的高级社中除个别有条件的可继续试办外，一般的都转为低级形式的初级社。这样，内蒙古牧区从试办高级社到基本实现畜牧业合作化，高级社始终都处在试办阶段。

第2阶段积极稳步推进畜牧业社会主义改造的结果，到1957年底，内蒙古牧区共有互助组3442个，参加互助组的牧民46018户，占总牧户的56.81%；有牧业合作社649家，入社的牧民有22064户，占总牧户的27.24%。以上合计，参加互助组和牧业社的牧民共68082户，占总牧户的84.05%。[1]

总的来说，第2阶段的牧业社会主义改造的发展是比较健康稳妥，期间虽有一些小的波折，经过及时调整而得到顺利解决，保证了合作化的稳步发展。更重要的是正是这一阶段，内蒙古牧区总结出畜牧业社会主义改造的宝贵经验"稳、宽、长"。

4.3 第三阶段（人民公社化阶段）

1958年，脱离稳步发展轨道，短期内实现人民公社化。从以上数据来看，内蒙古牧区经过5年（从1953年初至1957年底）的畜牧业社

---

① 内蒙古畜牧业厅编委会：《内蒙古畜牧业发展史》，第114页，内蒙古人民出版社，呼和浩特，2000年。

会主义改造，使占总牧户56.81%的牧民参加牧业生产互助组和占总牧户27.24%的牧民加入牧业社的事实，一方面表明，牧区过渡到社会主义要有一个相当长的过渡时期，要比农区和农业社会主义改造用更多的时间和更和缓的方式才能逐步地去实现；另一方面也证明，这五年内蒙古党委积极稳步推进畜牧业社会主义改造的方针是符合内蒙古牧区实际的正确方针。

然而，1957年的反右和1958年来势迅猛的总路线、大跃进的影响打破了内蒙古牧区一向积极稳步推进畜牧业社会主义改造的步伐。在1957年7月内蒙古宣布牧区基本实现牧业合作化（请注意，这里没有说牧业社会主义改造已完成 —— 笔者）后的1年间，内蒙古牧区互助合作的"升级"一直在不停地加紧进行。1958年7月，内蒙古牧区牧业合作社数量由649个猛增到2292个，加入牧业社的牧户达到67855户，占总牧户的比例上升为80.16%；加上参加互助组的牧户共计81511户牧民加入互助合作的行列中，占总牧户的96.29%。但是，其中高级社不多，绝大多数还是半社会主义性质的初级社。按照中央当初设想，我国农业合作化准备以18年的时间基本完成，并且分3个步骤来实现。这3个步骤分别是：第1步，按照自愿互利原则组织互助组；第2步，在互助组基础上，按照自愿互利原则，组织小型带有半社会主义性质的农业生产合作社；第3步，在半社会主义的合作社基础上，按照同样的自愿互利原则，组织大型的完全社会主义性质的农业生产合作社。[1]照此标准，到1958年上半年为止内蒙古宣布牧区基本合作化后1年，还没有达到完成合作化的标准。但是时间进度却大大提前。

---

[1] 毛泽东：《关于农业合作化问题》，载《毛泽东选集》第5卷，第183—184页，北京，人民出版社，1977年。

这个时期，公私合营牧场是个新出现的事物。1958年，牧主们之前在"牧主牧工两利"的政策中放出去的苏鲁克的畜群，变成了单独的牧场，叫"合营牧场"，说的是公私合营，其实没有公有财产，而纯粹是牧主的财产。所谓的"公"就是派了国家干部去当场长。当时明确提出，对牧主的这部分财产是实施赎买政策的，参照国家对民族资产阶级施行的资本赎买办法进行，以收归"合营牧场"牲畜价值的一定比率每年付给牲畜主人"牧主定息"。当然，这种定息支付的方式在后期也曾被调整和中止。

与互助组阶段相比，牧业合作社出现后在以下两方面产生了较大变化：第一，规模变大了；第二，生产经营的范围进一步明确了。过去互助组时期，不是整个经营全都是互助组担当的，而是有选择的部分项目由互助组完成，许多东西还是牧民个人来做。而牧业社则把生产和经营这一块整个都拿到牧业社里，只是草原国有和游牧方式却没有变，故草原依然没有退化。

另外就是"公积金"和"畜股报酬"的出现。所谓公积金是指牧业社提留的可用于生产投资的积累资金。简单地说，其提留过程就是从全年总收入中扣除当年的开销以后，除了交国家的税金，余下的就是牧业社当年的可分配收益；而收益的分配，首先按一定比例给牧业社提留一部分集体积累，它由只许用于集体扩大再生产的公积金（比率较比公益金大）和可用于照顾五保户等福利事业的公益金两部分组成；从收益中先按一定比例提留出作为集体积累的公积金公益金后其余部分就分配给社员，社员分配也由两部分组成，按劳动多少分配的叫劳动报酬，占较大比率；按入社牲畜股金多少分配的叫畜股报酬，比率较小。为什么施行畜股报酬政策呢？据文献记载，当初制定这一政策的理论依据是：根据马克思主义不一般地反对人们占有较多财产，而反对把多余财富转化为资本用以榨取他人创造的剩余价值；无产阶级的革命只是要剥夺资本家的资产，却不能剥夺劳动者的财富的理论制定该项政策的。当时认为，牧民入社的牲畜不是自然资源，而是牧民过去劳动的成果。由于牧民入社牲畜数量各不相同，如果分配中不体现这一差别强行拉平，不就是等于剥夺牧民过去的劳动了吗？所以收益分配中不仅要体现按当前劳动的多少来分配，还要照顾到过去劳动的多少来分配（畜股报酬）。

1958年8月，中共中央决定在全国农村普遍建立人民公社。8月末9月初，内蒙古党委召开一系列专门会议，研究部署积极有序地领导全区人民公社化的问题。根据当时牧区合作化中初级社所占比重较大、大多数合作社需要整顿巩固和提高的实际，决定1958年内就牧区暂不举办人民公社。但是，由于受到农村声势浩大的人民公社化运动迅猛发展的冲击，内蒙古牧区并没有停止公社化的步伐，在2000多个初级社还没来得及转为高级社的情况下，实际到1958年11月末的时候仅仅用3个月的时间将所有牧业生产合作社全都合并成158个人民公社，入社牧民9.6万多户，占总牧户的94%，基本实现了牧区人民公社化。[1]牧区人民公社同个体的互助组和半社会主义的牧业合作社相比，它的公有化程度很高，已经是完全社会主义性质的集体经济。按照农业社会主义改造开始时设想的目标，人民公社化后可以说达到了完全社会主义性质的集体化。从这个意义上讲，人民公社的建立才真正完成了牧区畜牧业社会主义改造进程。在人民公社之前，还有一

---

① 内蒙古畜牧业厅编委会：《内蒙古畜牧业发展史》，第158—159页，内蒙古人民出版社，呼和浩特，2000年。

个短暂的高级合作社阶段。不过内蒙古的高级社阶段并不明显，成功地建立高级社的也不多。之前内蒙古牧区合作化的步子是稳健的、进展的时间也相对较长、施行的相关政策更比较宽松。高级社阶段本来也想稳健地逐步创造条件经过初级社向高级社过渡。但很不幸的是遇上了不断"反右"的1958年，这年从春天的成都会议提出总路线、"大跃进"以来，全国各地"左"的风潮一步紧似一步。盛夏大炼钢铁刚刚开始，紧接着就出现了河南省新乡地区七里营人民公社，毛泽东视察后大为赞赏：人民公社好。很快，公社化的浪潮席卷了大江南北。

1961年7月内蒙古出台了牧区人民公社工作条例（俗称"牧区80条"），统一明确规定：普通牧民入社的牲畜，以入股牲畜价格的2%—5%每年付给一次固定的畜股报酬。这里说的"畜股报酬"，而非"入社牲畜作价款的偿还"。需要指出的是，畜股报酬和偿还入社牲畜作价款是两个概念，畜股报酬属于收益分配中的分红（属于分配行为），而偿还入社牲畜价款则意味着用集体积累基金偿付入社牲畜的作价款（属于购置或交易行为），可见二者是属于完全不同性质的两回事，绝不可混为一谈。

1963年经中央同意后国家民委颁布的《牧业区人民公社若干政策规定》（俗称牧区40条）第17条中也规定，生产队对牧民入社的牲畜，采取折价归社和给予固定报酬的办法，折价要公平合理，牲畜报酬每年付给入社牲畜折价款总额的百分之二到五。一些人，包括后来在党政部门工作的年轻同志不甚了解上述政策过程和其中的含义，将畜股报酬这个概念理解成入社牲畜折价款本金的偿还，误以为每年分配的畜股报酬不是分红而是支付的牲畜本金。这是对制定政策历史事实的根本歪曲和彻底的误解。1984年4月内蒙古党委办公厅出台的一份文件里所称，之前多年分配的畜股报酬是对牧民入社牲畜折价款的偿还，尚未支付完毕的部分可以用公共牲畜来顶账的意见，这分明是将历年分配中兑现的畜股报酬硬说成是对入社牲畜折价款的偿还，完全与历史事实不符。所以许多牧民直到现在还对此事耿耿于怀。他们说，人民公社初期说过，劳动人民的财产不能剥夺，如果说以前历年支付的畜股报酬是对入社牲畜折价款本金的偿还，那么当年入社牲畜有多有少的过去劳动之差别是不是多年后的现在又不承认了？家庭经营开始前的集体畜群是当年入社的牲畜繁殖而来的，可是现在分畜到户时既又不承认当年入社牲畜多寡的差别，还要不区分入社时的老牧户还是赤手空拳后来的新户一律用完全一样的标准来平分牲畜，这是极为不公平的。且当初所做的劳动牧民的劳动成果不能剥夺的承诺，是否不算数了？

这里之所以如此赘言"畜股报酬"，是因为这一政策措施和制度安排是从牧区实际出发，与牧区传统牧业文化相结合的产物，因而深受广大劳动牧民的欢迎，实践结果取得了令各方都满意的政策效果。农村的土地与牧区的畜群不一样，土地不像牲畜一样完全都是劳动的成果，不付给土地报酬能说得过去，不付给畜股报酬却说不过去。牲畜是劳动成果，土地却不完全是，畜群能繁殖，土地却无法增多。这是牧区与农村又一巨大差异所在。

再说说牧区集体经济牲畜积累问题，这也是那一年代内蒙古牧区很特殊的一件事情。中国的农村集体经济主要靠劳动再生产来积累，内蒙古牧区集体经济则除了劳动再生产积累之外，还有畜群再生产（其实质依然是劳动再生产的一部分）的积累。因为按规定，只有出售和屠宰自食的牲畜收入才可作为当年可分配收入，未经销售的当年畜群增殖部分不能作为收入进行分配而直接留给集体作积累的。这就造成双重积累：收益分配中现金提留的公积金等积累外还有活的牲畜积累。一定意义上这就是牧区集体经济的壮大快于农村的重要原因。

牧区生产领域以外的合作

除了生产领域的合作化以外，这一时期牧区供销社取得很大发展。牧区供销社是牧区居民自愿入股成立的商业流通合作社，它初期是所有入股者合伙组建的集体性质的商业机构，负责组织货源向牧区居民销售。生产合作社把产品卖给供销社，后者将商品卖给生产合作社，等价交换，互不赊欠。供销社的规模和业务范围不断扩大，网点增加，队伍壮大，营业额倍增。供销社经营业务由过去只营销商品，逐步扩大成一部分畜产品和土特产品的收购等，为牧民供应生产和生活用品等各种商品的同时，也方便了牧民的产品销售，成为牧区主要的甚至是唯一的商业机构。但是牧区供销社入股社员和股金都没有大规模扩大，年末分红也逐步减少或取消，牧区供销社的官办性质逐步增强，以致后来在"文革的动乱"年代变成纯粹的官办商业机构，亦即牧区供销社被合并到地方政府的"商业局"里，这就是说一段时间里牧区供销社与国有商业曾经合并成了官商，但是最后又从其中分离出来成为独立的自负盈亏供销社。

这期间，特别是1958年，牧区一些地方开始创办牧民合作性质的信用社，开展金融存贷款业务，逐步在牧区普遍建立起来。起初它也是吸纳了部分社会资金成立的，经营牧区社会资金、投放贷款获取存贷差收益的金融业务。在整个大集体时期，信用社几乎成为广大牧区牧民存储个人存款、吸纳牧区集体经济和其他基层国家单位或机构的存款并办理放贷业务的唯一一家金融机构。而后的数年间几经变迁，它也逐步走上官办化的道路，几乎成为国家农业银行在牧区基层的分支机构，相当长一段时间内它既不退还原来吸收的牧民股金，又不分红给入股的股东牧民们，直至改革开放之后。

然而，以上所述合作化时期的牧业生产合作社、供销社和信用社等合作组织并非是一个统一的整体，他们三者之间各自独立，相互间没有内在联系，只是通过各自的业务职能发生业务联系，一个把产品卖给另一个，另一个把钱存入第三家，第三家吸收他们的钱放贷赚钱。以上情况说明，牧区的合作化并不只限于建立单一牧业生产领域的合作经济，除了生产领域之外，牧区从合作化时期开始在交换、分配、消费领域也都曾经尝试过像供销社和信用社等合作经济组织的建立。因此，研究合作经济可不能把供销社和信用社这样的合作经济组织，排除在在研究范围之外。

生产责任制

与互助组、合作社同时出现的还有一个很重要的"制度"，就是"生产责任制"。1957年8月内蒙古自治区有关部门下发了牧业生产合作社示范章程，其中的第27条提到"逐步实行生产中的责任制"[①]。这时的生产责任制与后来牲畜草场承包的责任制不同，是在逐渐形成的公有制经济组织和公有制经济组织里的成员个体之间，整体利益和个体利益之间以契约形式确认责权利的制度。比如，社员完成某项任务的时候，集体给你提供什么样的保障条件，社员若完不成任务集体在经济利益上如何处罚社员等。所谓的责任制就是这样一个用物质利益来划分责任，是经济组织内部的管理制度。媒体一直宣传，似乎是从

① 内蒙古党委政研室等编:《内蒙古畜牧业文献资料选编》第2卷上册，第320页，呼和浩特，内蒙古人民出版社，1987年。

邓小平提倡的那个"包产到户"以来，中国才有了生产责任制，之前全部都是大锅饭 —— 一大二公，没有责任制可言。其实历史事实并非这样。责任制是随着集体组织的出现而出现的，也达到了某种效果，虽然存在一些漏洞和不到位的状况而引发了一些问题，但是一股脑全盘否定集体经济，说集体经济就是大锅饭，没有责任制可言，这是不符合实际的，至少在牧区是这样的。这是历史的本来面目，我们有责任予以还原。

当时的责任制主要就是包工制，有小段包工、三包一奖。小段包工是在某个时间段里的具体作业工种进行包干的制度，集体经济跟实际操作的牧民之间达成双方承担责权利的协议，以春季接羔生产为例，责任制规定羔羊成活率达到某个标准应给多少报酬，完不成指标要扣减多少工分等。三包一奖是指，包工包费用包产量，超产奖励。这就是后来推行的两定一奖的前身。包括小段包工也都没有强制要求包给某个小集体，也允许包给单个牧户。（但是后来批判刘少奇的包产到户，认为包到户就是犯了大忌，所以内蒙古才搞了两定一奖。两定一奖为了规避这个包产到户，规定不能包到户，只允许包给畜群作业组。当然，这是到了人民公社时期的后话）

概括起来说，牧业合作社时期施行的责任制主要是三包一奖和小段包工。同互助组相比合作社的规模大了，经营范围多了，分工明确了，有了各种责任制度，还有畜股报酬、年终分配。从收入中扣除当年开销之外，提取公共积累其他的分给大家，分给大家的部分里面当然包含畜股报酬。这一时期的土地制度是草原归国有，生产是游牧方式。

人民公社时期的制度

人民公社的疾风暴雨式发展，造成了一系列的偏差，不仅是老百姓群众牧民没有心理准备，管理层次的国家干部也没有准备，更没有管理制度方面的配套，所以出现了许多新情况新问题甚至是新矛盾。一开始并没有出现人民公社全部社员吃饭都不要钱的所谓大食堂。牧区居住那么分散，搞集中大食堂太难了。一般也就是像赤峰牧区那种定居了的大屯子搞过吃饭不要钱的"大食堂"，还有兴安盟牧区的大屯儿里也出现过。

内蒙古牧区人民公社经过初建时的剧烈阵痛后，经过1961年的"整风整社"（关于整风整社后面有详细论述）逐渐走向规范，原本具有合作传统的牧民社员们逐渐开始适应人民公社制度。1962年后牧区公社聚集生产力的功效开始显现，畜牧业生产有了较大的发展，牧民社员收入增长，生活改善明显。然而，牧区公社生产队集体经济的管理却出现混乱，尤其是财务上。以呼伦贝尔盟典型牧区为例，那时生产队的畜群夏季普遍都集体游牧到夏营地去"抓膘"，夏营地一般远离生产队队部和比较固定的冬春营地足有数百里之遥。在整个夏营地期间，为应急各种开支的需要，各生产队指定的带队人都要携带巨额现金前去夏营地。可是这些人对这部分集体资金的管理混乱不堪，今天给这个社员支去了10元，给那个"借给"了50元，往往都没有完备的凭条或手续；有时候可能酒喝多了在没有任何借条的情况下也把集体款项"借出去"了，到年底决算分配时财务人员催促其报账，他却交代不清究竟谁用了多少钱了。由于财务管理如此混乱，曾有一段时间牧区一些生产队连续好多年无法进行收益分配。长期不搞收益分配，只好用"借预支"的办法来维持社员的日常生活需要。结果一些好吃懒做的人趁乱恶意透支"借钱"，导致"三角债"泛滥，一方面很多人超额预支欠了集体的钱，另一方面生产队却无力兑现劳动好守本分社员应得的劳动报酬。那时，呼伦贝尔盟牧区曾出现社员欠集体最多的一户欠款达8000多元的例子，这在当时几乎是天文数字。

虽然存在这些问题，但不是说集体或者合作就是坏的。这些问题也的确不是人民公社的"体制"和制度本身的必然结果，而是管理不到位造成的，不然我们无法解释在同样体制和制度之下当时牧区也存在着大量管理较好而没有出现上述混乱并能够正常发展的生产队这样事实。基本上积极因素还是占据了主要地位。因为当时还保持游牧，草场还相当不错。直到20世纪60年代中后期过牧性的草场退化才开始出现。主要是人们对草原的认识很滞后，错误地认为草原不是有限的，反以为草原是个取之不尽用之不竭的资源。牲畜发展到几乎到了草原承载能力的饱和点，还要求草原继续生产更多畜产品。由此后来造成养畜规模超越草原承载能力的过牧现象日趋严重，草原退化越来越加剧的严重局面。

必须强调，人民公社之前的互助组和初级社，入不入社都是自愿的还可享有退社自由，这是非常重要的原则，也应当是如今的合作机制需要坚持的不可动摇的原则。而"左"的思维占主导下人民公社成立当时则许多事情是强制推行的。你把人家的牲畜财产强行拿走，给牧民的心理压力非常大，这也是让现在的牧民一提起它来就心有余悸的缘故，他们生怕重新搞合作社 —— 会不会又让这一幕再次重演。这正是造成当前的合作社发展难以推动的群众心理障碍之一。

现在回顾起来，以"一大二公"为特征的牧区人民公社其实是在脱离实际的"跑步进入共产主义"思想占主导的特殊时代背景中产生的。牧区人民公社急匆匆建立之后，在生产关系的理顺、规模范围的把握、正常管理的规范以及公私财产的划分等一系列问题上，很快都出现了前所未有的混乱不堪的局面。如刚开始不分合作社时期入社与否，牲畜一律归公社；不区分经济条件和穷富差距有多大，把数十个牧业合作社和几百户、上千户牧民，甚至将一个苏木或更大范围都划归为一个公社统一核算，无偿平调人、财、物，大刮"共产风"；无视牧区畜牧业生产规律和特点，打乱生产秩序，取消合作社时期的生产责任制，实施"瞎指挥"；公私不分，大包大揽，把牧民个人的蒙古包、缝纫机等生活资料也都"化"到公社里，盲目实行"吃饭不要钱"等多项供给制等。

年龄较大的人们都亲身经历过那段激进的岁月。牧民们一开始并不知道公社和高级社的区别，还有公有化程度继续提高要怎么办，没有严格的政策说明和要求，积极分子一家一户摸着走，摸到什么都拿到公社去了。比如把牧民个人的缝纫机拿过去了，有的拿过去放在一旁因保管不好损坏了，有的缝纫机分给了公社的缝纫组，缝纫组成立后也没干成什么活；有的地方把牧民家的挤奶母牛也都收到公社里，谁要喝牛奶，只能去大队领取牛奶票再到集体挤奶点取牛奶，一年取了多少牛奶票最后收益分配时从他的当年劳动报酬中扣除，相当复杂。

1958年12月末至1959年1月，内蒙古党委召开会议，在学习贯彻中共八届六中全会精神的基础上，向全区发出整顿人民公社的指示，把牧区公社化中"左"的错误进行了部分纠正。《指示》从思想上澄清了人民公社的所有制还不是全民所有制，而是社会主义集体所有制，人民公社的建立不等于社会主义变为共产主义；管理体制上明确了，公社要实行统一领导、分级管理制度，可两级（公社和生产队）或三级（公社、大队、生产队）管理，以生产队为基本核算单位；承认生活资料的社员个人所有，允许社员留有少量自留畜，要求公共食堂等不必忙于举办；分配上，以原有的包工办法计酬为主，执行按劳分配。①以上各项规定（实际上这些都是八届六中全会精神的具体化）的颁布，虽然未必能彻底纠正牧区公社化中的所有"左"的错误，但却为改变当时的混乱局面，迈出了重要的一步。紧接着，1959年3月17日，内蒙古党委连续发布了关于牧区人民公社小队部分所有制、收益分配、推行"三包一奖"制和"以产计工"、计划管理、劳动管理、财务管理、畜群管理方面的八个文件，进一步阐述了相关政策和规范的管理制度。②这些政策和管理制度的出台，对理顺牧区生产关系，规范管理制度，调整集体与社员之间的关系以及调动社员的生产积极性上发挥了重大作用。具有协作传统、团队精神和长期习惯于服从领导的广大牧民社员深切感受到集体经济的特点很适合他们的民族文化传统，逐步开始适应人民公社集体经济的运转机制。

1960年12月，内蒙古党委根据1960年11月中央《关于农村人民公社当前政策问题的紧急指示信》精神，向全区部署了以肃清"共产风"、浮夸风、强迫命令风、生产瞎指挥风和干部特殊化风和纠正公社化中的"左"的错误为内容的整风整社工作，为整顿牧区人民公社做出了具体规定。《规定》中强调：三级所有，队为基础；坚决反对和纠正一平二调的错误；加强生产队的基本所有制；坚持小队的小部分所有制；允许社员经营小量的自留畜和零星家庭副业；少扣多分，尽力做到90%的社员增加收入；坚持各尽所能，按劳分配原则等十三项政策，要求一项一项地加以落实。③整风整社进行了一年的时间，到1961年

① 内蒙古党委《关于牧区人民公社若干问题的指示》(1959.1.9)，引自内蒙古党委政研室等编《内蒙古畜牧业文献资料选编》第2卷，上册，第454—462页，1987年。
② 内蒙古党委政研室等编《内蒙古畜牧业文献资料选编》第2卷，上册，第220—259页，1987年。
③ 同上书，第592—608页。

底结束。经过这一次整风整社后，牧区人民公社初建时的混乱局面已经得到扭转，许多脱离实际的过头做法和"左"的错误大多都得到纠正或克服。牧区人民公社终于开始走上健康发展的道路。落实三级所有、队为基础的制度，调整公社范围，进一步明确了公社、生产大队、生产队三级的所有制界限，遏止了平调的共产风，适应了群众觉悟和干部管理水平，也方便了管理。经调整，内蒙古牧区公社由公社化当时的158个调整为245个，规模化小了许多；生产大队由839个调整为1557个，生产队由2850个调整为4151个。1961年7月27日，内蒙古党委制定并颁布了具有地方法规性质的文件《牧区人民公社工作条例》（简称八十条），使牧区人民公社的调整工作切实开始有法可依了。1962年，内蒙古牧区人民公社体制继续进行调整，到1963年内蒙古牧区人民公社已调整为278个。其中214个公社实行两级管理、以生产队为基本核算单位，其余64个公社实行公社、生产大队、生产队三级管理、以生产队为基本核算单位（少数以生产大队为核算单位）。至此，牧区人民公社的体制形式才算基本定型。[1]

牧区人民公社成立后，一直都在实行从初级社延续下来的以承包形式为主的各种生产责任制，其中不乏将指标承包到户的做法。不料，此时正值全国批判刘少奇提倡的包产到户之时，于是为了避嫌牧区责任制就从承包到牧户一律改为承包到小集体 —— 畜群生产组。当时内蒙古牧区各地大多都有畜群生产组，畜群生产组是与牧民传统的浩特和埃列（即蒙语邻居之意）相联系的组织形态。有的索性把传统的浩特命名为畜群生产组，从集体那里搞承包。

---

① 内蒙古畜牧业厅编委会：《内蒙古畜牧业发展史》，第172—173页，内蒙古人民出版社，呼和浩特，2000年。

科学总结牧区人民公社的利与弊，对牧区经济的可持续发展具有重要借鉴意义。科学总结就是要以客观而实事求是的科学态度归纳历史事件本身，不受其他因素干扰，讲真话。客观地讲，牧区人民公社在它存续的历史时段里，既有过负面缺点同时也确有过不少好处，至少牧区如此：

(1) 生产力聚集，促进了牧区生产力发展和科技进步

牧区人民公社的成立，产生了牧区生产力的聚集效应。即使是调整缩小基本核算单位后的牧区生产队规模与势力，也与集体化之前的个体牧民不可同日而语。这种生产要素的聚集，进一步细化了牧区的劳动分工。而劳动分工的细化势必提高生产效率，最终会促进社会生产力的发展。集体化前的个体牧民，无论穷与否都需要有牛、马、羊各种牲畜。一户牧民，一般只有1—2个劳动力，常常顾了这头又顾不上那一头，一旦遇到意外或突发事件就更难以应付。如前所述，公社化以后集体的一个羊群由数百乃至上千只羊组成，由一个牧羊人放牧，腾出许多人手去干其他事情。个体时期，个人想干而干不成的许多事情，集体都井然有序地干出了成效。如集体化以前，牧区许多地方都不打草（刈割青干草），不是不需要，而是没有人手去刈割，集体化以后年年打草，大大增强了畜牧业抗灾能力，减少了牲畜因灾死亡数量。个体时，打井、修建牲畜棚圈、人工配种改良畜种都很费劲，一般小户人家想做也做不成；集体化后，年年有计划地投入资金、组织劳动力打井、修建棚圈和牲畜药浴池（药浴祛除体外寄生虫的设施），建设了许多基础设施。牧区牲畜改良和人工授精始于20世纪50年代初期，但是个体时期进展缓慢，成效甚微；公社化后，大力普及人工受精技术，几乎队队建有人工授精站，有力促进了牲畜改良工作。此外，多

数牧区生产队购置了拖拉机等大型机械设备，大大促进了机械化进程，20世纪60年代初期，内蒙古牧区机械化水平曾经走在全国农村前列。牧区有的地方，公社化时期就开始把草原建设提到自己的议事日程上，乌审旗牧民去除醉马草、种树种草、建设草库伦，主要是依靠集体经济推动起来的。可见，集体经济的生产力聚集，的确促进了社会生产力的发展。

以呼伦贝尔盟鄂温克族自治旗为例，他们那里的锡尼河西公社当时有四个生产队，初建公社时各队都不到100户，6000多头牲畜，公社化后经过5~6年畜牧业生产稳步发展，四个队的牲畜个个都有了大幅增长，社员生活成倍提高。其中牲畜增长最少的生产队都从6000头增长到25000头，增长最快的则发展到35000头（只）的水平。我们可以归纳为，牧区的集体化使生产力聚集的效果非常明显，这是正面的，应当认可。

人民公社的组织化程度高，效益好。毛泽东在这方面也是下功夫研究的，人民公社的分配上指示非常清楚的，定过几个原则。人民公社的社员进行分配的时候应该坚持如下若干原则：兼顾国家、集体、个人三方利益，生产长一寸生活涨一分，丰年留储备以丰补歉，保证绝大多数社员在正常年景下随着生产的发展每年收入都有所提高，强调按劳分配多劳多得。一些年来，媒体宣传经常讲：大集体就是归大堆、大锅饭。其实，集体经济本质上并非如此。至少，内蒙古牧区曾经建立的集体经济并不是这样的。

——首先，最初集体经济的建立是为实现共同富裕的目的而建的。尽管建立初期曾有种种不足，没有按照广大牧民群众意愿行事，犯有强制牧民入社等急于求成的严重问题以及"平调"个人财产和搞一大二公的错误，但是而后不久的"整风整社"中除了"政社合一"的原生态体制毛病外其他弊病基本得到纠正。

—— 巩固集体经济的制度建设中建立的定额管理等工分制、收益分配制度和政策、生产责任制度及其兑现等一整套行之有效的管理办法，都有效地体现了按劳分配、多劳多得原则，充分表明集体经济本身的本质并不是大锅饭。一些社队因管理不善不能坚持既定管理制度而曾经出现的干好与干不好一个样的问题，不是集体经济制度本身的必然结果，而恰恰是没有坚持实行集体经济行之有效制度的结果。动乱年代极"左"路线的破坏导致的管理混乱引发的各种不干活的占干活的便宜现象，更不是集体经济制度本身的问题。20世纪60年代初出现的饥荒，虽然与搞人民公社有一定关联，但主要还是搞大跃进招致国民经济比例失衡等各种历史背景，加上赫鲁晓夫逼债等国内外复杂因素综合作用所造成的，把它归罪于集体经济制度的本质是毫无道理的。

(2) 放牧方式适合草原牧区实际，延缓了草原退化，发展了生产，改善了社员生活

牧区人民公社生产队一般都拥有面积不等的大片草原，大的几百乃至上千平方千米（如阿拉善），小的也有一二百平方千米，从一头到另一头少则几十千米，大的有一二百千米甚至更大。公社化后，牧区生产队都延用划分季节草场、远距离轮换放牧的游牧生产方式。这种方式是很适合内蒙古草原自然修复特点的合理利用方式。施行这样方式，明显延缓了草原退化，在一定意义上保护了草原生态环境，对草原畜牧业的长远发展发挥了具有深远意义的作用。内蒙古全区大小牲畜总数按牧业年度计算，由1953年的1938.9万头（只）增长到1960年的3044.6万头（只）曾用了7年时间，然而由1960年的3000万头（只）

增长到1965年的4176.2万头（只）却仅用了5年时间，速度加快是非常明显的。这同人民公社发挥的生产要素聚集作用有着直接关系，但其中的关键是将大面积草原（因入社而聚集）划分为若干个季节牧场，施行长距离游牧的措施，集体协调安排遇灾走场，在气候波动的条件下最有效地利用了有限的草场资源，同时较好地保护了草原生态。

为何集体经济能有效地利用有限的草场资源，较好的保护草原生态呢？这主要缘于集体经济坚持了游牧生产方式。游牧方式不仅适合家畜好动的生活习性，保证家畜能够按照它的喜好和需要采食到最适宜的牧草，更主要的是游牧方式避免了在一处长期践踏而损害牧草资源的正常发育和再生的弊端。不懂得牧草再生规律和自我修复功能的人士无法理解的是，家庭经营以来虽然牧户对畜牧业棚圈、饲料、水井、机械设备、网围栏等多方面的投入不断增加并且期望草场承包到户后牧民对草场建设积极性和责任心都会高涨起来的情况下却适得其反，草原资源退化空前加剧。其实，这正是从反面证明了我们误以为很正确的"草原切割支离破碎'承包到户的改革'措施"，恰恰是违反牧草再生规律和草原生态修复规律的重大失误。牧草的再生规律要求对其利用应有个适度的间歇，草原承包到户和游牧的终止再也无法给草原这样间歇利用的机会而不间断地在同一个地方反复践踏采食。这就给草原资源再生带来了致命的损害，退化加剧再也无法避免。最贴近草原畜牧业的草原生态学学者刘书润先生指出，维护草原的天然性、多样性、发挥公益的生态功能，就不能把天然草原划分到户个体经营，也不能由资本家，开发商、业主、大户、项目支持像农田那样进行整合。笔者以为，这真是一语中的、真知灼见。

畜牧业的较快发展带动了生产队收入的增加，扩大了集体积累，广大社员的收入也显著增长，生活得到改善。据有关文献记载，到1965年时，牧区已经涌现出一些规模约有一百来户、三四百口人，拥有4万~5万头（只）牲畜，每个劳动日能分上3元以上，集体积累的存款达40万~50万元的生产队。那时全国农村农民年人均收入还徘徊在几十元的水平上。说明，正当农村许多农民仅仅只关心"身边看得见摸得着的实惠"而同集体生产队发生对立或冲突的时候，具有协作传统的牧民群众却很快克服了公社初建时的不适应，开始适应集体经济的运行机制，为共同富裕的目的在集体经济中情愿参加集体生产劳动，安居乐业，改善自己的生活。

农村当时因为急进和浮夸，有了三年灾害，全国众多农民在挨饿中煎熬。而牧民却不同，那三年牧业没有减产，牧民没有挨饿，而且那时候的牧民食物结构中肉还是主要的。所以食物方面来说牧区没有经历挨饿，人民公社在牧区的信誉就不像在农区那么糟糕。

（3）集体协作劳动，热气高，心情好，效率高

牧区社员集体劳动不像农村那样什么都可以"大帮轰"，放牧劳动根本不可能把所有畜群都赶到一起"集体劳动"。只有像打草、畜群药浴、人工授精、剪羊毛、打马鬃、育成公畜去势之类的生产作业才可集中协同劳动，才能创造高效率。牧区居住一般都比较分散，牧民平时很少相互见面，有集中劳动的机会都觉得难得。特别是年轻人喜爱这种难得的红火场面，人多热气高，心情好，效率自然也就高了。因此，一般牧区的集体劳动不但不会产生出工不出力的现象，反而对调节心情、提高效率都有好处。凡是亲身经历过牧区人民公社发展较好的那一段美好时光（1962—1965年）的人们，大概都不会忘记当年集体劳动给牧民带来的欢乐场景。

这跟农区就不一样，农区的公社化是典型的大锅饭，出工不出力。牧区不是这样的，牧区的生产里面，大家聚集在一起的劳动气氛和热情非常高涨。因为牧区的很多劳动需要大家一起干的，比如剪羊毛、牲畜去势、驯马、打草等。

那个时期，笔者曾驻在一些生产队同牧民社员一起"四同"，一起打羊草、放羊，一起吃丰盛的奶食和大锅煮肉，亲身经历和目睹过当时的真实场景。当时老百姓的心情都非常好，年轻的牧民社员都是相互比着干活。这种聚集让原本分散的牧区，牧民在一起的机会变多了，年轻人晚上一起唱歌、开会。牧民居住地相距至少十里八里，较远的都有30多里。晚上开会个个都骑马驰骋20~30里地过来，一点都不觉得远。社员劳动的情绪特别好，劳动效率自然就高，成果必然不菲，生活就提高了。

（4）"两定一奖"是牧区人民公社在生产责任制上的一大创新

人民公社时期施行的"两定一奖"生产责任制是牧区的一大制度创新，它非常适合牧区以畜群为单位（而不像农村那样以农户为单位）进行生产作业的特点，它把生产任务和相应责任"定"在畜群生产组上，而不是"包"到牧户。1963年5月，内蒙古党委领导在全国牧区工作会议上发言时，曾对"两定一奖"作过精彩的概括：牧区畜牧业生产是以畜群为单位进行的，生产的好坏取决于畜群的放牧管理。生产用的工具和设备一般按畜群来固定。其实，畜群生产组这种适合牧区畜牧业特点的生产作业单位，在合作化之前就存在，合作化后根据集体生产的需要，它有了新的性质又赋予了新的内容。生产队根据需要给畜群生产组配备劳力，劳力之间既有分工又有密切合作，其中放牧员经常起主要作用，从而畜群生产组就成为一个作业单位。畜群之间由于管理不同，差别很大，不承认这个差别必然影响社员的生产积极性。"两定一奖"就是承认其差别，让多劳者多得，从而能调动生产积极性的一个好的生产责任制。[1]从实施结果来看，大小牲畜的繁殖成活率明显提高，全区大牲畜平均繁殖成活率由1956—1960年平均42.56％提高到1961—1965年的平均52.08％年；同期，小牲畜平均繁殖成活率由64.74％提高到66.94％[2]。繁殖成活率的提高，为全区大小牲畜头数1965年突破4000万头只打下了坚实的基础。"两定一奖"的实行，较好地解决了放牧社员自主经营管理和多劳多得问题，也较好地调节了集体与社员之间的关系。

综上所述，牧区人民公社组建初期，的确受"左"的思想影响，不顾群众觉悟，脱离实际匆匆上马，但是而后的调整整顿还是比较及时和得力；调整后的体制基本符合牧区当时的实际，因而较好地理顺了集体和社员之间的关系，促进了生产力发展。牧民历来就具有协作传统和乐于服从领导的心理特点，所以很快就接受并适应了人民公社集体经济的运行机制。

5　牧区人民公社的主要弊端

首先，政府对集体经济管得过多、过死，生产队经营什么、怎样经营，都由政府、公社给定，束缚了集体经济的自主经营权利，也严重限制了它的发展。它根源于最初的政社合一和计划经济体制模式的弊端。

其次，牧区社队管理很差，最为突出的是财务管理相当混乱，当时牧区有不少生产队账目不清、不及时进行决算分配或分配不能兑现。长此以往当然对社员积极性产生负面影响。

---

① 王铎同志在全国牧区工作会议上的发言(1963.05.03)，引自内蒙古党委政研室等编《内蒙古畜牧业文献资料选编》第7卷，第288-290页，1987年。
② 内蒙古自治区人民政府、内蒙古自治区统计局：《光辉的四十年》，第202—203页，1987年。

　　再次，牧区社队"三角债"普遍，社员欠款多。所谓"三角债"是指部分社员欠集体，集体又欠另一部分社员。社员欠款不仅挤占了多劳动的社员应分得的收益，还挪占了集体积累资金。欠集体的社员中的大部分是移民、"文化大革命"中来牧区的知青、因病欠款的社员等。移民是以给牧区支援劳力为由政府负责迁移过来的，知青更是政府实施上山下乡政策的结果。

　　最后，由于所处社会背景的缘故，人民公社化阶段凡事都上纲上线，政治化倾向严重。动不动要进行阶级分析，以阶级斗争为纲，特别是"文化大革命"的动乱年代"左"的干扰很大，把人民公社原有的一系列制度横加批判并予以废除，"割尾巴"收自留畜，废止畜股报酬政策，大搞所谓的"穷过渡"（"文革"的破坏，下面还要进一步详述）。最后，人民公社解体的时候，又把解散不解散生产队集体的事情提到"拥不拥护三中全会精神"的高度，就像它当初诞生时没有听取群众意见一样，它解散时依然没听取老百姓的话强行解散了生产队集体经济。

　　这一切都在证明，上述弊端并非集体经济制度本身的毛病，决不应该把本不属于集体经济本质上的毛病都算在它头上。

　　经过比较长的时间，作者对一些话有过反复思考。毛泽东说过，"严重的问题是教育农民。"这句话非常深刻。虽然是很短的一句话，为什么要教育？因为农民有很大弱点，其中最为突出的就是自私。走社会主义不能任凭他们的自私走下去，那就不是社会主义了，这类大道理很多。还有毛泽东的另一句话"管理也是社教"。管理农民的过程中就要贯穿社会主义教育。然而，我们搞承包以后这些都没了，你只要自私就好，牧民也学会了自私这一套。笔者以为，从社会进步角度讲这恐怕不是进步，而是倒退，是某种公德沦丧现象。

　　1966年至1976年的"文化大革命"中，政治动乱逐步升级，打倒一切的无政府主义空前泛滥，严重破坏了牧区正常的生产和生活秩序，也给内蒙古牧区人民公社的集体经济带来了前所未有的大浩劫。

(1) 全盘否定正确的方针政策，制造冤案，迫害群众

"文化大革命"中，否定民主革命时期实行的"三不两利"政策，否定牧区实行"以牧为主"方针和"禁止开荒，保护牧场"的政策，在牧区批判所谓的"阶级斗争熄灭论"，大搞划阶级"补课"和扩大化，有的社队划出的剥削阶级高达超过总牧户的40%以上；把牧区社队的草原视为荒地，大肆垦草种粮，提出所谓"牧民不吃亏心粮"，不做"长脖子老等"等既荒唐又错误的口号，导致大片草原荒漠化；制造冤假错案，挖所谓"新内人党"挖到了牧区蒙古包里，使大批牧民群众受到严重的政治迫害，蒙受了不白之冤。搞到这一步，牧区人民公社人生产队及广大社员已经无法进行正常生产和生活。

(2) 一再割"资本主义尾巴"，大搞"穷过渡"

"文化大革命"中，否定自留畜是社会主义集体经济的必要补充，不承认社员正常的家庭副业，把自留畜当作资本主义尾巴割了又割，重新全都收回集体手中。有的牧民偶尔获取的猎物也被当作资本主义残余被没收，受到严厉批判。极力宣扬"生产关系决定论"，否定调整整顿后的牧区人民公社实行的两级管理、生产队为基本核算单位的体制，不顾当时的生产力水平和客观的物质基础条件，大搞基本核算单位升级和"穷过渡（即依靠所谓穷棒子精神向共产主义过渡）"。1968年，东乌珠穆沁旗东方红公社由原来的生产队核算改为公社统一核算，仅两年折腾，牲畜损失了一多半，公共积累损失了40万元[1]。牧区其

---

① 内蒙古畜牧业厅编委会:《内蒙古畜牧业发展史》，第203—205页，内蒙古人民出版社，呼和浩特，2000年。

他社队搞"穷过渡"的，也都损失惨重。

(3) 取消行之有效的管理制度，使畜牧业大倒退

"文化大革命"中，否定和批判牧区人民公社80条等行之有效的法规、规章制度，把行之有效的社队管理制度都当作修正主义的"管、卡、压"而横加批判和取消。如，生产队的现金管理、财务审批制度，收益分配制度，"两定一奖"等，都被说成是修正主义、资本主义的东西而进行批判并加以取消，甚至把"按劳分配"也作为"资产阶级法权"进行批判和抵制。经过这样乱折腾，牧区人民公社几乎成为没人管的地方，个别人将集体羊只肆意换酒喝，生产队的钱款不经过任何手续随意滥借乱用；多年不进行收益分配，忠厚老实社员劳动好几年也分不上一分钱，苦苦地硬撑着，严重伤害了他们的生产积极性；取消了生产责任制，根本不区分干好和干得不好，牲畜头数连年下降，整个畜牧业出现大倒退。以动乱最严重的"文化大革命"前4年为例，按日历年度计算，内蒙古全区牲畜头数由1965年的3335.4万头只下降到1969年的2976.3万头只，4年下降10.77%；同期畜牧业产值下降0.53%[1]。

(4) 批判"唯生产力论"，大肆宣扬所谓"不为错误路线生产"

"文化大革命"中，在牧区也大肆批判"唯生产力论"，以所谓的"造反""革命"来压生产。批批判乌兰夫曾经提出的牧区"千条万条发展牲畜是第一条"和"搞不搞生产是关系到生死存亡的大问题，是真革命与假革命问题"的论断，诬蔑它是"用生产代替阶级斗争"，"是一个典型的经济主义者"。那些关心生产、不愿意参加"大批判"的社

---

① 同上书，第206页和内蒙古自治区统计局、内蒙古自治区人民政府：《光辉的四十年》，第197页。

员被扣上"只顾低头拉车,不顾抬头看路线"的"唯生产力论者"帽子,竭力宣扬所谓"不为错误路线生产"的"道理"。害得老实搞生产的遭打击、受气,严重挫伤了社员的生产积极性。

6 从承包制开始,不久演化成牲畜户有户养的家庭经营制度

1983—1984年期间,内蒙古牧区开始推行牲畜承包到户不久,"承包式"的改革却把牲畜集体所有制直接演变为牲畜私有牧民户有户养的所谓家庭经营制度,将全部集体畜群打乱平分给牧户家庭。为什么会这样?这是因为,家庭联产承包责任制在农村改革中取得的重大成功,使许多人误以为这一经验是放之四海而皆准的普遍真理,处处都在搬套这个经验,甚至连城市改革也要套用它(当时的说法是:让"包"字请进城)。在全国农村改革大背景下,20世纪80年代从区外派到内蒙古自治区来主持工作的领导人虽然不太了解牧区实际情况,但却很大胆地要求内蒙古牧区也原封不动地照搬农村"包产到户"和变集体经营为家庭个体经营的"基本经验",就此展开了"承包式"的经济改革。当时的决策者并不了解牧区与农村在传统文化方面的巨大差别和当时农村和牧区集体经济所面临的具体问题的根本不尽相同,以及草原放牧畜牧业与种植业之间的重大差异,简单划一地采取了"一刀切"的办法,在牧区生搬硬套农村平分土地的经验把集体牲畜平分到户。之后不久,又在政府的指令下,牧区人民公社也同农村人民公社一样统统都被解散,公社被苏木(牧区的乡)所取代;所有生产队的集体经济都不复存在,其行政管理职能被嘎查(相当于农村的行政村)的行政职能所替换。牧区各地在平分畜群、取消生产队时,不少地方牧民不愿意看到多年辛苦积累的集体财富被分掉,牧民更为不放心的

是以群居为习性的畜群一旦打乱平分后牲畜相互不合群时不知又该如何应对。通过调查，我们发现一开始大多数牧民对承包都不那么热心，甚至相当一部分人不愿意把集体分掉。但都被当时的领导以"不符合三中全会的改革精神"为由拒绝听取不愿解散集体的牧民意见。

如以地处荒漠的阿拉善盟为例，他们那里地广人稀，集体经济时期牧区牧民中间根本就没有出现过平分集体牲畜到户的要求，因此实际分畜到户的具体行动推进得很迟缓，还一度出现了对于自治区领导要求分掉分集体畜群的指令顶着不办的局面。宝日乐岱同志当时是主管畜牧业的阿拉善盟盟委副书记，为了这件事，她骑着骆驼走遍了全盟三个旗，想看看百姓的态度，调查结果：大家都认为不分的好。

呼伦贝尔盟（即现今的呼伦贝尔市）也有类似情况。当时呼伦贝尔盟鄂温克旗有个叫特莫胡珠的生产队，20世纪50年代末公社化时有6000多头牲畜，经过集体时期的发展，到20世纪80年代他们的牲畜已经接近5万头，集体经济很富，大家都觉得集体靠得住，分包到户恐怕自己经营不了，因此要求不分集体畜群。新巴尔虎右旗赛汉塔拉公社巴彦乎热队，是呼伦贝尔盟牧区当时最富有的一个生产队，20世纪80年代初他们生产队积累的现金存款就有数十万元，有将近三万只羊，牧民不同意分包到户。当时的实际情况就是集体经营越好的队，牧民越不想分。但是，最后还是通过行政命令强行给分了，这样就把以前的集体经济和牧民间的协作传统都给丢掉了。

事实上1983—1984年施行家庭经营之后的三四年间，与一些媒体曾经报道过的"承包"后牧民收入很快得到提高了的宣传相反，牲畜分包到户后的牧区牧民收入都没有明显增长，直到1987年内蒙古牧区牲畜总头数都没有明显增加。一方面是因为那几年遇到风雪自然灾害，解散集体经济打破了牧民间的协作机制，一家一户的牧民抗灾能力变得很脆弱，灾害损失惨重。另一方面，分包到户后原有正常畜群结构被打乱，原先的畜群被拆散，公母畜适度比例搭配的规律遭到破坏。一个只善于专门放羊的人突然有了所有不同种类的牲畜，加至牛马和羊又不能一起放牧的情况下他会怎么办呢？他只好要腾出更多劳动力来照顾各类牲畜，既费人力又增加了成本，这就和草原畜牧业生产的客观规律发生了冲突。承包后的那几年生产下滑，效率上不去，收益下降是情理之中的事情。如此，牧区人民公社就像它诞生时没有听取老百姓的意愿一样，消失的时候同样也没有倾听牧民的要求和呼声。来也匆匆，去也匆匆，牧区人民公社就画上了它生命休止的句号。

此外，平分牲畜时，各地考虑的都是以按人口均等分配为主的原则。而这种按人数均分牲畜的做法，却严重忽略了合作化时期带着牲畜股入社的社员和后来赤手空拳来本地参加生产队成为社员的那些人之间的重大差别，人们似乎也忘记了现有集体畜群正是由集体入股牲畜繁殖而来的事实，引发了原先带着牲畜股入社的那一部分牧民的不满，认为这样处理很不公平。此事至今没能得到解决，使得一些岁数大的入畜股牧民每每想起这件事一直心里耿耿于怀。

即使从实际效果来看，按人均等分配为主的原则下平分牲畜以后的三年内，内蒙古全区的牲畜头数总体上几乎没有什么增长，第四年才开始有了缓慢增长，到第七八年的时候，才出现了牲畜头数增长的一个高峰。然而，三年以后许多基层里就开始出现已经失去全部牲畜的贫困户。开始的时候，每个嘎查只有一两户无畜户，之后的岁月里这个数字逐渐上升到七八户十来户。到了20世纪90年代初，贫困户的比例就平均超过了10%。有的地方甚至达到了30%。锡林郭勒盟有的地方无畜户超过30%。20世纪90年代锡林郭勒盟的政协有个调研报告,报告称30%的人占有70%的牲畜,70%的人只掌握30%牲畜。按照人口均等平分为主的所谓公平分配集体牲畜后,却出现贫困户增加的不公平趋势,这使笔者再一次想起了前文曾经引述的毛泽东的那一段话:农村中的封建所有制消灭之后"许多农民,则因为生产资料不足,仍然处于贫困地位,有些人欠了债,有些人出卖土地,或者出租土地。这种情况如果让它发展下去,农村中向两极分化的现象必然一天一天地严重起来。"①

牲畜承包之后,有人提出,分畜到户虽然已经解决了牲畜吃大锅饭的问题,可是现在草场大锅饭的问题已经上升为主要矛盾。因为牲畜不均等现象已经出现,牲畜多的人经常占公共草场的便宜。更重要的是,只有把草场划分到个人名下,个人对草场的保护理念和责任心(保护和建设的)会大大提高。要解决这个问题,必须毫不动摇地完成草场承包。由此推开了所谓的双承包,将草场也分到了各户。之后数十年的事实证明,上述假设完全是脱离牧区实际凭空设想的臆断,它导致了草原退化的加剧和草原生态的恶化,实属贻害无穷。

改革从牲畜到户开始,解决的目的就是要砸大锅饭,所以草场也是在这个意义下开始分的。笔者认为,大集体的自由度差一点,管得严一点,什么都管,这是过了头。政社合一和不给生产经营者以自主权的体制问题,什么时候都应该批判,应该改革。但是说牧区集体经济全都是所谓的大锅饭,归大堆,这个说法也是完全不符合实际的。因为大集体的时候避免平均主义有许多一整套管理办法,各个方面都

---

① 《毛泽东选集》第五卷,第187页,人民出版社,北京,1977年。

有防止或避免各种差错和问题的措施。讲科学的实事求是者不应该把体制上的缺点错误归咎于集体经济本身上的。

首先，集体经济的评工记分制度具有科学性。现在的人们一听起这个话题就认为它一定是个平均主义大锅饭的东西，因为上世纪80年代改革开放以后媒体一直对集体经济进行如此这般宣传的。但是实际情况并不是这样的。比如工分，并不是所有地方都不分干好干赖、干多干少一律记同样的"老八分"、平均主义。所谓"工分"是一种计算劳动者付出多少劳动的尺度，每人完成劳动任务后按照一定规则计算或登记一定数额的工分，收益分配时按照个人工分多少来兑现。取得工分的途径有两条：一是根据各个工种的辛苦程度和技术难易程度，经过民主讨论制定出一整套工分定额，例如放马一天15分，放牛10分，放羊的12分等；可见，各工种、各种情况的评工分制度大多都是承认差别的，一般情况下可使多劳者能够多"得"。二是按照所实行的责任制契约结算出的包干工分数就是应得工分，如三包一奖或两定一奖责任制规定的时限结束，牧民应得包干工分多少就给记多少工分。从以上两点看，从工分定额的制定到最终把工分记到个人名下的各个环节都不存在所谓的"大锅饭、归大堆"，只要按制度认真去做，就不会出现平均主义。之所以会出现平均主义大锅饭，那恰恰是因为没有切实按照既定工分制度去落实的结果。

其次，收益分配上，上级每年都下达具体指导当年分配的指示。从中央到下面的省市自治区，直到盟市旗县各级党政领导机关，在集体经济收益分配之前，每年都要搞调研，看这一年的生产增长如何，然后确定集体提留多少，给社员分配多少，在严格调研基础上出文件，安排当年的分配。其中就十分注意体现毛泽东提出的生产长一寸生活长一分，以丰（年）补欠（年）等兼顾国家、集体、社员个人三者之利益和多劳多得等收益分配原则精神。此外，还贯彻丰收的年份提留一部分储备金在歉收的时候用作社员分配的追加部分，以平衡丰年和歉收之年间社员分配部分可能出现的大幅波动。

所以这些都显然不应该被看作是平均主义大锅饭，而应该看作是体现按劳分配、多劳多得的。社员干的好坏不仅体现在工分上，还具体表现在收益分配中各个社员家里分到现金的多少上。普通牧民社员中那时候年终能够分到几千元现金，领着一家人去北京去上海，买回绸缎等令人眼花缭乱的高档消费品的牧民社员，大有人在。与此形成鲜明对照的是，同一生产队里不好好劳动的社员不但不能领回现金还欠下生产队款者，也确有人在。这样的集体经济显然不是平均主义大锅饭，它体现的是多劳多得、不劳动者不得食。

7 家庭经营以来出现的贫困化与经营成本增加、收益率下降趋势同现行制度安排有关

贫困化和经营成本增加收益率下降趋势的出现，同平分畜群、草原"分包"给牧户的制度安排有着前因后果的直接关系。牧区刚开始出现贫困户的时候，许多人认为贫困户主要是游手好闲好吃懒做的懒汉，但是后来逐渐发现：事情并不那么简单。深入了解后发现，一些常年劳作的勤劳牧民也有沦落为贫困户的。这就是说，除了懒惰还有其他原因。究竟还有哪些原因呢？①在畜群规模效应规律下，畜群规模达不到实现良性循环的临界规模的牧户，弄不好就陷入投入不抵产出的泥潭之中成为贫困户。实际平分牲畜后，因为相当数量牧户的畜群规模达不到当地实现良性循环的临界规模，一旦遇到灾害牲畜死亡

率很高；待到灾害过去之后就很难重新发展起来，因为牲畜很少的人，遭了灾之后其畜群繁殖发展的"元气"大伤，减去因灾损失再扣除日常消费就很难再发展了。②平分畜群的制度下，每家牧户都需要装备一整套生产设施，原来生产队集体时期配套的生产设施，凭家庭经营后的所有牧户自己能力个人家里很难去配套。因此，有能力配套和没有能力配套的差别就显现出来了。有能力配套设施的牧户比较顺利地发展起来了；反之，其发展就受到限制或阻碍，最终后者就滑向贫困化。③独立经营能力差的，容易沦为贫困户。集体经营时期没有出现这一问题的原因是：集体根据每个人的能力特点去安排分工。有些缺乏经营能力的人，在集体经济时期在统一经营和集体照顾下，就会被派到适合他能干的岗位或位置上，发挥他自己作用的情况下就能满足其有吃有喝。这不等于他无偿占有了他人劳动，而是必要分工中承担一部分劳动取得了应得报酬，按劳取酬。此类自我经营能力差的人，家庭经营后他们完全失去了在集体经济里合理分工中那种自食其力的机会和权力，成为贫困户是情理之中的事。与此相反，户有户养制度施行后少数经营能力强的牧民，依靠自己的本事成为远近闻名的富有户之典型也是有的。呼伦贝尔市鄂温克族自治旗就曾有这样一位普通的牧民叫那日哈吉德（现已过世），他放牧经验很丰富，牛马羊各种牲畜都能经营。家庭经营后，他用传统经验和方法放牧，经过八年他的牲畜数量达到全旗第一，后来又发展成全自治区第一，小畜达到7000多只。这说明靠劳动致富是有可能的，穷富差别的形成中制度安排虽然很关键，但现阶段劳动能力的差别显然依然很重要。不难发现，一面是贫困化另一面是少数富裕户的同时出现正是上述制度安排的直接后果。这表明，面向大众的社会改革，应照顾方方面面，而不是仅仅照顾到其中一方。否则，难以实现共同富裕，穷富悬殊难以避免，甚至出现两极分化。④平分畜群制度实行后生产方式的改变使牧民的生产成本上升，牧民的收益和效益下降也使许多辛勤劳作的牧民趋于贫困化。特别是20世纪90年代后期，牧区环境和资源衰竭和退化的加剧，促使牧民外购大量草料来维持养畜生产，从而导致成本投入越来越高，最后剩余的纯效益越来越少，由此牧区贫困户再次增加了。据历史资料，集体经济时期牧区生产队当年生产费支出平均占总收入的四成以下。眼下，家庭经营的牧户包括草料费在内的各种生产费用占年毛收入的七到八成，经济效益下滑十分突出，看似数万元年收入的牧户实际纯收益少得可怜，就是说还不如大集体时期的好。评价此事，人们心中感慨良多。

人们养牲畜的经济效益越下滑越想多养牲畜。就这样，牲畜数量最高峰还是出现在家庭经营以后的20世纪90年代，说明贫困户增加的同时富裕户的财富积累更快，积累的财富更多。而生态也在这个过程中遭到致命打击，家庭经营造成了各个牧民家庭畜群都在自己"承包"的同一处有限草场上放牧，这种反复践踏形成的被称之为"蹄灾"的滞留型过牧，远比牲畜数量过多带来的放牧压力更严重。不难看出"蹄灾"和过牧现象正是我们期望牧户把草场划分到自己名下后保护草原的责任心提高的时期产生的。所有这些都告诉人们制度变革应考虑周全，不能只考虑一面而缺乏考虑其他。

8 承包制的解读

上面我们对牧区实行家庭经营以来出现的历史事实作了简要回顾，其实从理论角度来说，把家庭经营制硬说成"承包制度"的说法实在是说不通的。因为牲畜户有户养制度里根本不存在谁对谁承包的问题，自己用不着"承包"自己的牲畜。

1984年，曾经有过这样的说法，牧区的草场好比农村的土地，牧区的牲畜好比农村的禾苗，只要草场还保持着集体所有，牧区经济的公有集体经济性质不变。错误恰恰就在此。生产资料的所有权，并不像他们说的，保持了草场公有就是集体经济。我们可以看到，苏联解体以后，俄罗斯宣布，整个俄罗斯的国土都是国家所有，但是其他的东西，都是经营者个体所有。如果按着刚才的逻辑，俄罗斯岂不是至今仍然还是公有经济吗？然而，事实上俄罗斯现在完全是地地道道的私有制经济。所以那种歪"理论"的套用以及蹩脚的公式化结论显然都不符合实际。

我们现在说的承包制应该是指同一个所有制单位内部相互间划分责任时用的包干制度，把它用在所有制的变更问题上就不合适了。如像上面所说的，把集体所有改变为个体所有也叫作承包和责任制，那肯定是错了。

在中国，生产责任制的出现是在集体经济内部，不同的生产参与者个体，或者集体内部的这部分人和那部分人之间以及与大集体之间的关系，需要划清谁承担多少责任的问题。这样来划分和确定各方的责权利，需要形成有一定时间限度内的契约性关系。早在1958年，内蒙古牧区集体经济内部已经有了很完善的责任制了，那时候确实是真正的承包，集体将牲畜承包给各户，各户对集体负责。现在牲畜已经归了各户，跟集体没有任何关系，牧户已经用不着向集体承包了，更不可能将自己的牲畜承包给自己。可见，所谓双承包根本就不成立。

上世纪家庭经营开始阶段，牧户家庭还须每年交给集体一部分"提留"，相当于过去的公积金。各家各户除了自己"提留"一部分自家扩大再生产用的资金外，还须给大队上缴规定的提留。刚开始，这部分上缴提留的公积金性质并未变，还只许用于集体扩大再生产上的。但后来集体"公"有经济逐渐已经不存在了，那些集体"提留"就变成了干部的"误工补贴"和招待费。集体经济已经很难再履行以往领导大家劳动，购买公共生产工具等职能。而"三提五统"（三项村提留指公积金、公益金、管理费和五项乡镇统筹指教育附加、计划生育费、民兵训练费、民政优抚费、民办交通费）到1989年已经彻底取消。这时候承包的因素已经完全没有了，跟集体没有任何关系了，集体基本已经空壳化，只是仍然以"承包"来称呼这种实际上私有的做法。

自从人民公社解体，恢复苏木嘎查的名称开始，社队集体已经不存在了，代替的就是苏木嘎查。然而，苏木是一级行政管辖机构，嘎查则是村民自治机构，二者都没有集体经济的职能和性质。不过这一阶段，嘎查虽然本身已经不是经济组织，也没有可管理的集体资产，但它还是集体经济承包草场发包方的代表。所以渐渐地，人们对嘎查已经不是集体经济实体的事实早已心知肚明。但是到20世纪90年代，草场承包需要办理合同手续时，嘎查不得不再度出面充当集体发包方代表，给使用草原的牧民颁发了承包使用证。但从现实角度来看，总体上牧区集体经济已经不复存在则已经成为不争的事实。当然，我们不否认少数嘎查仍有一定集体财产，履行着集体经济职能的个别案例；然而，嘎查作为牧区村民（牧民）自治机构的本质特征也同样不容否认的。

9 牧区新的牧民合作社

2007年7月1日中国《农民专业合作社法》正式施行，该法规定在家庭经营体制基础上鼓励农牧区建立各种专业合作社。但是直到今天，成功的牧区合作社仍然不多见。这是为什么呢？无法推动合作的原因之一是，合作社是需要制度化的支持的；而第二个推不动的原因还有两个方面：合作社究竟是按专业合作社法的要求，以提供服务为宗旨呢，还是将牧民需求放在首位，走牧区自己的路子呢？这是个问题。现在这两边都要走，还要解决生态问题，于是各种矛盾和障碍就出现了。

比如锡林浩特市郊区有九户牧民协商要成立一个合作社，本来成立合作社的目的是为了解决联合使用草场，施行游动放牧，遏制资源退化的生态问题。可是还没等正式成立，其中三户就退出了。这三户是嘎查书记和他的两个亲戚，因为他们已经习惯了单家独户的经营，对这种联合起来的生产方式不愿接受，怕吃亏。可他们三家的草场不仅占据中间的好位置，而且面积占了九户草场的60%，还都是质量最好的草场。他们退出后，剩下的六户就无法进行游动放牧了，虽然合作社没有彻底散架却很难实现当初的目标了。

对放牧来说草场连片才有价值，但是草场连片使用需要组织化管理，而太大范围的草场共用不适于管理，而范围太小的个体占用草场方式不利于生态环境，大集体时期建立起来的生产队形成了一定的放牧管理单元，这样的单元对环境的适应度如何？能否对今后牧区牧民合作社的合作放牧提供参考？

草场利用方向确定之后，选择具体利用形式和科学管理问题是相当复杂的问题。笔者认为，不宜采取各地通用的统一形式和相同的一种管理方式，这是原则前提，否则我们又将要陷入屡屡失败的"一刀切"陷阱之中。这就是说，以一个嘎查为单位如果全嘎查牧民都能同意承包权不变的前提下可以统一经营，那么全嘎查草场连成一片，再把它分为春季草场、夏季草场、冬季草场和打草场，有计划地不同季节里分别在相应季节草场上实施走场移动放牧，打草场则专用于刈割饲草；如果一个嘎查内一些牧民不同意连片经营，那么也应当允许他们自己经营，其余草场连片经营。为什么要以一个嘎查为单位呢？一则法律已经明确规定草原所有权归嘎查集体所有，因此还是在同一个所有权范围的草场上实施连片经营比较合理；二则施行移动放牧其草场范围太小了不行，"转不开（指畜群在草牧场上转悠不开）"，移动不起来，范围太大超过集体所有权规模又不便于管理，不同所有权范围之间总会有许多不好协调和管理的麻烦事。现今的嘎查大部是由集体经济时期的生产队演变而来的，而当时的生产队是经过社队规模调整后确立为最佳规模的"基本核算单位"，相当于农村的行政村一级。根据牧区草原需要较远距离内游动放牧这一客观实际，大集体时期的生产队自然就成为适合牧区自然环境的草原和放牧管理的单元，即使现在，嘎查（即原来的生产队）的规模仍然比较适合牧区基层的各种行政管理和草场管理，所以不宜变动为好。如果，时下一个嘎查还不能一致同意把草原全部连片统一放牧使用，至少一个合作社内将放牧场连在一起大范围内轮换移动放牧，也是一个积极的选择。按照放牧规律，绝不是草场连片越大越好，首先，需要适度的放牧半径；其次，超越客观需要的过大面积连在一起，必然出现额外的管理上的困难。

目前的牧民合作社里成功地走上专业合作之路的案例也是有的，比如东乌珠穆沁旗的哈日高毕东乌珠穆沁种公羊合作社是成功的一个合作社，至少在联合利用草场提高牧民收入等方面都有了显著效果。可对大多数牧民合作社来说却困难重重，他们找不到好的专业出路。大家都在养羊，自己应该有什么样特色才能发展起来呢？许多牧民合作社不得不长期徘徊在这样的困惑之中。

另外就是关于合作社提供服务的功能了。比如我的合作社如果能做到各种信息很灵，能够事先提供市场需求和价格变化的预测信息，或为大家联系和提供预先的市场订单服务等，就能大大增强成功的可能性。可是事实上牧区多数牧民合作社至今尚未找到这样的路子，所以推进其发展显得非常困难。现在的牧民合作社，有养肉牛的，也有养羊的，还有发展马文化的，听起来名字很响亮，似乎也很"专业"，可是实际效应却非常有限。

时下牧区牧民合作社的发展中可以借鉴牧区以往存在的生产、供销、信用合作社等多种合作社形式，可以尝试发展产供销一体化的牧民合作社，可以创办把产品集中统一销售的流通型专业牧民合作社，在征地较多资金雄厚的牧区随着国家农村牧区金融体制改革的逐步深化也可以试办村镇银行或牧民金融合作社。集体经济时期所谓的生产合作社应当是特指人民公社成立之前的初级牧业生产合作社和高级社，它是生产资料公有化过程中出现的生产领域里的集体经济组织。如前文所述，那时牧区牧业社、供销社和信用社三家同时并存，各单位都把自己多余款项存进信用社，后者吸收存款后放出贷款，赚取存贷差额，维持自己的运转。当前的牧区状况已大不同于那个"集体化"年代。首先，与以往相比在实际操作中就生产领域的合作而言，人们还有一定的困惑：过去的集体是生产资料成为集体所有的基础上，生产方面集体统一经营；如今合作社法引导的却是服务型的专业合作，牧区虽然实际最需要的是生产领域的合作，但这样做会不会有不符合合作社法规定之嫌，人们心里没有把握。按照法律规定创办专业合作社绝对没错，但是合作社法里也没有生产上开展合作的禁止性规定。笔者认为，一个合作社范围里只要全体成员同意并在自己的章程里明文规定要搞生产合作，就不是违法的。其次，牧民发展流通性质的合作社就更不成问题。随着经济的发展，国家经济结构的调整农村牧区经济早已不是仅仅被限制在第一产业内的经济，且牧区蓬勃发展的消费市场的需求已经呼唤着个体的、集体的多种所有制商业流通和物流企业的发展。最后，金融服务方面创办合作社同样具有广阔前景。如上文所述，国家正在逐步放宽步入金融服务业的"门槛"政策显然有利于创办金融服务合作社。总之，除了国家经济结构调整机遇外，城市化的大力推进中大批牧民需要从第一产业分离出来的趋势，同样有利于牧区创办商贸物流合作社和金融服务合作社。正确借鉴集体经济时期的成功的丰富经验，吸收到当今合作经济发展中来作参考是很有裨益的。

10　牧区迅速推进集体化的缘由

人们从目前的牧区牧民合作社发展缓慢想到，能不能从合作化时期的经验得到一些启发或借鉴？为此，这里简要探讨一下中国牧区从互助合作开始到人民公社化的整个集体化推进过程比较顺利的原因。中国牧区畜牧业社会主义改造中建立的生产领域集体经济不是单纯为解决简单协作劳动和互助合作需求而建立的一般意义上的合作经济，而是为了改变个体所有制为集体所有制建立的、带有浓厚政治色彩（是社会主义制度的产物）并具有牧区基层社会政权性质（人民公社的政社合一）的组织。它从无到有、从小到大的整个发展历程及其产生的时代等都具有特殊的政治背景，现今出现的牧区牧民合作社在这些方面根本无法与之相比拟的，何况社会制度截然不同的美国更不可能奢望出现类似于中国合作化式的农民合作组织。

20世纪中叶，包括内蒙古牧区在内的中国农村牧区合作化比较顺利的情况笔者在上文的多处都曾有所涉及，不妨在这里再集中梳理一下。时下，虽然政府的确也在倡导和扶持，但牧区牧民合作社的发展为什么还仍然进展缓慢？由此可见，同上世纪的合作化运动相比较，深刻捉摸一下它到底有什么不同之处的问题，的确是很值得探讨的。先看看合作化运动时期是什么样子。第一，那时的牧区合作化是属于遵照中央"一化三改（即基本实现国家工业化和对农业、手工业、资本主义工商业的社会主义改造①）"的过渡时期总路线要求来开展的全国农业社会主义改造运动的一个组成部分。它包含着把个体农牧民改造成合作社的集体农牧民，也就是对个体农牧业进行社会主义改造的内容。各级党政领导都把合作化运动当作压倒一切的中心政治任务来抓，"书记动手，全党办社"。不光是抓的有力，还先后出台过一系列条例法规，如农村人民公社60条、牧区80条，就是用红头文件颁布的条例法规形式来指导。第二，那时入不入社，走不走合作化之路虽说也自愿，但全党全民都把它看作是走不走共同富裕的社会主义金光大道之政治问题，并且那时建立合作社的核心问题是把农牧民生产资料的个体所有改变为集体所有（由私有变为公有），而不是像如今合作社那样仅仅为了解决家庭经营与大市场对接问题这么简单。第三，那时配合合作化开展强有力的社会主义宣传和思想教育，当时毛泽东曾经指出"严重的问题是教育农民"，强调用社会主义思想教育农民，克服其小农经济的自私自利，才能巩固合作社的发展。第四，国家机器对一切破坏合作化的反革命和坏人坏事采取高压态势予以打击、镇压。如

---

① 《毛泽东选集》第五卷，第89页，人民出版社，1977。

此多管齐下的强有力领导和帮助下，当时的合作化不能不以超强势顺利得到发展。

当然以上经验虽说都是历史上的事实，但是今天的牧民合作社发展中要继续应用那些经验，也许有的还能借鉴，有的就未必能用了。因为今天的时代已经变了，国情也变了，要实现的目的和本身性质等都已经不一样了。就说政府的领导和抓法以及抓的力度，现在不可能达到像合作化时期抓政治运动那样的强度；法治方面如今更有了巨大进步，已经不再是用红头文件形式来指导，而是通过立法程序正式颁布的法律来规范和约束合作社的发展。还有那种动用国家专政机构采取高压手段打击与发展合作社经济意见相左的人，现在就不一定合适了吧？

如果说还有什么可借鉴的话，加大宣传教育力度方面大有学习借鉴之处，当前整个社会在学习和思想宣传教育上似有不小的缺失，多学习多借鉴定会促进合作社的发展。过去集体经济时期，生产队里经常开会，或者讨论商议集体的事务或者学习政治提高思想觉悟；眼下可没这样机会。基层牧民反映，许久都看不见苏木领导来组织大家开会学习，更不用说旗一级领导啦，甚至嘎查长或书记也都很少组织牧民开会学习。这样，有的牧民就不甚了解相关法律法规，也得不到正常的正确思想宣传教育，随机问一位牧民：我们怎样才能实现共同富裕的目标，常常回答不了。一言以蔽之，当前正确的思想教育十分薄弱是不争的事实。在创办牧民合作社进程中如果说还可以借鉴什么的话，加强基层牧民的思想教育，应该说是很有必要的。笔者建议，这种教育要与时俱进，避免干巴巴的纯说教，而要采取生动活泼、牧民喜闻乐见的形式作艰苦细致的思想教育工作，这是十分必要和有效的。可以与传承优良的游牧传统内容结合起来，进行克服极端自私自利思想、发扬合作传统的教育。牧区历来人口稀少，分散居住的条件下牧民相互见面一次都是很难得的事情，牧民渴望有更多众人集聚的机会。大集体时经常开会，人们都十分愿意借开会的机会聚集在一起唱歌欢乐，直到现在牧民们还在心中对那时的美好时光眷恋不已，对现今一年都不开一次会的状况深感遗憾，表示不满。宣传教育和政治思想工作是我们党和我们国家的优势，是我们的强项。我们可以通过基层党组织、共青团和妇女组织以及合作社，经常组织牧民学习交流，演出节目，以牧民群众易于接受的形式开展弘扬互助合作精神，克服极端个人主义思想，激发团结向上精神的工作。这不仅是个民众精神境界的进步，更是极大地推动合作经济的巩固和发展的强大软实力，各地不应忽略。

美国想搞放牧之类的合作，他们根本无法借鉴我们合作化时期的成功经验，它只能在个人主义经济文化圈子里按照他们所谓的社会化协作原理，搞一些以契约形式提供有偿服务之类的合作罢了。搞合作制还必然要有相应的分配制度相匹配，然而美国社会崇尚的分配制度则是不同于我国的"按资分配"，并把它奉为天经地义的"公平"制度。此外，美国的草原地区要搞什么放牧合作，它更缺少的是它不具备悠久的合作传统这样的历史文化底蕴。今后它在放牧方面成功地搞合作，仍然前景渺茫无法乐观。

11　国家实施牧区生态补偿政策

2010年，国家开始实施全面的生态补偿政策。关于这个问题，存在各种争论和意见，争论的焦点在于：国家应不应该给生态补偿和补偿是否应该长期化？生态补偿是十分必要和应该的，因为生态效应虽然具有公益性特点，但其源头——内蒙古草原绝大部分的所有权是集体的，作为集体所有草原的公益性生态效应他人不该无偿享用，从国家履行向全民提供公共服务角度来看它应当承担向草原所有权人给予补偿的义务。产权界定明晰的现代国家里这种做法早已成为通行的惯例，因此补偿与否问题上进行争论根本就毫无意义。

那么究竟应该补偿多长时间呢？原则上应当明确长期补偿是必需的，因为国家和全体国民对草原生态效应的需求是长期的，绝不会出现今天需要了明天或不知哪一天不需要的情况发生。有人以担心长期补偿对被补偿"养起来"的蒙古族牧民，会以长远自我发展不利为借口将补偿变成短期化。"给钱"与否不是决定一个族群长远发展的决定性因素，而是钱怎么花、花在什么地方以及是否能真正规划好符合他们实际的长远发展出路才是重中之重。一个民族从一种民族经济文化系统演进成另一种民族经济文化系统是一个漫长的长期过程，甚至有时会经历痛苦的反复才能完成的。这不应该成为以关心其长远发展名义来威胁"断奶"、拒绝支付本该支付补偿的理由。这里列举农牧交错地区蒙古族群众由牧业向农业变迁的事例来稍作说明。作为具有传统牧业文化的牧业民族，他们如今实际分布的很广，在农村、半农半牧区、牧区都有蒙古族群众，而在农村的蒙古族群众已经较多地接受了农业文化的影响，跟纯牧业文化的蒙古族群众已经有了不小的区别。但是身在农村的蒙古族群众，跟真正农业文化的民族相比较，差异仍然很大。笔者在农牧交错带的突泉县、科右中旗一带调研时曾经看到，公路两边，一边是突泉（汉族农民）的庄稼地，另一边是科右中旗（蒙古族农民）的庄稼地，种的都是玉米，蒙古族农民种的庄稼长势明显不如前者。因为田间管理不一样，造成长势、收成相差很大。这说明了科右中旗的蒙古族农民，经过将近200年的漫长转化过程，仍然没有成功地转变为地地道道全身渗透农耕文化的"典型农民"。这表明一个民族的文化系统要转变成另一种文化系统，需要漫长的历史过程。短短的十几二十年，完全不够。

我们的媒体常常不区分"同化"和"自然演进"的融合之区别。不久前国内某电视台宣称，布依族和汉族之间的同化过程有了喜人的进展云云 …… 笔者以为不应该这么讲，因为布依族是在不断吸取汉族文化成分，是在逐步融合，但它不是同化。自主的融合是个自然过程，强迫性的同化是个强制过程，决不能混为一谈。

从中美两国牧区比较中，以上谈了许多内蒙古牧区的制度变迁的事情，希望上述内容对主张一边倒地套用美国的制度、美国的一切，照搬美国的农牧业现代化的人有所启迪和思考。我们还是要同自己的传统文化紧密结合，有选择地学习借鉴适合自己的他人好经验，走出自己创新的新路子，这才能可持续、才有真正希望。

访谈录

郑宏问:《尘暴》作者认为美国大平原生态问题难以得到根本解决的原因在于个人主义扩张的文化一直是国家政策的价值导向。而内蒙古草原则有着集体化和个体化两种导向不同的政策经历,如今同样面临沙尘暴的发生,有过两种经历比只有一种经历可以说多了一种宝贵财富。与美国大平原的比较是否为我们提供了一个机会:重新审视和评价牧区曾经有过的集体经济制度,并与如今的家庭承包经营制度进行对比,或许可从中汲取到不可取代的借鉴?

额尔敦布和答:我很赞成这样的视角。一般认为,造成美国大平原生态问题的根本原因在于它自始至终鼓励个人主义的经济文化,使得人们只为各自的利益行事所造成的。而内蒙古的情况则是曾经有过集体制度,后来又搞了个体化的家庭经营模式,其结果如何? 我们大体上可以概括为以下两种结果:一是从根本上将牧区游牧方式改变为定居放牧,每家牧户都被限定在所分到(承包)的有限草场上养牲畜,牧户在"归属自己"的不大草场上长年累月不间断的反复放牧践踏,造成牧草资源得不到休养生息而使其正常再生遭到严重阻碍;同时,牧区上述经营模式的人为改变,造成了经营者草料费用增加、生产成本大幅上升而事实上挤压了收益空间甚至造成了许多经营者经营亏损的严重后果;二是只为自己利益行事的承包模式,除了为个人眼前利益不顾草原资源承载限度极力增加牲畜头数外,更使得牧区传统的协作机制遭到断裂,特别是一些青年牧民越来越自私,为一己私利父子之间、兄弟之间反目成仇的事几乎成为司空见惯之事。自私心理的逐步强化,也成为今天发展新合作经济的一大障碍。锡林郭勒盟锡林浩特市郊区,有9户牧民在现实需求驱使下发起建立新的牧民合作社的动议，可几经协商后其中承包时"分到"又多又好草场的嘎查党支部书记突然改变主意，怕参加合作社要吃亏，决定不参加合作社而致使酝酿中的合作社硬是未能如期成立。因为，合作社打算联合各家草场统一经营，分季度游动放牧使用；可那位支书的草场位于9户牧民草场中间，他不参加，联合经营的意图就全都泡了汤，生生就给搅黄了。

　　概括起来讲，第一种情况导致草原退化加剧生态恶化，几乎到了与美国大平原的"尘暴"相当的程度并出现了贫困化扩大的趋势；第二种情况则导致遭灾后相互救助现象越来越少，贫富差距拉大，贫困面趋于扩大。回顾集体制度时期，不难发现当时一直坚持实施游牧而生态保持的较好，贫富差别也没有现在这样大。那么，为什么广大农村施行以家庭承包为主要形式的改革后普遍取得显著成功而牧区搬套这一经验后却与之大相径庭？我们原以为把草原"承包到户"即能极大地调动牧民保护草原积极性的预期为何与现实之间如此相左？这些问题的存在正是提示着我们重新审视和评价集体经济时期历史的必要性及其不可替代的意义所在。当今的牧区，跟随着全国改革开放已经走过了30多年之久的路程，期间整个国家特别是农村发生了巨大变化，牧区却未能跟上全国的步伐取得应有的改革效果，不仅如此资源环境的破坏和恶化以及生产力总体发展水平、社会贫富差距、人们思想境界方面的退步更为令人遗憾。所有这些都告诉人们，不能盲目地充分肯定自己所做的一切，相反却应该从实际出发，实事求是地面对现实中的存在问题和取得的实际成就，进行客观的总结和评价是十分必要的，是明智之举。做对了的不折不扣地加以肯定，这是天经地义的；实践证明做错了的或做的有问题的应该允许否定，否则就不是科学态度。牧区盲目搬套农村"分包到户"经验就是脱离实际的主观臆断做法，它不仅有悖于牧区悠久的协作传统，也断送了以游牧方式缓解草原退化的内在机制。这正是引发上述一系列资源环境和社会经济问题的根本原因所在。

与美国那种个人主义扩张的文化背景下为追求每个个人利益的最大化而导致美国大平原发生"尘暴"相比，内蒙古草原不仅仅是有着比美国多了一种集体化导向的政策经历，而且有着集体化时期生态环境保护较好、强调个人利益的个体化时期恰恰产生了草原得不到休养生息而资源退化加剧这样前后对比强烈的现实。这就使得探究集体化时期草原保持良好的奥秘以及重新审视与评价牧区曾经有过的集体化制度和当时施行的政策，成为非常必要。

问：在与美国大平原相比较时可以感到内蒙古草原在集体合作方面的经历丰富，而美国大平原这方面的经历几乎是空白。但是内蒙古实行家庭承包制度以后对曾经的集体经济几乎被全盘否定，也成了"空白"，其中是否有一些适宜草原地区特点的政策也被简单否定掉了？

答：说起集体时期实施的政策，当然不是一两种政策而是许多相互配套的一系列政策，其中有的具有积极效应，当然也有具有负面效应的。这里我们重点阐述那些原本适合草原牧区具体特点，实施结果表明有正面效应但后来却轻易草率地被否定了的政策。如牧区禁止"开荒"、有计划地统一配置和调节草牧场实施游牧、依靠集体力量抗灾、控制牧区人口等政策，都属于符合牧区生态脆弱、灾害多发和人畜承载力有限等实际情况，又具有正面效应的积极政策，曾经为延缓内蒙古草原的整体退化，草原生态环境的保护以及经济社会的综合发展发挥过重大推动作用。然而，恰恰这些行之有效的积极政策，随着集体经济的解体和家庭经营的实行，或被草率地被否定，或失去实施这些政策的自然基础而无法执行。本来上述政策与集体经济制度并没有绝对的必然联系，但是家庭经营制度的实行却改变了牧区人与自然之间的和谐关系。牧户为了个人利益的最大化，并没有像改革设计者们所期望的那样在保护草原上下功夫，却为了获取眼前更多收益在自己承包的草牧场上极力牧养更多牲畜导致超载过牧草原退化加剧，或者宁愿主动将草原转租给能付给更多租金的"土地开发商"供其开垦种粮。20世纪90年代出现的牧区所谓耕地突然超常增长以及牧区超载牲畜头数急剧增加等情况都正是在这种机制下形成的。最终牧区所谓"新耕地"的增加和牧户无节制地增加牲畜头数的行为直接导致了草原退化的加剧和牧区生态环境的恶化。这一时期扬沙天气和沙尘暴次数的增加、草原退化面积的扩大及退化程度的加重已经有多人论证过，笔者就不再赘述。

历史上游牧方式和游牧文化对草原曾经提供的庇护还需要进一步阐述。内蒙古牧区的游牧有几千年的历史，新中国成立时我们接手的内蒙古草原可谓还是"天苍苍，野茫茫，风吹草低见牛羊"的常绿草原。为什么先人们经过漫长的历史岁月没把草原破坏掉，却能给我们留下如此优美的常绿草原？其中最重要的原因就是游牧方式和游牧文化长期保护了茫茫草原！集体经济时期，有关方面一直没有间断让牧区由游牧过渡到定居的各种努力，但是大部分牧区依旧一直坚持游牧。牧民们是怎么做到的呢？这主要是依靠集体经济制度做到的，只有归集体所有的条件下广阔草牧场才能统一经营，游牧才能坚持。而正是这个坚持游牧的结果才最终遏制或延缓了那一时期草原的退化。家庭经营以来草牧场和畜群都分给了牧户，每户家庭承包(分)到的草牧场都很小，根本无法再游牧，从而草原失去了游牧方式和游牧文化的保护，当草原植被的再生遇到障碍时就无计可施，草场退化的加剧就不可避免了。如果说，家庭经营以来某些做法有什么负面影响的话，草原分片包到户导致不能游牧，引起草原退化加剧是最明显的失误，需要加以否定。需要加以否定。值得总结和反思的也正是这些不适当地"分掉"畜群和"分"了草场之失误。

问：内蒙古草原在集体经济时期有无损害资源和生态现象发生？如果有的话原因是什么？与集体经济有关吗？

答：集体经济时期，内蒙古牧区草原资源和生态环境总体上保持较好，基本保持了"草畜平衡"，人们基本不用担忧"超载过牧"。草原没有出现大面积退化，只有个别地方小范围的草原退化出现在生产队队部等牧户较多的定居点周围，以辐射状向外散布，距离定居点越远退化越轻，一些多年连续打草的打草场也有产草量减少的退化现象。无论大气、水体、土壤以及野生动植物之间形成的自然生态环境，整体上基本没有受到污染、没有出现资源衰退和环境恶化的现象。实事求是地讲，不能以偏概全地说那时什么都完美无缺，就草原而论，一些地方虽然规模不算大但退化的苗头的确开始出现；而生态环境虽然整体上没有出现恶化现象，但个别的、局部地方水利开发（打井等）不尽合理，水资源开采过头，地下水位开始下降的现象也曾出现。为什么会这样？还是应当从人本身的行为是否得当去检讨。其中就应当反思集体经济时期除了值得肯定的积极正确政策以外也曾实施了脱离实际、具有负面效应的政策，如游牧向定居过渡的政策、鼓励多养畜以牲畜头数论英雄、每隔十里网格化地打一眼机井进行掠夺性水利开发等政策。我认为，游牧完全向定居过渡的不妥之处在于：政策设计时没有考量定居后其周围草场必遭过度踩踏而导致牧草再生困难的问题，从而打开了草原退化之门，集体经济后期不少定居点周围开始出现草场退化苗头证明了这一点。鼓励增加牲畜头数应因地制宜，区别对待：草场已经趋于饱和的地方如继续增加下去必将造成超载，引发灾难，因此有潜力的地方允许增加，饱和的地方则不再增加数量；因时制宜的道理在于，草场承载力尚有余地的时间段里当然可以鼓励增加牲畜数量，而已经趋于"满载"的时候，就再也不能鼓励增加数量而需要"草畜平衡"了。然而，政策具体实施中却往往喜欢搞"一刀切"，不分地区不分时间段地实行相同的政策，那样当然就会不可避免地带来负面影响，后来牧区多地出现超载过牧就是这样造成的。

集体经济时期草原没有大面积退化的原因是：新中国成立当时内蒙古牧区畜牧业经济凋敝，整个牧区草原实际保有牲畜数量相对于草原当时的承载能力相比显得比较少，相对于当时实有的牲畜数量而言草场显得蛮大（承载潜力大），那时草原利用的基本方式是游牧，集体经济制度确立后虽然政府仍旧号召游牧要向定居过渡，但是牧区各地多数社队依然保持了游牧方式。正是游牧方式延缓了草原的退化。而生态保持较好的原因则是：那时的牧区基本没有工矿业开发，不存在不顾环境保护去搞掠夺性资源开发的问题，牧区各地包括那时的牧区城镇在内都没有像现在这样的各种污染，从蒙古包到牧区城镇基本都处在浓厚的保护环境、与自然和谐相处的游牧文化氛围之中。

概括起来讲，集体经济时期牧区草原虽然基本没有退化，但这并不等同于集体制度本身与它有直接的必然联系，而是集体经济对草牧场统一支配条件下能够坚持游牧方式才是大部分草原基本没有退化的直接原因；与此相对照，解散集体经济后，草牧场全部都被分"包"给各个牧户，草牧场完全失去统一支配的情况下根本无法进行游牧，这才是草原退化加剧的主要原因。应当说，不合理的草原地区农业开发及工矿业发展同草原退化，这二者正是牧区整个生态环境系统恶化的双引擎。痛定思痛，事发之后需要总结的教训就应当遵循这条思路展开是我们今后应该做的事情。

问：内蒙古草原实行牧民合作社的总体状况如何，障碍在哪里？与美国大平原难以走上集体合作之路是否有相同的原因？

答：时下内蒙古牧区牧民合作社发展状况也的确不能令人乐观。几年来，内蒙古牧区合作社数量倒是增长不少，但是登记挂牌、宣告成立之后没有取得实质性进展的合作社相当多。原因也各不相同，有带头人不太称职的；只是为了得到"项目资金"拉起了一伙人挂牌成立了合作社，后来由于各种原因实际上没能得到任何项目资金，因此这一类合作社就进入名存实亡的状态；此外还有选不好经营主业而迷茫，停止不前，发展不起来的合作社；也有由于合作社没有可分配盈余而不能得到成员们的信赖和支持的；有的合作社人心涣散，各自追求私利，拢不到一起，没法发展合作社经济；也有监督管理不善、不到位而无法健康发展的合作社等。这表明，内蒙古牧区虽然原本具有合作的文化传统，但是施行家庭经营以来人们的思想意识逐渐发生变化的结果导致了广大牧民的合作意识大为淡漠。时下牧区牧民合作社发展状况与20世纪的合作化相比，显得比较缓慢的一个重要原因就是牧民群体遇事考虑个人得失较多有关。另一个原因是目前政府和社会对合作社的扶持力度远远不够，20世纪中期发展集体经济时党政部门把创办集体经济作为让牧民走社会主义道路的唯一"金光大道"来组织实施的，和现在只用项目资金引导或扶持相比其力度和作用完全不一样。

与美国对比，当今牧区合作社牧民办事也逐渐从个人利益上考虑较多了等思想意识上具有相近之处以外，并非与之完全相同。

　　问：两个国家和地区的对比可以为找出问题的症结提供更多的角度，而最终需要构建解决问题的方案，比如构建怎样的制度以平衡集体与个人的关系，在集体与个人之间有无第三条路可以选择？

　　答：中国特色社会主义道路和社会主义市场经济体制是符合牧区实际又深得民心的选择，这些年的实践也证明它是一个卓有成效的成功之路。那么，这样一个全新的社会经济条件下牧区草原畜牧业发展在个体化和集体化两条道路中间该如何选择，是个需要认真而慎重考虑的既是深层次理论问题又是现实实践问题。其难点在于既不能简单地把集体经济的本质统统视为"归大堆""大锅饭"，又不能不认知当前和相当长一段时间里我们始终处在社会主义初级阶段的现实，承认和肯定当前牧区草原畜牧业中个体化的积极意义。我以为现阶段把二者严重对立起来是缺乏辩证思维的错误做法，事实上在初级阶段可以做到不是非此即彼的混合状态，实现二者兼容。所以，似乎也就无须寻求所谓的第三条路。

　　可以设想，将来牧区家庭经营制度可以继续不变，以往切割给牧民名下的草场也可以继续承认归他名下"承包"；但是草原的嘎查集体所有权制度也绝对不能改变，相反却应当加以强化，同时应大力倡导牧民将一个嘎查内的草原连片统一经营（为保持社会稳定，同时可以允许那些不同意统一经营的牧户经营自己"承包"的草场），分季节有计划地实施游牧，以期被损草原得到修复；牧民的定居点不宜急于变更，国家设专项资金扶持牧民购置"房车"供其离开定居点去游牧时使用。这样就将会形成一些部分里有集体成分，而另一些部分里包含个体的两者兼容并存格局。

相比之下，我们的牧区显然比美国有优势。在完全鼓励个人主义经济文化背景下的美国，其法律也是鼓励极端个人主义的，欧洲殖民主义者到美国赶跑原住民夺取他们的土地之后颁布的取得土地的法律充分证明了这一点。美国的所谓自由市场则是以巧取豪夺来保障个人利益最大化的市场。这样的法律这样的市场永远都不会解决共同富裕、社会真正公平和生态问题。许多鼓励个人主义经济文化的国家都遇到了同样一个问题，就是为满足眼前个人需要造成巨大生态破坏及灾难，最后到了走投无路时才开始治理，即走了一条所谓先破坏后治理的路子，因为私利至高无上的市场经济条件下它根本无法避免生态方面的失败。与它不同的是我们有为人民谋利的立法，我们实行的是社会主义的市场经济，我们的牧区有着久经锤炼而成就的保护生态、与自然和谐相处共同进化的游牧文化。我们应该深信自己的优势，充分发挥自己的优势，在可持续发展中立于不败之地。

问：集体合作需要建立制度，这在个人主义至上的美国大平原难以实现，因为人们惧怕个人权利受到限制。从内蒙古草原的经历来看，这样的集体合作制度和结构应当是怎样的才能同时保障个人和集体利益都不受到损失？

答：在个人主义至上的美国的确很难实现集体合作制度的建立，因为美国这个国度强调个人"自由"是普遍的信条，约束个人的各种制度之建立得需要看看它对个人自由会不会带来某种"伤害"，"伤害"程度如何，等等，才考虑是否可以建立此种制度。而任何集体合作制度在众人集体合作过程中与局部个人利益产生暂时冲突的可能性是存在的。因此，人们惧怕个人权利受到限制的美国文化氛围里在美国大平原难以建立集体合作制度是理所当然的。

与美国不同的是内蒙古草原地区曾经经历过若干年的集体经济时期，有过建立相应的管理制度体系的经验。虽然，当前内蒙古草原地区出现的牧民合作经济已经不同于大集体时期的集体经济，因而其制度安排也绝不可简单地雷同于大集体时期的各种制度；但是，大集体时期的集体中包含个体、集体由多个个体集合而组成、集体与组成集体的个体之间总体上不发生利益冲突、集体的成员之间始终存有互助合作和协作原则是不应改变的。我们认为，当前的牧民合作社这样的合作经济组织里，很有必要建立以下既不损害合作经济组织的整体利益又要保障众多成员个体利益的一系列制度：依法建立健全诸如重大事项民主协商一致来决定的制度；成员平等一人一票制度；选举产生有关领导并可罢免的制度；经营状况及财务收支向全体成员公开报告制度；通过依法选举产生的监视机构对合作社的所有事项进行监督管理制度；合作社给成员提供服务收取适当费用以及将经营盈余分配给成员等制度。当民主决策时成员们的意见不能完全一致起来时该怎么办呢？这就需要有一个平衡的杠杆，这杠杆就是民主集中制，少数服从多数，就是实行所谓的集中指导下的民主。可以说这是我们在大集体时期留下来，今天还可以适度继承的一个宝贵经验。

需要说明和讨论的是，如今的合作社成员大部分是没经历过大集体时期的年轻人，他们还不十分清楚合作社与成员之间到底是什么关系。有的人主张，既然合作社是我们众多成员投资入股成立的，合作社提供的一切服务都不应该收取费用。他们忘了，眼下的合作社已经完全不同于大集体时的生产队，现在的合作社和成员并非融为一体的同一经济体，而是互为各自独立的两个经济体；合作社有经营盈余才能给成员们分红，否则它就没有东西可分配给成员们，因此市场经济条件下它只有适当收费才能可持续发展。

再看看集体经济制度时期大集体，那时的牧民之间的协作传统不但没有被削弱反而以集体经济内部组织运作形式得到强化，牧民个人谁也不会为一己私利去破坏合作组织和合作制度，因为除了人本身以外完成草原畜牧业所必需的两大要素（草牧场和畜群）都是集体大家的，受损人人有份，一损俱损；而生计方面，集体经济里根据牧民各自的能力和特点分别承担适合自己的生产角色，既不束缚有能力的牧民发挥创造力，又能使缺乏独立经营能力的弱者不至于掉队，拖大家的后腿。从而，每个人都可以享有按劳分配原则下的自食其力机会和权力，也就不会导致穷富差距过于拉大的严重局面。

然而，随着牧区集体制度的取消，草牧场和畜群统统都被分给各家各户，每户分到的草场很小，这样，牧区牧民在较大范围草场里分季节游牧的可能性就被人为丢弃了。遭遇灾害时，因牧民间居家相距都比较远而无法相互协助，只能在各自分到的草场上各顾各地艰难抗灾。也就是说，随着集体经济制度的取消不仅牧区已经存在的合作经济组织消失了，连长久以来牧民之间存在的互助合作机制也消亡了，精神方面特别是相当一部分青年牧民的思想意识变得愈来愈自私、贪图安逸和追求享乐，以往通过家庭教育和上辈对下辈言传身教的游牧文化内容渐渐淡漠或被丢弃。此种精神方面遭到的创伤和损失，的确很难用具体数据来说明。

我们在这里所说的草原畜牧业是指广袤草原上主要以放牧方式牧

养牲畜获取畜产品的产业，由于受到自然及社会原因的制约它的许多生产过程和环节必须通过多个生产者或生产单元之间进行合作或协作才能顺利完成。例如，养羊业中剪羊毛就是个需要多个牧民相互帮助合作才能顺利完成的作业，即使在强调个人主义经济文化的发达资本主义国家也都往往通过社会化服务机构有偿服务的形式来进行合作的。至于美国大平原也曾经设想施行放牧合作之事，我以为与内蒙古牧区既有相似原因又有很大的不同之处。内蒙古牧区牧民的合作事业发展可从以下三个层次来分析：一是如同上文所涉及那样，是由草原放牧畜牧业受自然和社会经济条件制约而产生的客观合作或协作需求，这是一条客观规律下的需求；二是内蒙古草原牧区牧民长期生活在上述环境中，使得长久践行合作的实践活动沉淀为民族文化传统，在其思维和意识中把相互合作视为天经地义之举，决然不同于私利个人利益至上社会中那样处处计较和思谋与人合作后的得失，虽然家庭经营以来这种意识已经有所淡化，但原有的意识根基还在；中国在集体经济时期注重对农牧民的政治思想教育，培养农牧民团队精神等；三是生产者个体与现代大市场和社会化大生产的对接之中，也需要合作机制。我认为，美国大平原所设想的放牧合作与内蒙古相比较，在第一点上有相似之处，但具体内容和形式上也恐难完全一致；第二点正是美国的短板，它既没有合作传统又不进行舍己为公的思想教育，在典型的美国文化中不计较个人私利才是大傻瓜，是"不公平"的，正是这种经济文化必然最终决定美国大平原所设想的放牧合作是行不通的；第三点虽然现代市场经济社会中各种所谓的合作经济五花八门，形式多样，可谓是社会经济规律助推出来的普遍现象，但同我们根本不同之处在于：内蒙古草原所有权归集体，牧民们为移场放牧的需要有可能把各自承包分到自己名下的草原连接成一片统一经营放牧，而美国的土地权属却归私人所有（与草原集体所有截然不同）相互到对方地界放牧需要经过严格的讨价还价并偿付租金才可以的，他们的合作经济常常表现的只是那些社会化服务机构提供有偿服务的形式居多，显然二者差异不小。以私有制为基础、追逐个人私利最大化为目标的美国式市场经济，面对生态危机问题时必然会显得无能为力。

土·地·篇

文\韩念勇

引言

对于草原退化和由此导致的沙尘暴频发，中国政府高度重视并启动了大规模的草原生态治理工程。对草原退化和沙尘暴起因的判断成为有效治理的一个前提。草原生态状况发生显著逆向变化，与草原上的土地制度发生的改变是同步的，它们之间的联系自然成为关注的焦点，这也是本部分重点讨论的内容。

土地制度之所以重要因为它是一项基础制度，影响面广泛，尤其是它发生在社会转型时期产生的影响就更大。三十多年前内蒙古草原实行的草场承包到户制度就是改变千百年草原共用和游动放牧传统的一次变革。草场家庭承包制度与一般情况下制度在传承中演进的方式不同，是以非内在的突变形式出现的，在历史上找不到与它类似的制度踪迹，它的推行自然要遇到或产生前所未有的特殊问题，这些特殊问题在同样实行土地家庭承包的我国农区是不多见的，草原加速退化和沙尘暴发生频率的增加就是典型实例，而保护草原生态正是实行草场承包到户的初衷，但结果迎来的却是大规模的草原生态治理，这是农区实行土地承包制度后未发生的情况，实际上成了出于良好意愿和付出重大代价的一次试错。

大规模的沙尘暴也曾发生在美国西部大平原的农业垦殖区，至今也未彻底根治，这是本书选择美国大平原与蒙古草原展开对比的原因。在一系列对比中可以看到两地区发生沙尘暴有一个相同的原因：所采用的土地制度和土地利用方式都出现了与当地自然环境的严重不适。美国西部大平原半干旱地区适合大范围的放牧利用，却被引进不能适应当地自然条件的农业体系，包括以土地分割到户的私有制度来激励个人在这一体系中获益最大化，使得经济利益与环境容量的背离程度也趋向最大化。内蒙古草原虽然仍主要用于放牧（也存在开垦问题），但是套用了农耕的土地制度，将草场分割成小片承包到牧户，放牧单元最大程限地缩小，大范围游动放牧变成了小范围的围栏定牧，草畜之间的耦合关系被打破。两地区的土地在被利用的过程中出现了相同的情况：无论农业还是牧业，以土地为要素的整个自然生态系统在人干预下发生了强烈变化（这一点在草原放牧业更加明显）。从生态系统角度，土地为农牧业提供了资源而外，还提供着不可替代的自然生产力和基本生产条件（生态服务），违反生态系统运行法则，就会产生诸如沙尘暴这样的灾难性后果，此时土地的生态价值使它的外部性表现得十分显著。同时，当资源和生态系统受损经营者不可避免会走上高成本低收益的经营模式，出现与土地产权制度是为了增加获益的相反结果，即产权悖论。两地区土地制度不当带来的共同启示是：对于第一产业而言，土地制度设计不应只考虑经济利益即人与人的关系，更要考虑生态适宜性即人与自然的关系，需要把人与自然关系的准则作为制定土地制度的元规则，即制定其他规则的规则。例如，内蒙古草原放牧的土地制度应把利于牲畜适应自然环境的"移动"性确定为元规则，其他规则可在不违反元规则的情况下来制定和各自发挥作用。

《尘暴》作者对美国西部大平原土地制度不适的问题做了有理有据的描述和分析。讨论草场承包制度在内蒙古草原发生了哪些不适是本书此部分的重点。这些讨论基于笔者与所在团队十余年来在内蒙古草原牧区实地调查和与几百户牧民访谈所得到的事实和认识。然而，草原放牧是个复杂系统，事物之间充满着多因多果的关系，土地制度虽然重要，但与许多因素相关联而不是可以单独存在的，如眼下的改善民生、实行市场经济、发展科技进步、转变经营模式等都与土地制度密切相关，将土地制度抽出来讨论会有简单化之嫌，但这不意味着不需要考虑其他因素，只是为了强调在开展比较的两个地区，土地既是资源又是自然生态系统的重要组成部分而具有双重"身份"，生态灾难的发生常常是囿于只看重土地的资源"身份"，而忽视其生态"身份"。

尘暴与土地制度

—— 草场承包制度为什么未能实现自设的目标

随着人民公社解体中国农村推行的家庭联产承包制也推广至草原牧区,在内蒙古草原牧区实行的是草畜家庭双承包制度。与农村一样,当时推行家庭承包制度的主要目的是归还生产者自主经营权和调动他们的生产积极性。草原放牧业一直受到因自然条件制约而不稳定的困扰,同时在实行家庭承包制度之前,由于偏重牲畜头数发展的政策和冬春定居点的出现,内蒙古草原已经有相当部分出现退化沙化现象。家庭承包制度在一定程度上以被寄予希望以解决这些问题。在草原牧区家庭承包制度实际上是分两阶段推行的,最初是牲畜承包到户,草场仍然在不同程度上处于共用状态。但出现了牲畜数量不同的大户与小户因占用草场不均导致草场过牧退化现象加剧现象。随后针对此现象实行了将草场彻底分包到户的制度(被称为"双权一制":草场所有权、使用权和承包责任制),旨在调动生产积极性的同时,落实牧户对草场的建设和保护责任。实行草场承包制度之后的这些年,对这一制度的必要性增加又了新的解释和依据,如:牧区人口增长和随之增长的牲畜数量使得原来宽裕的草场变得日益稀缺,无法再延续原有的游牧方式,尽管普遍认为曾经的游牧有利于保护草原生态。另外,向市场经济转型需要明晰个人产权,草场与农田一样其使用权成为赋予生产者的主要产权。随后草场承包费用被取消,草场使用权也进一步分化出经营权，这一举措进一步希望通过市场流动的办法实现草畜平衡和草场合理利用。

实行家庭承包制度过去了30年，可以看到草原牧区发生了巨大变化。牧民有了自主经营权、外出打工就业的流动权和界定清晰的个人财产权（包括牲畜和棚圈等）。这些都是人民公社时期牧户和个人所不具有的权利，拥有了这些权利使得牧民的牲畜数量大发展，物质生活水平迅速提高，在承包后的十余年里许多牧户的牲畜数量比承包之初成十倍甚至几十倍地增长，收入水平极大提高，一度出现几乎户户有存款的现象。同时家家有了围栏和棚圈，许多牧户住上了新房，冬季烧煤取代了牛粪，近年来多半牧户有了小汽车，室内装修和家具时尚化，带有坐式马桶的厕所开也始进入家庭，还有不少牧户在城镇购买了楼房，越来越多的牧户把子女送入大学，卫生健康水平和医疗条件普遍改善，即使家境困难的牧户也可以靠出租草场维持生计（这在一定程度上抑制了草原上贫富差距的扩大）。牧户个体化经营也成了个人能力全面增长的强大助推力，牧民不单放养牲畜，还要自己销售，还要搞舍饲圈养、病疫防治、畜种改良、基本建设、交通运输、使用各类机具，有的还要开地种植草饲料，牧民素质得到全面发展。与30年前相比牧民的普遍素质发生了天壤之变，这一点从每个定居点停放的各式车辆、机具和设施就可见一斑。

然而，在同一期间呈现在人们面前的还有另外一面，那就是草场退化前所未有地加剧。草原生态问题成为钳制牧户生计改善的因素，甚至使一些牧户的生计陷入困境。进入21世纪最初的几年里，即实行牲畜草场双承包后的十年左右，也是牲畜数量达到最高峰的时期，频繁的沙尘暴袭击了内蒙古草原，惊动了整个社会和国家，以致中央政府在内蒙古草原牧区启动了投资巨大的生态治理工程，并持续不断地增加投入，然而至今草原的健康状况并不乐观。可以看到社会经济的进步是与草原生态退步同步发生的，前者的进步是以后者作为代价换取的。尽管这一代价是多方面原因造成的，比如气候原因、无度地开矿、滥采滥挖等，但是它与放牧制度的改变，即实行草场承包制度导致的过牧也有着不可分割的内在联系。

土地家庭承包制度是否定人民公社制度后在全国农村推行的土地制度，而对于草原牧区来说套用这一制度遇到了一个重要问题：这不仅是否定实行了20多年的人民公社制度，而且是否定了千百年来草原上的传统土地制度。后来的市场经济转型进一步推动草场向私人占用和经营方向发展。面对如此剧烈的制度切换，尽管多数牧民心存疑虑，尽管当初一些老牧民凭直觉感到分包草场肯定要出问题，但是会出什么样的问题，因为是从来没有经历过的事情而难以给出准确的预测。况且伴随着生态恶化过程的是社会经济相对繁荣的过程，在鱼和熊掌不可兼得的情况下，在一度出现的大户吃小户所造成的"公地悲剧"教训面前，草场承包到户成了理性选择，如今草原上布满的蛛网状的围栏就是这一制度的产物。

任何制度都有不可忽视的自身的演进规律，都是在传承中形成、完善和发展的，其中包括内在制度和外在制度，它们在演进过程中各有各的机制和作用。内在制度通常是非正式的，它们是在一个元规则系统内循着渐进演化之路非偶然地、有规律的演变。而外在制度是通过立法、政府管制、司法调整等政治行动建立的制度，以适应更大的环境变化，是自上而下地强制执行的正式制度。外在制度通常作为强制性后盾服务于社会的内在制度，如果试图用外在制度来取代一个社会的所有内在制度，就会出现问题。如革命性地颠覆在演化中形成的制度系统，然后用设计出来的规则系统取代它们，结果必然是破坏性的[1]。草场承包制度未能实现最初的设计的目标，与偏离制度演进规律，出现了内在制度和外在制度位置关系的不当安排有关，是在外在制度强调适应大的社会环境变化时，对内在制度做了颠覆性改变，违背了制度循序演化变迁的规律。元规则是产生规则的规则（包括准则和价值），考察由内在制度主导下的游动放牧，可以看到它所遵循的元规则是以游动来适应多变的环境，即顺应自然，那时的各项具体规则都是围绕"动"的这一元规则而产生的，形成了元规则系统，在土地利用制度方面"动"的元规则体现在共用草场（即草场共用是当地土地利用的元规则）。然而实行草场承包到户使草场共用制度被颠覆性取代，其背后是"动"的元规则被"定"的元规则取代，元规则的这一改变是草场从共用到分割到户利用的制度转变的关键。因此需要辨析的是哪种元规则（是动还是定，或者并不是非此即彼，而是兼顾型元规则的结合）是适宜草原放牧业的。

确定什么样的元规则不是随意的，也不可囿于意识形态。这常常使人们记起新中国成立之初，在全国农村实行斗地主分田地的民主改革时期，内蒙古自治区政府则根据牧区的实情实行的是"三不两利"（除罪大恶极者外，对牧主一般不斗争、不分其牲畜和财产，在牧区群众中不公开划阶级；改革旧"苏鲁克"，实行牧工牧主两利）的政策，实践证明这项政策是正确地、创造性地把党和国家关于民主改革的总政策同内蒙古牧区实际相结合，改革民族社会经济制度的一个很好范

① 柯武刚 史漫飞，《制度经济学·社会秩序与公共政策》，商务印书馆，2000年11月，138页，461—474页。

358

例，是民族区域自治的良好榜样①。这实际上也是一个尊重内在制度作用，将内外制度很好地结合，遵循制度演进规律推动制度创新的一个范例，简单地说就是实事求是。这段历史为如今的草原放牧制度的制定提供了极具现实意义的政策参照本。

讨论草原放牧制度的元规则，必然要涉及草原放牧所依存的草原生态系统，这是放牧制度确定元规则的基本依据，采取以"动"为主还是以"定"为主的元规则，或者说如何调整好两者的关系，即在推行外在制度以适应大环境变化的同时，如何使外在制度对所处生态系统具有较强适应性的内在制度提供后盾支持，而不是完全取代甚至导致内在制度崩溃，大概是当前问题的关键所在。在对此做出判断之前，有必要厘清的是在以"定"取代"动"的元规则下，草场产权制度对所在生态系统到底出现了哪些不适症？

1 草场被分割后的生态系统反应

被外在设计并中断传承的制度为什么会带来与意愿相违的结果呢？在这里回答此问题的是一个以自然为主导的草原放牧系统，它与更大程度地在人工干预下形成的农耕系统不同（与纯人工系统就更加不同）。即便同是发展畜牧业，草原牧区与农区、半农半牧区所能选择的途径不可能一样，一样了就会出问题。深受自然制约的草原放牧系统，不会无条件地遵循人的意愿和按照人的指令行事，而是按照系统中诸多因子之间复杂关系所形成的合力方向运行，该系统会对任何人为干预敏感地做出自己的而非人们所期望的反馈。这些反馈往往是

①《"三不两利"与"稳宽长"》，内蒙古自治区政协文史资料委员会，2006年8月，第5页。

人们始料不及的。

草场承包制度给草场带来一个最明显的没有料到的结果是极大增加了牲畜对草场的践踏强度。草场退化的主要原因已经不再简单地是牲畜对牧草的过度采食，而是增加了对草场的反复践踏。自此践踏上升为草场退化的主要原因，即牲畜对草场的影响从采食为主变成了践踏为主。这一情况可从几个方面见到：

在内蒙古东中部地区，草场承包前许多地方是由两三户或三四户组成一个畜群点（有的地方叫浩特，有的地方叫牧业组），草场承包后每一户就是一个畜群点（也是定居点），畜群点数量一下子大大增加。在鄂尔多斯地区，即使实行承包之前就以单家独户为一个畜群点，也因为承包后许多非放牧户分到牲畜和草场，畜群点同样大大增加。在许多地方都可见到密集的畜群点，5~6个或者7~8个畜群点，相互间的距离不到1千米，这种现象在承包前是几乎见不到的，那时畜群点之间的距离多在几千米以上。畜群点增加和之间的距离减小，结果是：1）被牲畜践踏而退化的草场面积随畜群点数量增加而成倍扩大；2）每个畜群点的放牧半径都减小，畜群游动范围变小，牲畜反复践踏程度大大增加，据估测一些地方畜群点的裸地面积小的十几亩几十亩（1亩＝666.7平方米），大的上百亩或几百亩，这种现象在荒漠草原及荒漠草原以西地区到处可见，在东部地区畜群点周围裸地面积较小，但是土壤硬化板结，劣质牧草增加；3）承包后各户牲畜数量大增，牲畜越多，畜群点四周被踩踏的越严重，越是牲畜大户，定居点周围的裸地和退化草场面积越大；4）在畜群点密集的地方出现严重退化的草场交接连片状况；5）以畜群点为中心的强度践踏范围是随着时间而不断扩展的，即退化草场面积随时间而扩展（但是对于这种围绕畜群点的草场退化至今缺少对其速度和范围的监测和研究，更缺乏对由此造成的危害的研究和政策应对）；6）定居点基本建在冬春季草场，这也是冬春草场退化严重，以致牧户在冬春季节不得不大量补饲的一个原因；7）一些环境脆弱对践踏敏感的草场在承包之后冬场很快被牲畜踏成裸地或沙化。锡林郭勒盟的浑沙达克沙地就是明显的例证。在过去的游动放牧时期沙地只被作为冬季草场使用，在雪后或者地表上冻后牲畜才被允许进入沙地放牧，但是草场承包到户以后分到沙地草场的牧户只能终年在那里放牧，草场很快被踏成流动的明沙。实行草场承包到户的几年之后很快成为实行禁牧的主要地区，因无法生存很多牧户被迫搬迁，在正蓝旗有20多个嘎查被整体搬迁。禁牧封闭后沙地草场的恢复是快速和明显的，有个别地方禁牧数年植被恢复后，刚解禁一年因夏季放牧又被牲畜踏成裸露的明沙。克什克腾旗有两个同样地处浑善达克沙地而且相邻的嘎查，实行草场承包后，一个嘎查坚持草场共用和冬季上冻后进入沙地冬场的传统，另一个将草场承包到户分割利用，其中一些牧户整年被限制在沙地里放牧，两个嘎查的植被在景观上就截然不同，前者沙地裸露面积不到5％左右，后者沙地裸露面积达80％左右。然而，在整个浑善达克沙地范围草场已经普遍分包到户，仍坚持共用草场分季放牧的情况已经极少。

除畜群点密集化的原因之外，对草场退化同样起着加速作用的是围栏，两者的作用交叉显现。草场承包与围栏是一对孪生子，围栏是作为各户草场的界线竖立起来的，是草场产权的标记，它随着草场承包政策的全面实行而迅速在草原上铺开，在防止各家草场不被别家牲畜进入的同时，也限制了自家牲畜游走范围，改变了牲畜采食游走的习性及路线，增加和扩大着牲畜对草场的践踏强度。比如，原来仅是定居点和饮水点的草场被集中践踏退化，有了围栏以后每个围栏入口处都成了被牲畜集中践踏的地段，形成喇叭状的裸地或植被退化地段。每户草场都有不止一两处围栏入口，多的有三四处。在对践踏敏感的草场还可以发现沿着围栏出现密集的牧道，这些密集的羊肠牧道平行排列呈十几米或几十米宽沿着围栏内侧伸展，使草场上的裸露面积增加。围栏内侧出现这种密集牧道是因为牲畜总想远走采食而被围栏阻挡后被迫沿着围栏行走所致。在一些狭长形状的围栏草场（如有的牧户承包的草场几十米或上百米宽数千米长），就如同一条牲畜每天往返的通道，被践踏得最为严重。在内蒙古中西部地区的大部分围栏草场里都可以看到被牲畜践踏的明显痕迹。而在离开围栏的地方也因牲畜终年践踏植被稀疏化的现象也十分普遍。据牧户们反映过去放羊每天要走出十几千米路，有了围栏只能在围栏里来回走。据他们观察在6000~7000亩的围栏草场里300~400只羊一天就能转遍一圈，草场小的能转两三圈或更多。长年如此，践踏对草场的伤害日趋严重。锡盟南部几个旗每户分包的草场十分小，一般只有一两千亩。镶黄旗的一个嘎查草场不足500亩的牧户占60%多，这些地方草场退化严重，牧民反对围栏的呼声最为强烈。草场越践踏退化越厉害，而草场越差牲畜游走越频繁践踏越厉害，草场围栏放牧引入了这样的一个恶性循环。遇到干旱年景这一恶性现象更为严重。因为不能像过去那样走场避灾，牲畜在干旱的草场上采食不到足够的牧草而不停地在围栏内觅食游走，游走的时间要比平日多1倍以上，游走的距离比平日多1~2倍以上，践踏次数增加多少没有专门的观测数据，但据牧民们说要明显高于正常年景。干旱时节牲畜对围栏草场加倍践踏，反过来加剧干旱的危害。围栏放牧导致践踏强度增加还有另外一方面原因。围栏不适宜放养大畜，尤其是马和骆驼首先遭到围栏的淘汰，这一现象在阿拉善地区最为明显，骆驼被淘汰后，羊的数量大增，因为羊的游走半径小，蹄子比骆驼蹄子坚硬，对草场的践踏强度远大于骆驼，牧民反映阿拉善草场退化严重与羊取代了骆驼有直接关系。虽然不同地方建立围栏的时间不等，时间长的20多年，短的10来年或者3~5年，但是终年在一个有限的范围里反复践踏是导致草场退化的重要原因。草场承包之后终年固定的畜群点加上围栏成了限定牲畜游动的两个重要因素，年复一年，成为草场退化的主要原因。

随着围栏的建立，一些未建围栏地方的草场的命运更加糟糕。这类草场包括失去管理的嘎查公共草场（如一些地方的夏湿地）和一些贫困户因没有能力建立围栏的草场，牲畜可以随便来往，"公地悲剧"的过程在这些草场上继续进行着，它们与围栏内的"私地悲剧"同步上演，而且退化程度更为厉害。围栏外的草场还包括牲畜每日往返或饮水的必经之路，这类牧道在人口多草场少的地方占的比例很大（没有人做过具体的测算）。这些地方必须划出牲畜的公共牧道以便牲畜分别进入各家的围栏草场。牧道纵横交错在围栏之间，有的已成为寸草不生的裸地。即使在草场宽裕的地区，有了围栏后，草场上的车路也比原来多了许多，牧民们反映户与户之间来往行走的距离普遍比原来多了1倍以上，原来直接距离5千米的话，有了围栏后要绕行10千米或更多的距离。几乎没有人调查和计算过这些公共牧道和车路加起来有多少面积和占多大比例，但是在一些老牧民的眼里这些都是草场在有了围栏以后出现退化的证据。

围栏放牧是草场承包的产物，而围栏放牧招致了牲畜践踏强度的大大增加，是推行草场承包制度之初未能想见到的，甚至至今围栏与践踏之间的关系也没有被完全认识到。但是，问题并没有到此为止，践踏强度的增加又牵扯出来一些新问题。

随着草场遭到践踏强度不断加重，植被稀疏化、枯草层（凋落物层）消失和裸地面积扩大，特别是少雨多风的春季，裸露地面的比例更高。如锡盟西部春季草场植被覆盖度普遍在20％以下，即裸地面积约占80％。退化严重的草场春季植被覆盖程度在10％左右，即90％以上的地表没有植被覆盖暴露在大风之中。鄂尔多斯南部大面积草场的植被覆盖状况也大致如此，那里只有沙蒿草场的植被覆盖较高，但是沙蒿下面基本也是裸地。裸露地面扩大导致土壤水分蒸发量加大。2015年春季锡盟西部下了几十年未见的透雨，但是土壤墒情仅持续半个月就变干了。裸地面积的扩大使原本降水量稀少蒸发强烈的草原，出现了降雨量与蒸发量之间的赤字加大的趋势，原本干旱的草原变得更加干旱。牧民普遍反映天气越来越旱，这一趋势是否存在，如何解读，应是一项研究课题，除了气象分析显示的气温略有增高和降水量有下降趋势的原因①之外，地表植被变化所导致的实际蒸发量的增加是不可忽视的原因。如今草场植被稀疏、地表裸露的状态是从凋落物（枯枝落叶）层的消失开始的。据对牧民的访问，锡盟西部的荒漠草原曾经也普遍有凋落物层存在，牧民们在春季可收集凋落物喂羊羔。凋落物层在不同地区厚度不一。在锡盟西部荒漠草原牧民们说过去草场的凋落物层有1~2厘米厚，它是铺在地表的一层薄薄的但是重要的保护层，既可保温又可保土壤水分，春季还可以用来喂羔羊。在草场承包之后大规模建立围栏的初期（20世纪90年代中后期），因为牲畜多了

---

① 王晓毅 张倩 荀丽丽等，《气候变化与社会适应：基于内蒙古草原牧区的研究》，北京：社会科学文献出版社，2014年3月，3-28页。

放牧范围小了，这一薄薄的凋落物层很快地彻底消失。有学者做过对比测定，失去枯草层（凋落物层）覆盖后的草场土壤水分减少，土壤温度升高并波动加大，证实了表土裸露的程度与蒸发量的相关关系，并提出在草原上蒸发量大于降雨量的情况下，枯草层对草原生产力水平起着根本性作用的结论[1]。这一结论需要进一步证实，但是很值得关注，因为这与围栏放牧制度带来的强度践踏有关。另有学者的研究表明在干旱状况下生产同样数量的干物质，植物群落自身蒸腾消耗的水分比非干旱条件下要高得多，大大增加对水分的浪费[2]。由此可见，由于强度践踏表土裸露可加大实际蒸发量，同时在干旱化环境里植物群落（在一定的演替阶段）自身浪费的水分也在增加，即存在着地面蒸发和植物蒸腾两方面作用加大的过程，两方面过程的关系尚待研究，但是不可否认它们是增强草原干旱化趋势的两个重要原因。这大概能够从一个侧面回答牧民感到如今的草原越来越干旱了的原因。而围栏定牧恰恰起着增强蒸发和蒸腾这两方面的作用。

在风多和风大的草原上，每一块小小的裸露地表都汇集成为沙尘暴的源头。实行承包划分草场时几乎没有人考虑到风的潜在危害，因为在水草丰美逐水草而居的年代里，风的强大力量和潜在危害被部分掩盖住了。如今被频繁践踏过的草场，已经布满无数大大小小的裸露斑块，它们为沙尘暴准备好了物质源，一旦时机成熟沙尘暴便卷土而来，风的力量被展示得淋漓尽致，酿成一次又一次的表土搬运：每次沙尘暴过后草原上所有的挡风之处，如房屋、蒙古包、棚圈、围墙、

① 海山《内蒙古牧区人地关系演变及调控问题研究》，内蒙古出版集团内蒙古教育出版社，2014年4月，230-234页。

② 李博文集编辑委员会，《李博文集》，北京：科学出版社，1999年5月，97-98页。

围栏、洗羊池、井坑、路基，乃至每株植物根部都会堆积刮来的风沙，羊也成了风沙的"接收器"，2000年后沙尘暴频发的那几年，有人在锡盟西部做过测定，一场强沙暴过后，从一只羊身上可以抖出近10千克的沙土。每当沙尘暴过后牧民们的第一件事情就是除去羊身上的沙子，否则饥饿体弱的羊就会被沙子压垮甚至死亡。然后要清除堆积在房屋、棚圈等各处的积沙，有时清除的积沙都会多达十几车或几十车（小农用车），有的牧户要雇推土机来清除。这些被吹来和堆积的沙土不断被清走，又不断有被吹来的沙子堆积起来，年年清理年年堆积。这些流沙不同于浮尘，它们的来源就是草原上无处不在的裸露斑块，包括前面所说到的畜群点、围栏口、各种牧道车辙、草丛之间的裸斑 …… 把所有这些地方加起来每一次沙尘暴或每一年过去输送了多少流沙无法计量，其中只有颗粒细微的粉尘被搬到千百里之外甚至漂洋过海，成为人们所关注的"负外部性"，而发生在草原上的则是表土的大搬运。2015年锡盟西部一户牧民一次沙尘暴过后从住房和棚圈30米左右的迎风面清理出20车近百吨积沙。原本发生在西部荒漠地区的浮沙在地表剧烈运动的特有现象，正在向东部比邻的荒漠草原区推进，它改变着地表形态和不断地重新分配着地面物质：表土被刮走的地方留下的是遍地砾石，表土沉积的地方铺上了一层松软的浮沙；一些地方草根露出地面几厘米，另一些地方草丛被浮沙掩埋；露出草根的地方不久又被刮来的浮沙抹平 …… 牧民反映过去没有见到过草场上的土被刮来刮去的现象，过去也没有频繁清理积沙的事情。草原的过去也有风沙，但是如今植被稀疏表土裸露风沙势必变得频繁。还有一种更为普遍的现象可以说明草原上表土加速侵蚀的状况：在许多地方可以听到牧民们反映在草原上"骑摩托越来越颠簸"，"骑着摩托跑不起来了"。原因就是牲畜践踏后草丛变稀，又加上风蚀，草丛之间的表土被吹走，同时每株草丛又拦蓄了一部分流动的沙土，使原来平坦的草原变得凹凸起伏。牧民的这种反映在中东部典型草原地区都能听到。这样的变化只有生活在草原的牧民才会有真切地感知。实际上草原上每一次沙尘暴都是表土的一次搬运，如果其重量和体积能够计算出来的话一定是一组惊人的数字，而这惊人的数字就来自于上述分布在草原上无数大大小小的裸斑，就是这些裸斑为表土大搬运提供了物质基础。只要牲畜强度践踏强度因围栏的存在不断增加，表土搬运就不会停止，只是遇到雨水好植物生长茂盛的年景，表土搬运过程得到缓解，遇到干旱年景这一过程又被激活。

表土的变化必然反映到植被上来。在践踏和风蚀作用下，锡盟西部草场的地表状况可大致分为砾石化和沙化两大类，还有一些两者之间的类型，植物群落的组成和分布也打破原来规律随两大类型的表土状况而变化。在一些地方退化较严重的砾石化草场上多根葱成了统治者，而在沙化的草场上沙葱成了统治者。在沙化的草场还可见到成片分布的一二年生植物群落，如有的地方几乎被纯粹的猪毛菜或蒿类植物占据。2012年是草原上几十年未见的雨水丰沛的好年景，久旱逢雨极大地缓解了草原放牧业的窘困，但是未能遮掩因践踏和风蚀造成的生态问题。猪毛菜和蒿类植物在许多地段爆发性地出现，秋季和第二年春季大面积深灰色或者褐色成了景观中夺目的部分。猪毛菜是风滚植物，第二年春季几乎所有的围栏都挂满了被风吹来的猪毛菜，犹如一道道厚厚的篱笆墙纵横交错在草原上，大量的"篱笆墙"在大风中被压倒，给牧民带来极大损失，许多牧户不得不花去几千或上万元修补围栏，牧民在丰雨年中的收获没想到从另一方面被抵消，在与自然生态系统交往中这种意想不到损失是十分无奈的。还有一些过去没有见到过的现象，比如，一些一二年生植物（主要是蒿类植物）集中在某些围栏里出现，植物群落边界整齐划一地与围栏界线一致，呈现出农田景观。出现这种现象的原因有待进一步调查分析，但是与利用方式和强度有密切关系是确定无疑的。其实，由于牧户之间放牧利用方式与强度的差别，在实行草场承包到户20多年之后，已经可以看到在自然条件相同的草场上出现了处在不同演化状态中特征各异的植物群落，几乎每家的草场植被状况都不相同，有的是量的差异，更多的是质的差异。2012年雨水丰沛，在一些牧户草场爆发出现的一二年生植物使这种差异更为明显。因为一二年生植物群落覆盖度和生物产量都高于其他植物群落，容易让人得出草场趋向恢复的片面结论，尤其在卫片上难以判读和识别出来。同时，长期形成的以多年生植物为主的草原，一旦被一二年生植物占领，草原的稳定性会大打折扣，植被会随着年景不同而剧烈变化，机会主义特点更为突出，使原本就充满不确定性的草原放牧业更加难以应对。2012—2015年被清一色蒿类植物大规模占据（几十万亩至上百万亩）的草场也在锡盟中部和南部以及锡盟东部地方出现过。有研究记载，草原上的许多一年生的植物是夏雨型植物，在夏季多雨年份会大量出现[1]。牧民中也有这样的观察和解释。但同时牧民们也反映过去没见过如此大面积的一年生植物突然出现。一年生植物爆发已经不仅与夏季是否多雨有关。据观察除了降雨因素外，表土频繁移动的原因不可排除。比如在荒漠草原的一些地段可见到春季返青时草场上是以针茅为优势的植物群落，后来被沙尘暴吹来的浮

① 内蒙古草地资源编委会《内蒙古草地资源》，呼和浩特：内蒙古人民出版社，1990年8月，201页。

沙的掩埋，草场上夏季长满的却是猪毛菜，针茅已不见踪影，虽然与夏季雨水有关，但是表土沙化起了重要作用。一二年生植物爆发现象在许多地方可见到，是一个亟待研究的问题。在一二年生植物大量出现的草场，植物群落的稳定性和多样性都在下降。在荒漠草原的一些地段可见到头一年长满猪毛菜的草场，第二年猪毛菜被其他植物取代基本消失。在锡盟南部见到头一年被篦齿蒿占据的草场，第二年即使篦齿蒿没有长起来，其它植物也没有长起来，第三年篦齿蒿再次爆发性出现，草场植被的不稳定性增加。尤其是草场被蒿类植物占据后其他植物生长被抑制，这一现象给牧业生产带来很大影响。蒿类植物牲畜不喜食，牧户只能更多地依靠买草料喂养。尽管大部分牧民叫不全草场上牧草的名字，也说不出草的种类数量，但是他们能指出当地牲畜最爱吃的牧草明显减少了，牲畜不爱吃和过去不多见而且冬季在草场上存留不住的草多起来，这是牧民们判断草场变化的重要标准（草原上生物多样性锐减的后果更是一件尚未搞清楚的事情）。表土层变化导致植被变化的明显例子还可以在鄂尔多斯南部见到，那里沙化严重，20世纪90年代后期沙蒿大范围地占据了那里的草场，有的嘎查草场70%～80%被沙蒿占据，有沙蒿生长的地方其他植物被抑制，而沙蒿又不被牲畜所喜食，出现了不曾有过的草场上有草却不能放牧的现象。

草场植被的变化并不是围栏放牧带来的最终变化，它还直接或者间接地影响着放牧牲畜。牲畜个体体征变化是牧民们反映最多的问题。牧民们都在说家畜个头在变小，体质在变差。有的地方过去那达慕赛马的里程是15千米，因为现在马的游走范围缩小体质下降，赛马的里程缩短为10千米以下。锡盟西部牧民反映过去马的膘情最好的时候脊梁是凹下去的，这样的情况现在很难见到了。以前羊群每天游走十几千米，能吃到各种草，膘情也好。现在每天在一块草场上，走不了那么远了，也胖不起来了。过去入冬前羊膘可以达到两指厚，现在只有一指厚了。锡盟东部地区的牧民反映过去最大的白条羊一只可以达到50多千克，现在最大的只有50~60斤（25~30千克）左右①。锡盟中北部牧民反映过去最大的羔羊活重可达到130多斤，现在最多超不过80斤（40千克）。过去锡盟西部的母羊生育年限可以达到8~10年，现在只有5~6年就得淘汰更换，对此一些老牧民的解释是，因为草矮了稀了，羊采食时吃进的沙子多了，羊的牙被磨坏影响进食，所以膘上不来影响体质和生育年限。因为母羊体质不好，春节下羔时缺奶，牧民需要从市场买盒装的牛奶喂羊羔，这样的现象已经十分普遍。锡盟西部一位老骆驼倌说20世纪70年代的时候，8岁以上的骆驼胴体重能达到1000斤（500千克），现在最大的骆驼也就是600多斤（300千克）。过去大多数骆驼的两个峰是直立的，现在直立的少了，倒峰的多了。针茅是草原地带的一种优势牧草，但是草场承包后草原上出现了其他牧草少了而针茅成灾的现象，针茅种子扎在羊皮上使羊皮价格大跌影响了牧民的收入。一些老牧民反映这与固定的围栏放牧制度有关，过去针茅种子成熟季节，牲畜可以被赶到无针茅的草场放牧避开其害，现在则不行了。另外过去大畜多，马群可以把针茅的种子踏掉，针茅对羊的危害就小，现在有了围栏不能放马了，针茅的危害就显现出来了。还有的地方牧民反映，在一些地方沙化草场上沙葱成了统治者，羊大量采食沙葱后出现中毒事件。在被多根葱占领的草场，牧民

---

① 杨思远主编，《巴音图嘎调查》，北京：中国经济出版社，2009年2月，107页。

也同样反映出现了羊过多采食多根葱而中毒的情况。有的地方严重退化的草场上长满大籽蒿，因为夏季不被牲畜采食，只有打下来冬季饲喂，但是冬天吃多了大籽蒿的羊，羊肉出现了异味。

以上仅是观察到的部分现象，它们几乎都是在实行草场承包之初没有料想到的，结果与预期相左的现象。为什么草场承包的两个目标即发展牲畜和保护草场都遭遇了与预期相左的结果？一些学者曾从资源时空异质性的角度进行过分析，指出曾经的大范围游牧是适应草原上强烈的资源异质性的策略，而草场承包到户极大缩小了放牧范围，从而强化了资源异质性的约束，这里不再赘述。另外从生态系统角度的观察，可初步认定的原因是：第一，由于草原放牧系统的生产力是十分有限的，牲畜数量不可能无限制发展，只能在维持系统健稳定的前提下，通过使产出最大程度逼近系统最大容载力的途径来获取收益。因此靠承包草场的经营方式提高草原生产力是难以做到的，这一点与农村土地承包不同，农地可以通过投入获提高产出（虽然也有限），而天然草场放牧的收益仍然有赖于自然力。草场承包到户短期内促进了牲畜数量大发展，是付出了前面所列举的一系列生态代价换取的。在这种情况下牲畜数量的增长必然导致超载和草场退化，乃至牲畜自身品质的退化。第二，保护生态的目标也与制度本身发生了相悖现象。在这里产权的保护与生态保护被混淆，草场承包制度实质上激励的是草场产权保护，即牧户的占用权利的保护，它的具体保护手段是围栏，而实践表明围栏在保护牧户草场占用权的同时又在损害被占用的草原资源和恶化草原生态，其主要损害来自牲畜践踏作用的增强。对于牧民来说围栏成为二律背反的一个典型 —— 从保护产权角度它是必须建立的，从保护草场资源的角度它是有害的。它导致了当前牧民的尴尬处境：自己拥有产权的草场坏在了自己手里。因为草原放牧系统有着自身我调节能力和运行规律，当受到人为干预后它会以自身的规律而不是人们的期盼目标运行。天然草场就像一个多价值混合体，而这个混合体是草原放牧系统中的最基础部分，当它被作为产权看待的时候，人们只是将它经济价值剥离出来，而无视了它在整个系统中的生态价值，无视了这两种价值附着于一体不可剥离的特点。如同一枚双面的硬币，草场是不可以被劈开使用的。如果硬是将它劈开，只使用其经济价值一面便会触犯生态方面的一系列禁忌，导致现实中出现在草原放牧系统中的一系列连锁反应。这样的连锁反应往往是事前难以意料的。虽然不能苛求当初，但需要经历之后的反思和采取适应性的政策调整。

2 租赁流转加剧草场退化

在不适于建设人工草场的严酷环境里，天然草场放牧的前提条件是具有足够充裕的草场以满足牲畜对营养的需要和遇到灾害时游动避灾的需要。而草场承包到户后，牲畜采食范围极大地缩小，对许多草场不足的牧户来说租用草场成了唯一的选择。在草场共用方式已不复存在的条件下，有需求只能找市场。草场承包到户在一定程度上明晰了产权，它已经为一种新的"共享"草场方式即市场交易流转方式铺垫好了条件，草场租赁流转市场应运而生。草场租赁流转在一定程度上满足了缺草场户的需要的同时，也成了许多贫困户和无畜户维持生计的主要收入来源，特别是其他就业机会对牧民来说十分有限的情况下，出租草场成了最后的生计保障。它不但可调剂牧户间草场多寡不均的状况，甚至在遏制贫富分化方面也起着一定作用。这就是市场配置资源的力量所在。2003年国家颁发了农村土地承包经营权证①。在草场使用权基础上分化出经营权，目的就是进一步促进草场流转。然而，当草场这个具有多价值的混合体被等同于商品进入市场后，带来的是更多的意想不到的负面结果。如今牧民们反映最普遍的一件事情就是被租赁流转的草场退化得最厉害。这是为什么呢？

2.1　草场租赁流转的发生发展过程

在曾经的草场共用时期，基本不存在草场产权限制牲畜游动的问题，遇到灾害可以走场避灾，也不必租赁付费。草场承包到户，特别是草场第二次确界确权到户（一些地方是20世纪90年代后期，有些地方是21世纪初期），在季节分场放牧和避灾两个方面都给游动放牧带来限制，作为一种应对方式草场租赁流转的形式逐渐蔓延开来，最初发生在少数大户和无畜户之间，后来越来越多的牧户参与进来。

被出租的草场大致来源于这样几类牧户：1）在实行草畜双承包制度之后一部分牧民由于不适应个体经营很快成为无畜户或贫困户，他们是第一批出租草场的牧户；2）遇到灾害丧失了牲畜或者因为就医就学需要将牲畜兑换现金而成为无畜户或贫困户；3）因草场退化对购买草料的依赖度越来越高，一部分牧户被高成本或还贷所迫转向靠出租草场为生活来源；4）因进城打工谋生或无劳力放牧但手里有承包草场的牧户；5）专门出租打草场的牧户；6）因为各种原因（如添置棚圈等设施或就医上学）急需用钱的牧户将自家的草场或部分草场临时租出。各类牧户的比例因地区和具体情况而不同，例如在草场面积大但是自然条件更为严酷的地区第2类和第3类牧户较多。在人口多草场面积小

---

① 《中华人民共和国农村土地承包经营权证管理办法》，北京中国经济出版社，2003年11月14日。

的地区第4类牧户的比例较高。在雨水较丰沛且草场质量好产量高的地区第5类牧户较多。但总体上出租草场的原因越来越复杂，从受灾或缺乏经营能力向满足多种需求转变，出租草场已成为获取因各种原因所需要资金的重要途径。

租用草场的牧户也可大致分为几类：1）在实行草畜双承包后发展起来的大户，他们的牲畜多，而草场有限，是最早开始租用草场的牧户，对他们来说租期越长越好，最初很多是5~10年左右的长期合同；2）人口多草场少的地方因承包到的草场很有限，不足以放养满足生活所需的牲畜数量，一些牧户离开家乡到草场较宽裕的地区去租草场放牧，或者给草场宽裕的牧户当羊倌的同时放养自家牲畜；3）遇到灾害需要转场的牧户，其中包括大中小户各类牧户，他们在购买草料与租用草场之间进行经济平衡后，多选择租用草场转场，这种情况主要发生在灾害期间；4）承包初期没有分到草场的新增户或者大家庭内部划分草场的牧户，原来的一家变成两三家或更多家，草场变小的同时牲畜需要增加，租用草场成了必要的选择；5）因各种原因需要尽快发展起来的牧户，包括自家草场所能放养的牲畜数量不能满足生活所需的牧户，也包括曾经破落而后再度发展却草场不足的牧户；6）专门放养大牲畜（如马和骆驼）的牧户，由于大畜的游走范围大，靠自家承包的草场不够用而必须租用草场；7）外来的放牧户，有来自牧区的，也有来自非牧区的，他们长期在草原牧区辗转迁移依靠租用草场放牧，也有当羊倌的同时利用雇主的草场发展自己牲畜的外来户，这是一种变相的租用草场；8）每年打草季节外来的租用草场的打草售草商和养殖企业。在不同地区租用草场的比例不同，但是租用比例和需求在普遍增加，使得草场日益紧缺，草场租赁市场呈方兴未艾之势。

在租出和租入之间有一些新的现象发生：已出现这样的牧户，他们既租出草场也租入草场，在租出租入的比较中获取最大利益。比如将自家较差或退化的草场租出，同时租入他人的草场放牧或打草（以较高价格卖草）。或者将自家好草场租出打草（或卖草），同时租入他人草场（通常是较差的草场）用来放牧。还有一种现象是二次转租，包括将租入草场的一部分出租给其他牧户，或者用租来的草场放养自家牲畜同时有偿代放其他牧户的牲畜，也是一种变相的二次转租。通过二次转租分摊所支付的租金成本，使草场在市场上的交换价值得到充分的挖掘。

自租赁草场出现以来，供需两端的牧户都在增加，而总的来说可供租赁的草场却是有限的。草场租赁流转的市场规模不断扩大的趋势中显现出如下两个特点：一是参与草场租赁流转的牧户和草场面积的都在增加，目前多数地方的参与牧户和被租赁草场面积在20%~30%左右，个别地方参与牧户达到50%，租赁草场达到60%以上。据调查在草场租赁的初期，参与的牧户只是少数大户，不足5%。那时被租用的草场也仅在5%~10%，现在是越来越多的中小牧户卷入，有的地方租用草场的牧户里中小户比例达到2/3。二是草场的紧缺程度越来越严重。过去是草场紧缺的地方或因灾害致贫的地方草场流转现象较多，现在是不分地区或有无灾害，对草场的需要量有增无减。过去多是嘎查之外的外来户租用草场，现在是嘎查内部对租赁草场的需求都难以得到满足。尽管现许多地方已经禁止将草场出租给外来户，但是草场紧缺的状况仍然有增无减。据估计在每年需要租用草场的牧户中，只有部分牧户能租到草场。草场供需关系日趋紧张的主要原因之一是，租赁草场比买草料便宜。

草场租价在不断上涨，同时租期在缩短。虽然各地草场的租价因产草量的差异而相差很大，但是各地方的草场租价都是一路上涨，以锡盟西部为例，2000年之前一亩草场一年租费仅几角钱，2015年达到5~7元钱，涨了10倍以上。各地的涨幅基本一致，在草场产量高或人口多草场小的地区每亩租金已达到10~20元。由于草场租价逐年上涨，草场租期合同转向短期化。过去租期一般5年左右，有的10年。现在（2014年）租期多在1~3年之间。租金交付方式多是将几年的租金一次性付清，因为出租方往往需要一笔较大的资金去另谋生路。但是一次性拿出十几万或几十万元交租，对承租方来说是极大的负担。于是短期的月租方式也越来越普遍，租价也越来越高，租费是按照每月每头（只）牲畜支付的，如有的地方（2014年）每头牛每月100~150元（过去78~80元），每只羊每月15~20元（过去10元左右）。近年来还出现了按天计价收租的办法，每只羊一天1元钱，租期也更短，一般都不到1个月。短期租价虽高于长期租价，但是对于一次性支付大量租金有困难的多数牧户，尤其是对短期租用草场避灾的牧户更易于接受，市场的灵活性在租期和租价上不断地体现出来。近几年因为草场租价过高，并且气候波动较大灾害频发，一些长期租草场的大户也开始选择短期租用，因为遇到年景很好或很不好时租用草场都等于白花钱。短期化成为草场租赁流转的趋势。随着参与牧户增多和租赁期的短期化，租赁双方从相对固定的关系转向不固定和不稳定，尤其是按月租赁的草场，流动性极大，在一年之中的不同时间段里可能会被几个不同牧户租用。

近年来内蒙古东中部地区打草场的租赁市场也强劲起来。除了牧户之间的租赁外，许多外地的养殖企业或专门经营青干草的草商也来租用打草场。他们租赁的草场面积要大得多，所支付的价格也高，一般相当于当地牧户租用放牧草场的价格的2-3倍左右或更高。但是牧民们反映他们打草留茬低搂得狠，对草场破坏很大，同时抬高了草场租价和青干草的价格，增加了当地租用放牧草场牧户的负担，也增加了放牧草场的紧缺程度。打草场的租赁市场扩大到了牧区之外，显示出市场有着突破任何边界的力量。

2.2 草场租赁流转在加剧草场退化

为什么草场租赁流转的市场发展迅速甚至在一些地方呈强劲之势？有一个答案是无可争议的：草场资源出现了全面稀缺。而导致草场资源稀缺的原因又是什么呢？答案或许不止一个，比如人口和牲畜的增加，气候变化等。但是不论原因如何，草场资源稀缺的重要特征之一是在许多地方草场面积不变的条件下草场承载能力在衰减，即草场退化。也就是说草场资源稀缺与草场退化这两个概念在很大程度上说的是同一个事情，这一点或许是草场资源与其他非再生资源的一个重要不同之处，它使得草场进入交易市场时遇到了特殊问题。

关于内蒙古草原退化状况不同来源的数据不很一致，据有关研究内蒙古退化草原面积占可利用草原面积的73.5%（2005年）[1]。据持同样结论的一项具体研究进一步指出内蒙古的一些旗县如翁牛特旗、乌审旗、鄂温克自治旗、苏尼特左旗、苏尼特右旗、东乌珠穆沁旗、乌拉特中旗退化草原面积甚至达到100%（2002年）[2]。如果这些数据与事实基本相符的话，那么可以确定进入草场租赁流转市场的绝大部分

① 刘永志 常秉文 邢旗，《内蒙古草业可持续发展战略》，呼和浩特；内蒙古人民出版社，2006年6月，38页。
② 王皓田（中央民族大学经济学院），"内蒙古草原生态环境退化现状及应对措施"，《经济研究参考》，2011年第47期（总第2391期）。

草场是退化草场。也就是说这个草场租赁流转市场实际上是一个退化草场的流转市场。这为考察草场租赁流转提供了一个重要的前提性背景：草场租赁流转是在草原生态退化的这个既定现实中进行着的。于是引至了另一个关键性问题：退化草场进入市场交易会连带来怎样的结果？ 或者说草场租赁流转市场有利于草场的生态恢复还是会加速草场退化的过程？ 从前述的草场租赁市场的发生发展过程可以得到对问题的某些答案：1）牧民们并非没有看到被租赁的草场已经处于退化之中，因为不论是否被租赁，草场退化已经是普遍事实。但是比起从外部买进草料，租用草场还是便宜得多，即便是退化了的草场，在退化的一定阶段其牧草的质量也往往优于买进的草料，这是天然草场的不可替代性决定的（至今尚未出现以低成本获得高质量高产出草场的人工改良技术），也是至今天然草场压力难以靠舍饲喂养缓解的重要原因。不论是否进入租赁市场，天然草场遇到紧缺的同时也都遇到了不可替代性的问题。它解释了一个矛盾现象，尽管牧民们普遍反映租赁草场退化的最厉害，但是租赁草场的需求和进入草场租赁市场的牧户却在不断增加；2）在多数情况下被租赁草场比未被租赁草场的利用强度加大，退化速度加快。一是因为毕竟有了成本投入（尽管比买草料的成本投入低），只有放养更多的牲畜才能收回多投入的成本（租金）。二是租用草场的牧户在变化不定的自然和市场环境中，注重的是把握机会获得短期利益，这是牧户租用草场的现实目的，也是草场租赁趋于短期化的重要原因，特别是短期租赁方式中的用户多而杂，租赁关系不稳定，透支利用草场的动力更大，草场租赁流转已经成为草场退化的一个新的驱动力；3）草场日益稀缺使租金不断提高，这看似是符合市场规律的现象，但实际上草场稀缺是草场退化的结果，那么退化越严重价格越高，就形成了一个奇怪的逻辑：使用价值越低交换价值却越高。

而一般稀缺物品并不会因为市场价格上升而品质下降。出现这一奇怪逻辑的原因有二：一是草场租赁流转市场所调节的草场稀缺实际上只是草场面积的稀缺，而调节不了草场的生态状况。当草场退化与稀缺混在一起时，市场只能导向人们做出经济理性的选择，而无力判别和引导人们在生态方面做出理性选择，特别是在与买草料需要支付更的高成本相比较时，对租用草场的一方来说哪怕支付不断上涨的租金去租用退化草场也仍是可获益的选择。二是当草场在市场上的交换价值背离使用价值而走高时，获取高交换价值自然成为出租草场一方来的选择，草场不再仅仅是为了放牧，而成为获得资金的途径，这对于处在生计困境中的牧户来说是摆脱困境的机会，这时草场具有了直接兑换货币的功用，当手头缺钱时随时可以出租草场立等兑现，由此导致草场使用价值让位于交换价值，供求双方都能够接受或乐于接受的事情就这样成交了，但代价被甩给了生态，草场使用价值贬值。在使用价值被交换价值取代的情况下即使没有退化的草场实行流转也不免落入退化的境地，更何况流转的是已经退化的草场，它显现出来的是市场在这一生态过程中的失灵。绝大部分草场在进入租赁流转市场之前就已经退化，租赁流转只是加速了草场退化，这使讨论又回到草场退化的原因上来。

前面已经讨论过，草场承包制度的不当是草场退化的一个重要原因，而退化导致了稀缺，若不改变草场承包制度的话将不断地制造出这种稀缺。被租赁流转的草场在这样的制度下放牧利用，自然就解决不了自身产生的稀缺（退化）问题。如果说草场承包是制度中存在的第一个不当的话，那么草场租赁流转就成了第二个不当。第一个不当是将不适宜直接作为个人产权的天然草场被作为个人产权，即产权设置只看重了生态系统的经济功能忽视了其生态功能，导致了草场退化。第二个不当则是在前一个不当的基础上将退化草场等同于一般稀缺物品交由市场去调节配置，进一步鼓励对生态系统的经济功能的最大化实现和进一步忽视其生态功能，加剧了草场退化。产权和交易这一对市场经济的经典搭配在草原上遇到了系统性不适，形成了一个靠市场交易手段解决不了，而产权制度又不断制造和交给市场去解决的问题的循环，这是在现实中发生在草原上的市场化逻辑。然而这一逻辑还在继续向着负方向延伸和发酵：草场租用者不断加大投入来租用草场，草场退化程度不断加剧，退化到十分严重程度的时候，国家则接过来以更大的投入开始了草原生态治理。

一些地方政府和部门已经认识租赁草场对生态的负面性，并针对性地出台政策以遏制被租赁草场的退化趋势，要求利用租用的草场放牧时牲畜数量必须减少30%，但是效果甚微，因为制度的本身原因没有得到解决，原本就处在生计困境中的牧民不可能花钱租到草场后自动减少牲畜恢复草原生态，即使租到的草场没有退化，也不存在用户将草场租到手以后加以保护的动力。草场租价不断提高只能招致对租赁草场更强度的利用，或者导致一些牧户在不断上涨的草场租价面前被迫弃牧出局，被迫出局的一些中小牧户只能将自己草场出租而另外寻找就业机会，他们的草场将进入上面所说的退化循环，他们本人将进入新的就业困境。在调查中也可以见到有极少数牲畜多草场面积充足的大户，他们租用的草场保持着较好的状况，而且有的被租用的草场确实在向好恢复。但是这些大户左右不了市场租价，他们也对不断上涨的草场租价反应强烈，越来越高的租价在逼近他们的承受上限，有的被迫主动缩短租期，好年景不租坏年景再租，以减少租金成本。

而大户缩短租期（不论是主动还是被动）意味着草场进一步失去仅有的微弱保护。至于那些外来企业高价租用草场打草售草，使得一些出租草场的牧户获得了比放牧高出许多的报酬，而没有打草场可供出租的牧户陷入更加困难的境地，他们可租到的草场更加紧缺租价也更高。同时除了连年打草带来的生态问题，向外出租打草场所出卖的是原始资源，比原来就缺乏加工增值的草原放牧更加倒退了一步。

草场租赁流转遇到的问题或许不是产权和市场手段本身出了错，而是它们在不当的场合下被不当地使用了。不当的场合是什么？就是我们所讨论的在这个有自身特点和依赖自我调节的草原生态系统里套用一般情况下的产权制度的同时又套用了一般的市场手段而遇到了不适。这大概就是为什么牧民都说被租赁的草场退化最厉害的原因。

3 出现了成本"洼地"

因为居住分散和远离市场中心的原因，草原牧区牧民的生产生活成本要比集中居住的城镇市民和相对集中居住的农民要高得多。比如盖房屋棚圈用的砖，加上运费后每块砖的价格在牧区要比城镇高一倍多，就是说牧区设施建筑的造价要比城市和农村成倍地高。其他商品的价格加上运费也会高于城市和农村。就连从锡盟东部产草区将打下的青干草运到锡盟西部，草的价格要翻一番，基本是在运输过程中增加的，一捆干草50元的话，其中燃油成本就5~6元钱。随着对市场依赖程度的增加，牧民承受的这类远途运输成本也越来越多。另外，频繁的自然灾害给牧民带来的风险成本更是其他领域所没有或少有的。客观存在的地域性的高成本是草原牧区在发展过程中的比较劣势，抑制而不是扩大这一劣势应是草原牧区选择发展路径时的重要考虑因素，而现实是在土地产权个体化和经济市场化过程中这一劣势在不断扩大。

在草原放牧业这个系统里有一个十分重要的概念：初级生产。它是指天然草场上的牧草生产。放养的牲畜是这个系统里的次级生产。初级生产为次级生产提供物质基础，初级生产的质和量制约着次级生产的质和量。虽然草原上的初级生产是自然条件与放牧活动共同作用的产物，但是自然条件尤其是气候条件显然起着决定性和制约性作用，即草场上每年的牧草产出量主要是由水热等气候条件决定的，它不存在年增长率（即每一年比前一年增长的情况），因此与人口和消费需求逐年增长的情况存在明显的冲突。虽然牧草资源可每年再生，但是仍然是有限的资源。这使得资源的有限性与呈指数增长的经济之间的矛盾[①]在草原放牧业表现的十分突出。由于草场初级生产力的有限性和剧烈的波动性造成了畜牧生产的有限性和不稳定性，因此力求克服草场生产力的制约获取更多更稳定的产出，即摆脱靠天养畜成了人们在这样一个生产系统里不倦的追求目标，并为实现此目标不断地投入成本。

从成本效益角度稍作分析就可看到所投入的大量成本并未真正带来收益的增加。曾经的游动放牧是顺应自然的生产方式，它以最低的成本投入最大限度地从系统中获取收益，"逐水草而居"就是对那时遵循草牧系统中初级生产的规律安排生产活动的表述。那时人草畜的关系可维持在相对平衡有序的状态。如今人们已经不再甘心接受初级生产的制约，虽然普遍认为曾经的"逐水草而居"具有生态合理性，但那已是"过去时"的故事，对于"现在时"的社会已经不合时宜。一是因为牧人在不停的迁移中付出大量艰辛，这种艰辛已经远离现代生活方

---

① [美] 丹尼斯·米都斯，李保恒 译，《增长的极限》，长春：吉林人民出版社，1997年12月，107页。

式；二是那时与投入相比收益很高，但是总的产出却十分有限，如今已不能满足不断增长的社会需求。因此必须改变这一状况，将草原放牧业建设成一个通过高投入获得稳定的高产出的生产系统，以使牧民融入现代化的生活方式中来。这样的看法十分普遍，成为一种强烈的意愿和普遍的社会认同。然而，路径和目标并不是一回事。且先不谈作为目标的现代化生活方式应当是怎样一种方式，在草原放牧业系统里选择高投入高产出的路径首先就遇到能否与系统相融的问题。这个曾经是无成本或低成本的天然草场放牧系统，如今成本投入已经几乎无处不在。但是高投入的努力并没有带来预期的高收益，生产和牧民生计状况并没有随着所投成本的大幅提高而得到同样幅度的收益和改善。与预期相反的是大量的成本投入正在成为压在牧民和生态上的重负。而草畜双承包制度的实行正是草原放牧业经营成本大幅提高的转折点。

草畜双承包政策在给牧民带来自主经营权利和机会的同时，也因集体组织的解体而大大增加了牧户个体的经营成本，这是否定集体经济制度弊端的同时难以避免的副作用，有些情况与农村土地承包后出现情况类似：原本通过分工合作完成的生产劳动均下放到各户单独完成，或转由市场提供，比如大群牲畜被分为小群放牧，剪毛、打鬃、打草、抗灾等各类季节性和集中性生产活动都回到单干。集体经营时不缺劳力，而承包到户后几乎家家都缺劳力，许多生产活动需要雇工来完成，承包后的一段时间里最普遍的是雇羊倌（雇人放羊）。过去一个羊倌可以放1000多只羊，承包后二三百或三四百只羊也需要雇一个羊倌。牧区雇工的费用也跟着劳务市场的价格而上涨，修围栏、打草、剪羊毛等零工每天工资从几十元涨到150~200元（2015年）。一个羊倌的月工资已经从过去的几百元涨到3000~5000元（2015年），一年雇一个羊倌的花费达到4万~6万元，相当于一个一般国家干部或者一个中下等牧户一年的纯收入。

虽然这些费用对支出方是成本提高，对收入方是劳动报酬的提高，但是对草原的每单位畜产品来说则是成本的增加。许多原本可以共用的机具设施在实行承包制后家家都要重复购置，几乎每家都要备有各式各样不同的车辆和机具，少的是一两辆摩托和一辆农用车，多的有几辆摩托和大小不同的农用车、卡车、拖拉机、水罐、抽水机、打草机，随着舍饲比重增加，有些牧户还购置了铲车用来清理棚圈。有饲料地的牧户还有耕翻播种机、脱粒机、粉碎机等成套农用机具，可以打草的地区许多牧户要自购成套的打草机具包括拖拉机、打草机、搂草机，有的还有捆草机、装卸机。许多机具车辆的价钱在数千元至上万元，没有这些机具的牧户的就要租用他人的。这些车辆和机具每年用去的燃油费也在不断增长，成为几乎所有牧户的仅次于购买草料的第二大开支，一般能占到年总收入的1/10以上。原来由集体合作提供的公共服务在承包之后逐渐转向由市场提供，比如防疫、药浴、打井、搭棚盖圈、运输、种植饲料、销售畜产品等。许多过去在集体合作期间通过分工就可以做到的事情，现在则要通过市场购买的方式去实现，而且存在着大量重复性购买。所有的成本分摊到单位畜产品上比过去有了极大的增加。牧民们说同样养一只羊，现在投入的成本比过去高太多了。遗憾的是极少见到对此进行详细的分析报告（或许是因为这样的调查分析同样要很高的成本）。

草畜承包制度除了带来上述与农区类似的因个体经营不可避免的成本增加外，还有一些成本仅仅是由于把草场分包到户带来的特殊成本，这些成本的增加所带来的影响更加广泛和深刻，因为所在的更加依赖自然的系统中生态的连锁反应更为广泛。这是与农区土地承包十分不同的地方。

3.1 资源不能共享导致生产成本增加

草场资源被分割使用在两方面直接给牧民带来成本的增加：一是分布不均的资源被分割后失去连片组合才能体现出来的使用价值，使多数牧户陷入人为制造的资源限制，而突破这样的人为限制就需要注入新的成本。比如，没有分到水源的牧户每天要用机具拉水饮牲畜，有的离水源十几或几十千米，每年有大半年甚至全年需要拉水，他们要支付原来不需要支付的拉水机具（车辆、水罐）和燃油费用，还需要投入劳动的成本。甚至在一些缺水的地方每户每天都要有一个整劳力专门负责拉水。有的牧户需要雇人拉水支付人工费用，一些牧户每年拉水耗用的燃油费就达到上万元，相当于一个人一年的基本生活费用。还有一些牧户要花钱打井或者修建储水窖，打一眼机井要几万元，修建一个水窖需要几千元。自草场承包以来这些牧户花费在水上的支出积累起来已经是一笔不小的数字，有的达到十几万甚至几十万元。不同的牲畜在不同的季节需要不同的营养，比如在有的季节牲畜需要补充盐分，过去是赶着牲畜到盐碱洼地去舔盐或者将牲畜赶到盐碱性草场去放牧，但是分包草场后大部分牧户需要每年买盐喂牲畜；又如牲畜秋季抓膘需要采食多汁的葱类植物和避开针茅伤害，春节需要采食返青早的牧草，而分包草场后游动受阻无法满足牲畜的这些需要，迫使许多牧户要租用他人草场来满足牲畜的需要。因为无法避开针茅的危害，许多牧户还要承受因羊皮被扎而减价的损失；草场分包还造成草畜不匹配的现象，一些养羊户分到是适宜骆驼的草场，相反养驼户分到的是适宜牛马羊的草场，一些专门放养大畜的牧户都需要终年租用别人的草场。二是遇到灾年，过去可以赶着牲畜到别处借场避灾，不需要支付草场费用，而草场承包后遇到灾害需要走场的话必须花钱租草场，灾害期间租草场往往是短期租用，多是按照月份和牲畜头数计算租价，比长期租赁草场的租金要高很多。避灾转场往往需要长途转移，在被围栏层层阻隔的情况下不再能赶着牲畜走场了，只能租用卡车运送牲畜，租一辆车一次就需要几百上千元，把一群牲畜运送到目的地需要支付不菲的运输费用。即使坚持赶着牲畜走场，需要穿过许多家的草场，每天都要支付牲畜饮水和草场过路费，这些都需要付费，否则就不被允许使用或经过。牧区灾害频繁，据锡盟西部牧民讲每10年里就会遇到3~4次较大灾害需要走场，而每次都成为牧户的沉重负担。2000—2006年灾害严重，那期间锡盟西部有很多牧户就是在避灾走场中被这些费用压垮和破产的。

3.2 围栏的建立

如今的草原已被层层围栏分割，它们是草场使用权标志，也是牧民的一项新的不动资产，但是这项资产的价值与对它的成本投入很不相称。过去在草原上修建围栏是为了预留出冬季或灾害期间的打草场或者种畜、弱畜的放牧场。现在的围栏是为防止别人家的牲畜进入。草场承包到户以后各家都必须拉起围栏，否则自家草场就会被别家牲畜随便进入，这被认为是绝对不可接受事情，是草场使用权受到了侵犯。于是，围栏像被感染一样迅速地在草原上蔓延开来。各家都把分到手里的几千亩或上万亩的草场用围栏围起来，这对每个牧户都是一项空前的巨大工程，需要几万甚至十几万元的资金投入，这样巨大的工程对于多数牧户来说需要经过多年的连续投入才能完成，只要围栏有一处没有闭合，别人家的牲畜就会进来。因为负担不起费用至今有些牧户还未完成自家草场的围栏建设。对一些困难户来说他们处于两难的处境，要么拉不起围栏，草场被他人的牲畜随便进入，要么借高利贷把围栏拉起来而陷入债务。一些本来就贫困的牧户为了建立围栏欠下了高利贷，陷入更加贫困的境地。但仍然有一些贫困户的草场因为没有完全拉起围栏，如同无人管理的公共草场一样退化十分严重。建起围栏后每年还要不断投入维修费用，围栏的质量越来越高级，维修更新的材料成本投入也越来越高，同时维修围栏也成了牧业上每年一项新的必需的劳动投入。每遇风灾和沙尘暴牧民的围栏都会受到严重损坏，使得牧民在遭受牲畜带来的损失之外还要遭受一项新的损失 —— 围栏损失，犹如雪上加霜。

2013年春，锡盟西部大风刮倒了大片围栏，甚至用作围栏柱的坚实的三角钢也在大风中被折断，致使许多牧户投入几千至上万元维修和更新围栏，有的牧户被迫花费数万元几乎重建了围栏。建立和维修围栏成了牧民耗费极大的一项投入，围栏成为最昂贵的维护产权的手段，与产权设置应最大限度降低成本的原则大相径庭。这是一种经济制度强加给生产而可以节省的费用，而且为此投入的时间与劳动因为双方的恶意而加大，但并不创造价值①，成为一种用巨额投入来维护的产权。但是它却在草原上与草场承包制度如影随形，势不可挡。它不仅仅造成了牧户之间的纠纷和关系恶化，而且对草原生产力和生态有着明显的损害作用，然而这些负面后果却是耗用了牧户的巨大成本换来的。

3.3　买草料饲喂

草场承包后游动避灾受到限制，同时又加速了草场退化，再加上

---

① 李建德，"站在科斯的肩膀上"，《科斯与中国》，北京：中信出版社，2013年6月，第83页：

承包刺激了牲畜数量大发展，使得本来就存在的草畜矛盾更加尖锐，冬春购买草料喂养牲畜的现象越来越普遍，对草料的依赖日益增加。过去冬春季节或者遇到年景不好，给牲畜补饲一些草料是减少损失的必要措施，那时买草料只是补给一小部分难以过冬的老弱畜。实行承包制度十余年以后逐渐地所有牲畜冬春季节都需要饲喂了，因为冬春草场的牧草存量已经支撑不了所养的牲畜数量。在锡盟大约2000年前后是个转折点，从那以后半放牧半舍饲的模式逐渐形成，有研究者认为这种靠购买草料饲喂方式是向集约化经营的转变①。事实上冬春季节放牧时间大大缩短是因为草场退化所致，买草买料喂养是不得已的选择。姑且不论如何解读这种模式的转变，这种模式的成本大大增加是不争的事实。大多数牧户冬春靠买草买料喂养牲畜，而且喂养的时间不断延长，从最初的一两个月到三四个月，稍遇灾害则要半年甚至更长时间。2014年夏秋一些地方严重干旱，用草料喂养的时间达到9~11个月。2015年这些地方继续遭遇干旱，连续喂养时间最长的达到20多个月。

越来越多地靠买草料养畜的牧民都算清了一笔账，一只羊靠喂草料圈养每天的草料成本大概1.5-2元钱，全年圈养的话草料费用刚刚与羊价最高的2013年一只羊羔（700元）的收入相抵，如果把其他成本算入，根本谈不上纯收入。恰恰是2014年和2015年羊的收购价格连续大跌，在遭遇干旱的地区，靠买草料饲喂的牧户几乎都陷入了赔本养羊的困境或债务危机。半放牧半舍饲的纯收入实际上来自天然草场放牧，而不是舍饲喂养。牧户花在草料的上费用不断上升，每年

---

① 鬼木俊次 等，《东北亚畜牧业可持续发展》，呼和浩特：内蒙古人民出版社，2011年3月，第165页。

由几十元几百元上升至万元或数万元，甚至十几万元以上。购买草料成为牧户每年生产的第一大成本支出，一般年景可达年收入的1/3至1/2，灾年可达年收入的70%～80%或更高，甚至赔本养畜。这是过去没有过的现象，而且越是灾情严重市场上的草料价格越高。喂养与放养相比的好处是牲畜在灾害中的死亡率极大下降，甚至可以做到消灭死亡率。牧区近些年来很少出现遇灾牲畜大量死亡的事情，是一大进步。

然而，这一进步是有巨大代价的，那就是牧民担负的成本。据鄂托克旗一嘎查牧民反映，90年代中期以前该嘎查大多数牧户每年收入能有结余，那时家家或多或少都有存款，而后来开支越来越大，其中购买草料是一项主要开支，逐渐地不再有存款，而且手里的钱开始周转不过来了，赊账贷款的情况逐渐多起来。近几年银行对牧民贷款实行放宽政策，如今该嘎查90%以上的牧户都靠贷款度日，贷款数额逐年增加，大多数牧户每年出售牲畜换得现金后的第一件事就是还贷，然后接着再贷款买草料，卖牲畜 — 还贷 — 借贷 — 买草料 — 养牲畜 — 卖牲畜，成了各家各户普遍的循环模式，牧民们都感到还贷的压力很大，一些牧户到了还贷截至期不得不借高利贷用来还银行贷款，有的嘎查一半或更多的牧户要靠借高利贷来周转。大多数牧民都认为多贷款不是个好事，但巨大的草料开支使他们产生了对贷款的依赖，而且越是依赖越难摆脱。对锡盟西部某嘎查20个牧户的调查显示，2014年（干旱）这20个牧户买草料的支出就占了当年总收入的82%，平均每户买草料花费9万元（未包括租草场）。同年这20户贷款总额达到200余万元，平均每户贷款10万多元，买草料开支占贷款额的90%。牧民们说他们在给草料商和银行放羊。在巨大的还贷压力下牧民不得不更多地养畜，而且要更多地利用天然草场才能获得收益。这样压力就不断向天然草场转移，成为当前天然草场压力有增无减的重要原因。只看到买草料舍饲喂养高投入换来的低死亡率，而忽略其高成本和低收益（包括生态效益），这样的集约化模式很值得商榷，这是在实行草场承包和围栏定牧导致草场加速退化后出现的一种高成本模式，过高的成本已经成为牧民的负担并反过来又在增加草场的压力。

3.4 打草圈养

打草喂养牲畜是与是实行定牧舍饲相配套的需要。2000年以后内蒙古草原上出现了一个新现象，从东向西成队的满载方块草捆的载重车跑在公路上，它们把大量青干草运往西部缺草的牧区和内地（供大型养殖企业）。打草业成了草原上的一个新兴产业，曾经牧民赶着牲畜游牧的景象被眼下满载草捆的载重车的"游草"景象取代。如何看待打草业的兴起这里暂且不加以讨论，只是从成本角度考察一下这一新事物给产草区牧户的生产经营带来的变化。打草业的兴起的确给产草地区出租打草场的牧户带来了不菲的收益。据调查一亩打草场的租价一般在15元左右，高的达到20元以上。但同时也给当地大多数放牧的牧户带来租草场和买草成本的增加。随着打草业的兴起，一个显著的变化是几乎所有放牧牧户冬季都不再以放牧为主而改为圈养喂草，他们要么在自家草场打草，要么租草场打草或者花钱买草，但是从牲畜游走采食变为把草打下并运回喂养，成本要大大提高。

据调查（2015年）锡盟东部打草喂养牲畜的情况是：在自家草场上打草每亩要投入成本10元多（包括打草、捆草和运输），合每斤草1.7角钱左右。如果租草场打草成本要另外增加10元（共20元），合每斤草3.5角钱左右。而在当地买草每斤4.5角左右。如果按照每只羊每天需要喂1~3斤（1斤=0.5千克）干草和2~3两料计算，每只羊每天的草料成本1~1.5元左右。若牧户自己买机具或租用打草机具，再加上耗用燃油，劳力少的牧户打草季节还要雇工（这类开支都是过去放牧时不需要的）的开支，合计下来每天每只羊的草料成本也在1元以上。近几年产草区正常年景大体上的情况是，冬春季节一只羊喂养4个月需要近150~200元的草料成本，遇到灾害则要上300元或更多，成本不比西部买草区低多少，而且草料投入的成本在逐渐增加。打草区的牧民对这样的高成本打草喂养模式颇有微词，但又陷入这一模式难以脱身。

关于这一模式怎样形成的，牧民们的解释是因为草场退化了，原来这类地区的草很高，冬季虽然雪大，但过去雪盖不住草，而且有草的阻拦雪是松软的可以放牧。草场退化后草低了被雪盖住，没有了草的阻拦雪被风吹后变得坚硬，使放牧变得困难，而且现在马的数量少了很多，过去马多的时候可以踏开雪，然后羊可以放牧采食。同时2000年后的几年里实行休牧政策，政府号召各家要备足冬春用草，以上几种原因使得打草喂养的模式普遍化并随着草场退化难以逆转。可以想象得到，每户都要把至少数千亩的牧草全部打下并运回和饲喂，所增加的成本是极其可观的，在这一过程中投用在机具、燃油和外雇人工的费用，对提供这些服务的一方来说是收益，而对牧民来说是极大增加的成本，这是一个对外部能量投入依赖的模式。这一模式所展示的是：当通过牲畜游动适应多变环境的制度被解体后，多变的环境依然存在，需要新的模式与之适应，所出现的一个新的适应模式就是"游草"，即把草打下运回和舍饲喂养，比起游牧这是一种高成本的应对模式，其高成本不但体现于买草地区的牧户经营模式中，也同样体现于产草地区的牧户经营模式中。

草原放牧系统的基本原理是游动的牲畜采食固定生长的牧草，打草喂养的模式则是反其道而行之：用"游草"的方式喂养被固定下来的牲畜，系统内部能量转换被改变为外部能量输入，所输入的外部能量成了牧户要支付的成本，增加的成本负担大于他们所得到的好处。"游草"模式也在从一个侧面证明受自然支配的草畜不平衡现象仍然起着制约作用，这一不平衡现象至今未能被人类改变，因此才有了"游草"的应对模式的出现，在一定意义上它是游牧的翻版，不同之处只是游动的内容不同和依赖外部能量的大量输入。这种模式除了带来经营的高成本外，关于这一模式的生态方面的利弊在本书的生态部分有所讨论。

3.5　基本建设

随着放牧部分地被喂养取代，舍饲设施的建设成为必然需要。特别是棚圈、水井这些最基本设施，对大多数牧户来说成了投入能力有限但又不得不投入的建设。一处棚圈需要投入几万元，打一眼机井常常需要投入几万或十余万元。这些大宗投入一般都需要牧户在频繁的灾害和收入起落不定的过程中积累数年才能做到。近年来在政府的扶持下基本建设在大大提速，新式明亮宽敞的砖瓦 — 水泥 — 玻璃结构的棚圈取代了老式棚圈，最新式的棚圈还配置了摄像头（可在家里电脑上观察棚圈内羊群的状况，这在接羔季节十分有用）和药浴池。新式住房、草棚、育肥圈舍、料槽、水窖、风力提水机、太阳能提水机、牲畜药浴池、院落栅栏、厕所、车库、牛粪库、机井房……越来越多建筑物出现在定居点，这些设施质量高档、涂色美观，构成了美丽牧区的一幅现代化图景，给草原牧区带来可视性极强的变化。然而这些建设都是有成本的，支付这些成本的资金从何而来是一个大问题。政府看到了这一点，因此近年来草原基本建设得到了财政转移支付的大力扶持。但是即便如此，牧户也要自己担负一定比例的成本。牧户自付部分的比例因项目来源不同而不同，大致在30%—40%之间，对牧民来说优惠了许多。

但是当这些建设项目在短期内集中实施的时候，对于资金本来就周转不开手头拮据的牧户来说就会成为巨大的负担。据对锡盟西部某嘎查20个牧户的调查，2014年是这个嘎查得到国家各种基建项目最多的一年，这20个牧户共得到33个各类基建项目，由这些牧户共支付的资金将近100万元，占20个牧户当年总收入的45%，成为除了买草料外的最大开支项，如果加上买草料的费用，就超出总收入的30%了，这样的建设对牧民来说实际上是透支建设。近几年牧民贷款数额猛增与基建项目集中上马有一定关系。因为这些项目需要先交款才上马，而且不是想要就可以随时得到的，所以不少牧户为了不失机会采取贷款（包括高利贷）上项目。但是没想到2014年和2015年这一地区遭受旱灾，牧业入不敷出，许多牧户后悔不该上基建项目，但为时已晚。有的牧户为了得到建设项目不惜借高利贷，有的早已就积累了很多债务的贫困户也因此又添加了一笔债务。事后一些牧民在反思，认为政府扶持的基建项目好是好，但是先交钱再上项目牧民有困难。而对于政府来说如果先上项目再收钱可能会落空，而落空的可能性极大，因为这是在灾害频繁不确定性极强的地区，在牧民卖掉牲畜把钱拿到手之前谁都无法预料将要发生什么，事先交钱政府可免受风险，但却把风险推给了牧民。而牧民得到的教训则是：在手里没有积蓄的情况下不能随意上马建设项目。表面上是资金问题，但事情归结到一个基本问题：草原牧区的基本建设应当如何搞？ 这是一个大的命题，这里只集中于其中的成本问题来讨论。

草原上强烈制约畜牧业发展的是十分有限和剧烈波动初级生产（牧草生产），这使当前的草原建设模式处在一个尖锐的矛盾之中：一方面，如果所投入的基本建设项目无力增加初级生产力并使其稳定，这些建设项目的有效性就十分有限，投入的成本就难以得到增值回报，进而牧民投入建设的资金积累和能力就始终处于匮乏状态，以透支方式的建设虽然可以见到硬件（设施）的改善，也可见到一些效果（如牲畜死亡率降低了），但是牧民却很容易陷入债务危机；另一方面，草场退化以后放牧向舍饲喂养方式的转变促使舍饲化设施建设不得不加快进行，而靠舍饲圈养本身积累建设资金是不可能的，因为舍饲圈养在草原上本身就入不敷出，尚需要靠天然草场放牧来支撑。这就使得压力又转回到天然草场，即加快舍饲圈养的建设资金需要靠天然草场放牧来积累，而天然草场又处于退化之中。在这种矛盾状况下以加快舍饲设施为主的基本建设自然会增加牧民和草场承负的压力。在许多地方都可以见到严重退化的草场与先进的棚圈设施出现在同一个画面里，就是这一矛盾的显现。

牧民在草原建设资金方面遇到的窘境在提示我们：这样一条高成本的建设路径能否持续走下去？ 实际上高成本建设现象能够延续至今与十几年来牲畜收购的市场价格连年走高有一定关系，牲畜价格走高掩盖了上述矛盾。但是牲畜收购价格走高毕竟与草原推行圈养模式没有因果关系，一旦市场价格下跌，高成本建设路径就会受挫。2014年和2015年畜产品收购价大幅下跌已经发出了警示。而再回到前面已经讨论过的围绕畜群点的定居定牧建设对草场生态的明显负面作用，所投入的这些建设成本的效益更需要重新审视。已经有学者指出现实中的建设养畜难以保证畜牧业的稳定发展[1]，也早就有研究文献提出需要改变脱离草原初级生产力的草原建设观念[2]。

3.6 饲料地

开发饲料地是实行定居定牧的必要条件。在有足够水源且自然条件允许的地区（这样的地方也往往是人口多草场面积小的地区），一些牧户种植了饲料地。与以上其他建设投入相比，这是在现实中几乎唯一可提高草原初级生产的建设性投入，即通过提高草场单位面积的生物产量获得增值效益的投入。有饲料地的牧户与农民一样，要支付从种子到肥料、机具、灌溉、储存，以及田间劳务一系列的成本投入。这些成本一般占去饲料地总收入的1/3至1/2。例如鄂托克旗种饲料地的牧户比较普遍，那里一个饲料地经营较好的牧户，种植30亩玉米除去各项成本（16000元）后，生产的玉米和秸秆（价值27000元）正好满足自家200只羊冬春的饲草料，比没有饲料地的牧户节省了27000元的草料费用，但兼顾农牧生产劳动投入很大，十分辛苦。由于自然条件和经营能力的差异，种植饲料地牧户中真正成功的不很多，一些靠深井抽水灌溉的饲料地不挣反亏。有些地方的牧户把开垦的饲料地租给外来农民或企业靠出租土地挣钱，使得饲料地改变了性质。然而，最为重要的是干旱草原地区总体上不适于开垦种植，鄂托克旗的一些地方因大量开垦饲料地造成地下水迅速下降和表土风蚀的现象十分突出。但是所产生的生态后果的成本并未被计入。据牧民反映2014年鄂托克旗政府已经颁布政策禁止新开饲料地，若新开饲料地只能种植苜蓿，而且每户饲料地不得超过

---

① 李文军 张倩，《解读草原困境》，北京：经济科学出版社，2009年1月，第132页。
② 李博文集编辑委员会，《李博文集》北京：科学出版社，1999年5月，第364页。

30亩。但是由于草场退化严重和连年的干旱，牧民对饲料地已经产生严重依赖，基本靠饲料地养畜过冬，饲料地的扩展趋势已经难以遏制。从鄂托克旗牧户的饲料地发展可以看到，在草原建设项目中饲料地建设的确可以增加草原的初级生产和获得增值回报，但同时它又受到严格的生态限制。如果不顾及生态限制将要付出更多的成本于生态治理。

3.7　大量不增加产出的成本投入

如果把今天同样生产一只羊所支付的成本与曾经的游动放牧相比，不知翻了多少倍。这其中包括因实行草场承包直接或间接带来的上述成本的增加。在一般年景这些成本就超过卖牲畜所得收入的一半以上，灾害之年这一比例就更高了。如今草原放牧业发展受到的最大制约仍然是草原十分有限初级生产，生产手段和基本建设能否突破这一限制使所投入的成本能够得到增值是其中的关键（改良家畜是增值的选项，但是在严酷环境里成功的实例有限，暂不在此讨论）。前面讨论过的牧户支付的所有成本可大致分为三类：

增值投入。上述所有成本中只有对饲料地的投入是真正的增值性成本投入，但是它又恰恰受到自然条件和地下水资源的强烈制约，而不适宜全面推广，在实际中绝大多数牧户没有种植饲料地也就没有这项支出和收入，所以在整个草原放牧业中真正增值性投入的比例很低。租用草场和购买草料虽然看起来是给牲畜增加草的供应，但租草场不能提高草场生物产量而只是从增加草场占用面积中获得收益，这样的收益不是增值收益，相反因要缴纳草场租金使收益率下降。而买草料所增加的成本一般也不能增值，只是冬春牲畜保命。只有用合成饲料育肥可以增加牲畜产出但是产品的质量下降甚至恶化，市场声誉不好，也算不上真正意义的增值（有些地方育肥肉已经卖不出去或卖不到好价）。但是对出租草场和出售草料方来说是有了增值收益，对支付成本的牧户来说其真正的作用只是减少损失。

减损投入。在草原这个增值投入十分有限而又灾害频发的环境里，减少损失的投入成为必需和重要的投入，如棚圈、水井、储草库、药浴池等基本建设，包括雇工等都属于这类投入，这种投入在减损方面有效，在增值方面效果十分有限或无效。因此不可过分夸大这类投入的作用，更不可与增值投入混为一谈，误认为把这类建设搞上去草原放牧业就可以长足发展起来。对这部分投入应当在达到减损目的的前提下将其控制在最低限度，而不是无限制扩大（尤其是追求外观的漂亮），这类投入过多就会压缩本来就十分狭小的收益空间。同时还须看到，以定居定牧为方向的基本建设对草场具有破坏性的一面，这种破坏作用带来的损失在抵消它们的减损效果。上面提到的租草场和买草料也应属于减损性投入。

无用投入。前面所讨论过的因实行个体经营造成的大量重复性投入可以归于此类，包括因草场被分割利用带来的投入，为了标示草场产权界线的围栏建设也属于这类投入，它都是由产权制度产生的成本，除了与增产增值无关，还给生产和生态带来负面后果（如强度践踏），实际上属于一种弊大于利的成本投入，其结果导致国家投入更大的成本进行生态治理（由国家投入的生态治理成本这里暂不讨论）。还有一些属于引进生产手段（如机械和能源）的成本投入，这类投入既没有带来增值也没有减损效益，只是减少了劳动投入包括降低劳动强度，如骑摩托放牧、用铲车或农用车清理圈舍等。而它们在减少劳动投入的同时却在增加资源的成本投入，即劳动生产率的提高是以资源生产率的降低（资源消耗增加）为代价的，两者不可能同时减少[1]。为了方便讨论，仅从未

---

① 〔印〕萨拉·萨卡 著，张淑兰 译，《生态社会主义还是生态资本主义》，济南：山东大学出版社，2012年5月，第二版，第110—111页。

产生增值的角度而言，这类引进技术手段的成本可归于减损投入（从减轻劳动力而言），也可归于无用投入（从未增加产出而言）。

将上述各项成本归纳为三种类型之后，可以看到除少数投入种植饲料地的牧户和部分出租草场以及出售干青草的牧户之外，绝大多数牧户的几乎全部建设投入（此处未包括改良畜）都不能增值，而属于减损投入或者无用投入。显然，这是一个具有严重缺陷的成本构成，它实际上是在成本投入的边际效益十分有限，甚至有时为零的情况下，仍然在不断追加的成本投入。有些减损投入并非没有用，而是边际效益很低。

其根本原因就是前面所讨论过的，草原放牧业是一个产出有限且波动剧烈的系统，这缘于它受制于自然的初级生产的特点，当人尚且无力提高草原初级生产力时（同时牲畜改良增值也十分有限时），只能千方百计在克服它的波动性给畜牧业生产带来的不稳定和损失方面加以投入。而在这很容易导致误途：对投入所能产生的效果抱有的预期过高，错将减少损失的投入当成了增产增值手段和发展路径。其实在这个依赖有限的初级生产的体系里，成本与收益是此长彼消的关系，将它误读成了高投入必然高产出和高收益的关系，结果会与预想发生强烈背离。在产出十分有限而又如此大量地投入与增值无关的成本，是当前草原陷入困境的一个重要原因。由于大量成本不能获得增值甚至不能得到偿还，草原便成了一个巨大的汇集成本的洼地。在这个洼地里成本会不断积累，并在洼地内流动转移。于是产生了这样的现象：在草原面貌（设施方面）发生巨大改变的背后，潜藏着这些不断累积的成本危机，它们会时刻转化为牧民生计的窘困，并最终转嫁于自然[1]。

[1] 温铁军，"从制度成本转嫁论看草原牧区生态经济链"，《草原的逻辑》（第四辑），北京:北京科学技术出版社，2011年6月，第59-62页。

如何在改变草原面貌的同时避免出现成本洼地，是当今草原建设面临的一个重要问题。不能回避的是这个成本洼地的形成与草场承包制度本身的高成本（高交易费用）及其与之相伴的高成本经营方式有着直接和间接的关系，从围栏投入开始，到花钱走场、拉水饮羊、买草料和打草喂养、加强定居点建设，出现了大量需要投入的成本，已经成为产出十分有限的草原放牧系统难以承受之重。这是除生态后果之外，草场承包制度给牧户生计带来的一个没想到的负面结果。因此在草原这个有限产出系统进行土地制度安排时，需要充分考虑这一制度本身和与它伴随的生产方式带来的成本，因为草原是一个极容易产生成本洼地并将成本转嫁与自然的地方。一旦自然生态系统受到损害，还要投入大量治理成本。

4　产权安排背离了获益目标

实行草畜家庭双承包制度的一个重要初衷是赋予牧民以基本的自主经营权，使其在自主经营过程中发展生产以实现自身利益。双承包中的草场承包制则涉及最基础的产权制度 —— 土地产权。在它带来诸多意想不到的生态负面结果的过程中，牧民所获得的自主经营权和所获利益的状况又是怎样呢？这需要将前面所讨论过的问题另外从产权与获益的视角加以讨论。

草场承包与农村的耕地一样是按照人均面积均等的原则分配到各户，有的地方是按照人均面积和畜均面积两个均等原则分配到户的。似乎很难再找第二种更加公平的方式将草场这一生产资料分配到各户，这时权利的公平便完全体现在所分配的草场面积上。但是后来出现的一系列问题就是由这个面积"均等"原则引发的。

对于放牧来说草场只有连片才有价值，牲畜只有游动才能充分利用草场上分布不均的资源①。但是当牧户获得了分割后的草场使用权的时候，也随之失去了曾经靠游动来保障的共享资源的权利。最为普遍的影响是遇到灾害时牧户均失去自由移动的避灾机会，而平常年景则失去了四季转场以应对季节变化获取不同营养和利用不同自然条件的机会。虽然后来实行的草场租赁流转也可以提供一定的游动机会，但是两者完全不可同日而语，后者具有了鲜明的排他性，获准和缴纳租金成了游动放牧的高门槛，游动权的丧失实际上是资源共享权利的丧失。或者说在资源分布不均、异质性极强的草原上，失去资源共享就失去了放牧的最基本条件（前面已经讨论过，不再赘述）。

水是草原上公共资源中关键而极为有限的资源，在草原的大多地区也是能否种植饲料的限制性因子。草场承包使得数量相当大的一部分牧户分到无水源草场，这些牧户在不同程度上失去了共享水资源的权利，导致为了获取水资源而必须支付额外成本的不公平现象，甚至也成为产生贫富不均的原因之一。一些地方有水源的牧户可以开垦饲料地获得较强的抗灾能力，而同一地区的绝大多数牧户却没有这样的条件。例如锡盟西部一嘎查120多个牧户中只有3户有水源条件开垦饲料地，有饲料地的牧户每年可少花费数万元买草料的费用，而其他一些牧户连满足人畜饮水都要额外支付成本。另一嘎查地下水较丰富也只有1/3牧户具有开垦饲料地的水源条件。一些开垦了饲料地的牧户还可以把饲料地租出，除放养牲畜的收入外，每年还可收取至少数万元的地租，相当于甚至多于一年的牧业纯收入。鄂尔多斯中部一嘎

---

① 刘书润，《金融博览》：丝绸之路上的游牧文明和畜牧经理 —— 访我国著名植物学家和草原生态学家刘书润，2014年5期14页

查有240户牧户，其中2/3开垦饲料地并租出，这样的牧户每年的地租收入达到几万至十几万元，有的达到几十万元，远高于牧业生产收入，这是另外1/3没有水源条件开垦饲料地的牧户所望尘莫及的。该嘎查一牧户出租饲料地1300亩，每年可收入60余万元地租，而同嘎查没条件开垦饲料地的一些牧户靠牧业收入不足以维持基本生活，需要外出打工才能度日。由水资源的不公平享用所形成的贫富分化已经十分明显。但是饲料地开发带来的环境问题却要共同承受，春季的风沙和地下水资源过耗的危害涉及周边其他牧户，尤其是水资源过耗的影响范围极大，越是水资源条件差（无条件开垦饲料地）的地方越敏感，所受危害的范围越大。据了解这一地区开垦耕地已达到十几万亩，种植玉米和苜蓿，20多年来地下水已下降了40多米，2012成立了一个5万亩规模的苜蓿种植公司，2012-2015年以来地下水位就下降了20米。受其影响，周边无水源条件开垦的地区，牧户用的土井几乎全部干涸。出现贫富差异的同时，一部分人的获益给所有相关地区的人群带来危害。

在人口多草场本来就有限的地区，草场被分割到户后几乎每家都失去放牧牲畜所需要的最起码的草场面积，使得紧缺的草场更加紧缺，一个典型例子是镶黄旗一个嘎查共78户，其中60户承包（占嘎查牧户的80%）的草场在500亩以下，尚不及有的地方一户的饲料地面积。这样的地方将草场分包到户时使各户都无法放牧，许多牧民不得不放弃放牧，寻找其他就业。而其他就业机会对牧民来说更加困难，许多人陷入就业困境，失去稳定的生计来源。近年来许多外出打工牧民又返回草原，出现了在打工和放牧两难之间徘徊的现象，牧民就业问题在这类地区尤为突出。

资源被切割利用还造成另外一些问题，如分到沙地草场的牧户终年在沙地放牧，草场很快退化成为明沙或活动沙丘，这些地方在春夏秋的季节通往外部的交通都极为困难，购进草料或大宗物品（如建筑材料）必须等到上冻以后，给牧民生活带来极大不便。沙地本来是作为冬场在冬季上冻后才放牧牲畜，草场承包后只能一年四季不停地放牧，造成了严重退化；更为普遍的是草场承包后大畜（主要是马和驼）被围栏阻隔，放养大畜的牧户被迫将大畜淘汰改为放养小畜，使得放养大畜长期积累而成的资产和经验流失，长项经营变为短项经营，遭遇经营转型的难关；一些分到地形条件不利的草场（如地处风口、积雪区）的牧户常年受到自然灾害的威胁难以维持正常生产；开矿征地使少数牧户得到巨额补偿而暴富并搬迁进城，但周边牧户却承受因开矿带来的各种污染。

使用权和经营权是土地（草场）产权的组成部分（在内蒙古自治区牧户是从草场集体所有权中承包使用权和经营权的）。既然是产权的组成部分，就应当具备产权所应有的基本权能。关于产权的定义有各种表述，但包含的共同含义是保障产权享有者通过财产获得收益的同时担负责任（成本）①，其中获益是产权的目的之一。但是从获益角度审视草场承包制度看到的却是：

1）草原放牧生产的基本过程和规律被打破，产权安排的正义性（面积均等原则）导致了实际生产过程的非正义性，集中表现在牲畜的游动被限制，使牧户不能公平享有各类资源的利用机会反而强化了资源分布不均的负面性，使草原放牧业背离了自身规律，走上了高成本

---

① [美]加里·D.利贝卡普，《产权的缔约分析》，中国社会科学出版社，2001年9月，第12页。

低收益的经营模式（前面已经讨论过）。当基本生产过程甚至生产条件本身受到损伤（如草场退化），获益的基础就已经被消弱或者不复存在了。产权以面积均等分配的正义性忽略了资源的异质性，导致拥有了产权却难以获益的尴尬；

2）以面积均等原则将草原分割到户除了造成普遍的获益困难，还造成了牧户之间对生态危害承受的不公，例如水资源不能公平享用。地下水过耗和开矿给少数牧户带来高报酬而所造成环境问题却由大家共同承受，这是进一步的不公平，增加了一部分牧户的困难；

3）分配到各户的草场的优劣条件差异极大，使得牧户在制度建立起始点上就处于发展条件和机会不公的境地，并成为之后贫富差距加大原因之一。

从基本生产过程的非正义性，到对公共资源使用权的"缩水"和因资源不均等造成的贫富分化，可以看到草场承包这一产权形式已经背离了给享有者带来获益的原则，有学者对草场承包制度提出了"产权与获益能力：那个更重要？"[1]的质疑，并对如今以权利为基础和曾经以社会关系为基础的草场资源利用机制进行了对比分析。其实产权的应有之义就是使产权享有者得到获益的权利，但是在草场承包制度中产权与获益发生了对立，它成了使享有者丢失了诸多获益权利的一种产权制度。以牲畜大范围游走适应资源分布不均，曾是保障牧民获取收益的重要制度，当放牧系统结构中的最基础部分（草场资源）被分割，系统健康运行和牧民获益的机会也就被阻断。草场承包的产权制度安排自相矛盾的表现之一就是使牧民有了对草场自主权却失去了许

---

① 李文军 张倩，《解读草原困境》，北京：经济科学出版社，2009年1月，第233页。

多从草场的获益权，使自主权空化，包括前面讨论过的高成本导致收益降低的问题。

5　草场承包制度存在内在价值冲突

草场资源承载的价值具有一系列双重性，如既具有经济价值又具有生态服务价值；既有私品性质又有公共品性质（被视为准公共品）；既具有排他性又具有非排他性，既具有竞争性又具有非竞争性，一系列对立的属性和价值在草场资源上相遇，使得具有多重价值的草场资源在现实利用中成为容易发生多重矛盾的场所。因此，草场资原在人们的利用过程中常常显现出来的是一个使政策进退失据、顾此失彼的难缠的矛盾体[①]，由此形成了草原问题的复杂性。几乎解决草原的任何问题的对策都会遇到难以捋顺的矛盾，能否协调和兼顾草场资源内在价值的多重性，成为对草原发展政策和制度的极大挑战，草场产权制度作为一种最基础的制度安排更不能例外。理想的草场产权制度应当能够引导一系列矛盾对立的价值趋于协调统一和相得益彰，而不是加剧冲突。草场承包制度带来的一系列问题正是由于使用权范围极大缩小，强化和放大了草场的排他性一面，损害了其它属性和价值，这缘于制度自身安排就产生的内生性价值冲突。在实践中表现于两大方面：个人与集体，利用与保护的对立冲突。

5.1　个人与集体的价值冲突

草场只有共用才能发挥其连片组合才具有的价值。而草场承包制度把草场切割分包到最小经营单元，它将草场只有连片组合才具有的

---

① 韩念勇，《草原的逻辑第二辑》，北京：北京科学技术出版社，2011年6月，第78页。

价值彻底拆解并由此造成草场退化。用来维护个体产权的围栏成为个人利益（排他性）与集体利益（非排他性、非竞争性）之间的一道藩篱，这道藩篱呈现出来的逻辑是：在防止别人的牲畜进入自家草场时，自己的牲畜也不能享用其他各种类型的草场，所有的牲畜都在避灾和营养摄入方面受困，一个共输而非共赢的局面呈现：越是强调个人利益，个人利益越难以实现。失去对集体利益的维护，个人利益也得不到保障，这在承包的草场上表现得淋漓尽致。即使一些牧户认识到只有通过合用草场才能恢复连片组合所具有的价值，但是一旦分到个人手里的东西，想要再拿出来共用就十分难了，况且只要两户之间隔着一户不愿意共用草场，围栏就拆除不掉，草场连片就无法实现，更何况缺少合作意愿或者对合作持怀疑态度的牧户居多。这是产权设计过度强调草场排他性（私品性质）的结果。的确，草场资源如同任何其它资源一样在使用时也需要有权界的管理，草原放牧也需要一个适当的人草畜共生的放牧单元①。草原虽然辽阔但并非可以无界线和无权限地利用，历史上也没有过这样的制度先例。问题是需要确定可以兼容草原的多重价值所需要的最起码范围，即放牧单元，并在放牧单元之间建立互惠互利机制以满足牲畜在不同情况下的游动需求。说到底就是实现个人与集体价值的兼容，而避免两者之间发生冲突。放牧单元的确定是一个因地区不同而十分复杂的问题，但是对草场产权设计来说是必须考虑的重要因素，现在的问题是将草场分到牧户这样的最小一级单元，无法兼顾甚至损害草场的公共性和非排他性，结果也损害了个人利益。目前推行的牧民合作社首先需要在草场共用方面合作，但是

---

① 任继周，"放牧，草原生态系统存在的基本方式——兼论放牧的转型"，《自然资源学报》，2012 年 08 期。

草场共用的合作由于各种原因（这里暂不做分析）在现实中尚很少见到，绕开草场共用而在销售环节合作的实践摸索却很多，但成功的不多。因为与农区的情况不同，如果农民避开土地在产品销售方面的合作可行的话，在牧区则很难。把草场分割直接损害生产条件和极大提高成本，无论怎样在后期的销售环节进行合作，都已经在市场竞争的初始端就处于劣势了。

在草场使用权承包到户的基础上实行草场经营权租赁流转，是进一步通过产权细化获得个人利益的手段。草场租赁流转一经出现，使牧民有了一个与放牧劳动全然不同的获益途径，即通过收取草场租金获益。对放牧来说草原连片组合才具有价值，而对以出租草场为获益手段来说从草原的破碎化中也可以获益，草场连片组合的价值已无须存在。草场破碎化不单对放牧不利，对维护草原生态系统的完整性也不利，并产生负外部性。租赁流转草场还使人们的价值取向发生了一个重大变化，即草场开始被用来作为追求交换价值的物品，甚至不惜以草场退化为代价。此时交换价值开始背离使用价值，使资源和生态系统都受到损害，越是被频繁租赁流转的草场退化越厉害。已经有同时租进又租出草场的现象开始出现，利用流转过程最大化获益，这种获益途径会加速草原的破碎化和退化过程，而且使得牧户失去共用草场的合作动力。鼓励草场流转使少数一直实行草场共用的极少数地方，或者刚刚试行合作共用草场一两年的案例，也开始出现一些牧户要求把自家草场退出共用方式，并把自家草场修建围栏然后将其出租获益，而且这样的做法受到政策和法律保护。租赁流转使得草场在个人和集体价值之间进一步倾斜于前者。牧民们大都认识到租赁草场对生态的破坏性，但是在草场承包的制度框架里不论是出租还是承租户都不得不靠租赁流转草场维持和发展生计（前面已经讨论过），尽管草场承包到户的目的之一是保护生态，但在实际过程中是个人价值逐步扩张和取代集体价值，使保护草场的目标落空。

草场承包制度所激励的个体化发展引发了牧民的价值观念的深刻变化，家庭内部的草场分割就是一个典型实例。因为是以家庭为单位的草场承包制度，随着子女成家和家庭分化，家庭内部的草场开始被分割利用，结果是草场越分越小。虽然家庭内部的草场分割没有得到政府和法律认可，但是其做法和效果与草场承包到户别无二致，是以家庭为单位的个体化经营的扩张和延伸过程，每一个家庭内部的分化都在复制草场承包的过程：一开始只是牲畜按小家庭分开，草场合用。但是随着各小家庭的牲畜数量增多和生活水平差距加大，合用草场的状况就维持不下去了，在家庭内部分割草场就成了不二选择，草场分割后同样用围栏隔开互不侵犯。草场分开以后各小家庭的草场面积进一步缩小而并使草场进一步紧缺，结果是要么另外再租用一部分草场，要么放弃放牧把自己的草场出租给别人，因为仅靠从家庭内部分得的草场不足以维持生计，这与人口多草场少的地方实行草场承包到户的状况如出一辙。这样的现状与所设想的以大户带动发展和整合草场的前景恰恰相反，大户如果没有能力保持家庭内部不发生分化，就不可能去整合草场而是相反，连自家草场也被分割，这是大户发展过程中遇到的一个内生性障碍，也是一些大户家长（老牧民）所深深忧虑的事情，他们不愿看到自己家的草场被进一步分割，但又难以替代子女的意愿做出决定。草场承包到户使得家庭原子化与草场的破碎化捆绑在一起。其实大户分化后各小家庭都出现劳力紧缺和成本增加等重重困难，即使是一些牧业大户、富户，当草场在内部分割之后所分出小家庭也大多陷入了困境，有的分化出来的小家庭很快沦为贫困户或无畜户，与承包初期的情况很相似。尽管个体化经营充满风险，但是多数牧民还是把分草场当作可以解决面临问题的不二选择，路径依赖已经产生。而实际上这条路径存在根本性的问题：当牲畜数量发展起来草场不足时，不是寻求限制牲畜数量的发展路径，而是选择了分割草场的发展路径，将草场误认为可以满足不断增长需要的资源。同时将草场按面积均等分到家庭单元也被误认为是最公平和最能激励个人积极性的制度。这是草场承包的产权制度成为路径依赖的认知上的误区。这一认知在草原放牧这个特殊系统里并不适合，因家庭分化而分割草场进一步激化了草畜矛盾和草原的各种价值之间的冲突。使出租草场可以获取收益的草场流转政策，以及国家按照草场面积给予生态奖补的措施，也都从一定程度上为家庭内部分割草场提供了助推力。如果连家庭都在分化而难以合作，就不难理解牧民合作为什么这么难的原因。正如一位老嘎查长说：家庭内部都合作不起来，牧户之间的合作就更难了。草场承包制度将草场的排他性过分放大的影响已经渗透到家庭内部，家庭内部的草场分割成为一个很好的透视了因草场承包带来的草场资源的内资价值冲突和牧民价值观变化的窗口。

随着草场的排他性被草场承包制度的过度放大，牧区的社会关系发生了巨大变化。历史上的草场共用制度曾经在构建牧区社会互惠协作关系上起了基础性作用，那时牲畜也是私人的或某一群体的，但是为了满足牲畜自由游动采食的需要和应对多变的自然环境，草场一直保持着共用方式，并形成人与人之间的协作关系。以草场共用的生产方式奠定了极具特色的互惠协作的社会关系，比如牧人跟着牲畜走到哪里不管如何陌生都会受到友好接待，走失的牲畜无论多远都可以被协助找到主人，遇到灾害可以穿越各种界线走场避灾。不论这种互助互利的组织形态是否完善，本质上都是共享草场（土地）资源的合作，而且合作的范围可以通过协商不受任何边界阻碍，并且成为习惯规矩或制度，为草原上的所有放牧者提供了资源保障，也是一种社会保障和集体利益的保障。然而，在实行草场承包之后，牧民们反映的最大问题之一就是人与人的关系变坏了，兄弟打架、父子成仇的现象一扫千百年形成的连陌生人都和睦相待的社会关系，用牧民的话说"人心变了"，牧民们普遍认为这种人心（价值观）的变化是目前合作难的根源所在。而牧户之间的关系从和睦到紧张都是围绕着被承包到户的草场。锡盟的一个嘎查就发生过两起令人十分痛心的事件。一起是：因为牲畜越过了围栏，一家的一个年轻牧民与另一家的两个年轻牧民发生争执和斗殴，以致一方把另一方的两人用汽车撞死，自己则被判刑处死。另一起是该嘎查一户牧民一直在放养骆驼，但是骆驼经常跨过围栏进入别人的草场而导致纠纷不断，骆驼常常被别人赶到圈里不让吃喝和殴打折磨。2013年一峰骆驼因再次跨入别人家草场，前峰被整个割掉，惨不忍睹。这样的事情令人痛心，也令人感到荒唐不已。牲畜的自然习性不是人可以控制的，它们不会识别人为设置的产权边界，它们会根据自己的需要跨越一切可跨越障碍去采食，这是自然规律使然。过去牧人顺应牲畜的需要不断移动来完成生产过程和获取最大收益。但是草场承包以后牲畜自由采食却成了一种破坏行为和罪过，并且成了人与人之间不可调和的甚至你死我活的矛盾。个人的草场产权已经神圣到了连牲畜的自然采食行为都不能容忍的地步，已经完全扭曲草原放牧的正常生产过程和规律，使和睦的社会关系遭到瓦解。为了减少纠纷牧民们不得不投入更多的资金修建更加坚固的围栏和更加精心看管自家牲畜，但是原本和睦的社区关系已经荡然无存。和睦的社区关系是保护公共资源的基本条件，草场就是兼具公共性质的资源，并曾经长久依托于良好的社会关系得到了很好的保护。在相互提防和仇恨社区关系里，公共资源能够得到很好的保护吗？草场承包给出了一个否定但是很别致的答案，如前面已经讨论过的，加强围栏建设虽然防止了别人家的牲畜进入，但同时加重了自家牲畜在自家草场上的践踏，导致草场退化，几乎家家的草场都是在自己手里退化的。草场的排他性被草场承包制度扩大到了荒唐的地步，以致相当大部分的牧民已经放弃了包含自身利益的集体利益，而陷入一种非理性的相互对峙状态，超出了经济理性可以解释的范围。

5.2 利用与保护的价值冲突

明晰产权除了获取收益还有界定成本和责任归属的作用。实行草场家庭承包制度的另一个重要初衷是落实牧户对草原的保护责任。前面已经讨论过了草场家庭承包制度对产权享有者在实际获益和获益权利方面存有缺陷，也已经讨论过其生态的负面结果。现在需要对产生生态负面结果的原因加以讨论，也就是草场家庭承包制度为什么在草原保护方面没有达到目标。

草场承载着经济和生态两方面价值，两方面价值都是生态系统提供的服务，它们附着于一体不可分割。任何一种生态系统服务的变化都会影响到其他服务的状况，过分强调食物生产等生态系统供给服务的提高，必将导致其调节服务降低[1]。然而草场承包到户后其经济价值与生态价值发上了严重对立。实行承包后的一段时期内大多数牧户

---

① 陈宜瑜 Beate Jesssel 傅伯杰《中国生态系统服务与管理战略》，北京：中国环境科学出版社，2011年9月，第6页。

的牲畜数量激增，几乎所有嘎查的牲畜总数也都比承包前大为增加（一般增加1—2倍）。而同时牲畜游动采食的范围在缩小。仅是牲畜活动范围缩小本身就对草场载畜能力有着明显的负面影响。共用草场状态下所能承载的牲畜总量与分用草场状态下所能承载的牲畜总量并不相等，草场分到户载畜能力会下降，并且会随着时间而持续下降，因为被分割后的草场受到践踏的累积影响不断增加，遇到灾害时践踏强度还会加倍，因此只有不断减少牲畜数量即不断降低载畜量才能保持草场不退化。缩小牲畜活动范围同时要保持草场不退化是需要载畜力递减的草场利用模式来应对，载畜量减到一定程度时可以将草场保持在不退化的状态，但是它必然与生计需要发生冲突，或者使已经存在的冲突更加尖锐。在游动放牧方式不存在的条件下，对草场加以保护的最重要手段就是控制载畜量，但是当牧户处在一个需要不断减少载畜量的模式中而无法满足生计需求时，无论如何也难以做出牺牲生计去不断减畜的选择，他们手中用以保护草场的载畜量调控手段在自己分得的草场上变得无用。这是草场家庭承包制度不能实现其保护草场目的的一个自身原因，导致了现实情况与把草场分到牧户便于实行载畜量控制的设想相反的结果。目前实施的草畜平衡政策已经陷入这一困境，严格按照规定控制载畜量的话，牧民生计问题无法解决，不严格控制载畜量的话草场退化遏制不住。这一对矛盾总是存在，而草场承包制度非但没能将其解决，反而将其加剧和变得失控。草原生态治理若不触动草场承包制度，就会继续处在生计与生态的尖锐冲突之中而难以遏制草场退化的趋势。

围栏常常被不加分析地认为是保护草原的手段，至今还在被大力推行。其实除了禁牧草场的围栏而外（因为严重退化而禁牧的草场有时确有必要建立围栏，禁牧一段时间也确实明显见效。至于禁牧多长时间合适和恢复后的草场如何利用是需要另外探讨的事情），如今广布于草原的围栏大多所保护的只是产权，而保护不了草原生态系统。前面已讨论过围栏成为保护产权与保护生态对立的手段，为了保护自家草场不被别人家牲畜进入必须修建围栏，否则谁家牲畜都可随便进入的话草场使用权就形同虚设。但是建立起来的围栏对牲畜和草场都不利。从产权的角度不建围栏不行，从生产和生态角度建立围栏有害无利，产权设置本身与生产、生态发生了对立，成了一个二律背反的典型事例。但是在草场个体化产权制度的导向下围栏带着这种纠结在草原上蔓延开来。前面已经讨论过按面积均分草原在生产方面具有非正义性，其实在生态方面同样具有非正义性。从管理角度而言，围栏是将纸面产权落实到实地的手段，但是也将两种非正义性落到了实地。围栏放牧制度使得草场植被（植物群落）在不同牧户的不同利用强度下出现了强烈分异，以致千差万别，生态系统被严重破碎化表现于草场植被的巨大分异，极大增加了保护管理难度和监管成本，乃至管理根本无法实施。最初所设想的草场承包到户会加强牧户对草场的保护，实际上是将完整的草原生态系统实行切割式管理，管理的单位是分散的牧户，这对一个完整的生态系统的保护来说显然是不切实际的，因为切割本身就是将草场破碎化，违反了生态系统管理的完整性原则，再交给能力参差不齐的个体牧户去管理，只能因利用不当增加破碎化趋势。草场承包30年后，草场总体退化的趋势和经常可见的在相邻牧户草场的植被出现明显分异的状况证明了这一点。被严重破碎化的草场由国家管理的话成本就是一个大问题。国家将草场分包到户使用，却无力做到对各户草场状况的精准监测和管理指导，只能是出了问题以后大而化之和统一解决，对产生问题的过程缺乏管控。即使从产权（包含责任）的角度把草场切割作为产权分包到户的做法也未能保护草场资源，产权研究的最早学者科斯在强调产权在提高资源配置效率中的重要性时就指出，将土地等产权纯粹看成有形物是错误的，应看到的是其执行某种活动的权利，即产权[1]。故权利可以切分乃至细分，但是作为有形物的土地是否也能随权利的细分而不断切分下去呢，起码草原上的实践给出的答案是否定的，因为切分以后价值受损，况且草场不仅有经济价值还有生态价值，只有连片的范围越大才越能维护草原放牧生态系统的完整性，草场被分割到户显然是对产权的表面化理解所致，而有悖产权的真正含义。破碎化的草场不但使牧户失去获益条件，也失去对草场的保护能力，同时也使政府的保护措施遇到自设的障碍。

6 元规则与新形势

至此，我们已经将适宜农区的土地包制度（外在制度）用于草原放牧系统遇到的问题进行了一番考察。在这一过程中可以看到：

1）一些在农耕或其他系统或领域看上去是正确的做法，拿到草原放牧这个特定系统时遇到了强烈的不适，这些强烈不适大多源于曾经的内在制度所遵循的"动"的元规则受到颠覆性改变所致，在我们所讨论过的草场分割利用、草场租赁流转、成本汇集、草场产权与获益、草场承包制度存在的内在价值对立等各部分都有显现。比如：为了定牧建立的围栏保护的仅仅是的产权而不是保护草场，相反增加了牲畜践踏而加速草场退化；旨在最佳配置草场资源稀缺的市场手段（草场租

---

① 陈冰波，《主体功能区生态补偿》，北京：社会科学文献出版社，2009年8月，第156页。

赁流转）不但将稀缺和退化混为一谈，而且因为租用方要支付更多成本，反而加剧草场利用强度使退化型稀缺更加严重；在草原放牧系统实行高投入的固定养殖方式并不总能够获得相应的收益，而可能成为汇集各种成本的洼地并转嫁自然，使获取收益所依赖的生产条件和生态系统更加恶化；产权的特征是排他性，并以此实现持有者的利益和责任，而草场承包的产权安排形式却因过度突出排他性而将所有草场使用权的拥有者画地为牢，失去对公共资源的享用和规避灾害的机会，同时加速草场退化，导致个人与集体、利用与保护都出现了内在的价值冲突。这些都一再说明在农耕或其他系统行之有效的制度被拿到草原放牧系统时不见得有效甚至效果相反，这些问题的出现需要从目前所实行的外部制度和它所遵循的规则是否适合当地牧民所依存的生态系统去查找原因。

2）简单地说草原放牧系统是一个强烈地受到自然制约的系统，主要体现在它的生产过程未能摆脱对自然环境和自然初级生产的依赖，而自然条件和初级生产的波动性极大，这是确定采用何种"元规则"和建立何种放牧制度的重要依据。显然，将"定"完全取代"动"的元规则是不适宜的。然而，自然的草原生态系统本身不能决定采取何种元规则来制定放牧制度，所采用的元规则是根据人们对草原生态系统的认识来确定的。我们在《草原的逻辑》（续）的一书（2018年）里专门讨论了对草原生态系统特点的认识的局限，是如何导致目前放牧制度的缺陷的。

3）分析研究实行草场承包制度所遇到的问题是深入认识草原放牧系统本质特点的不可跨越的过程，不能采取回避问题的态度，问题是打开认识系统大门的钥匙。

4）所遇到的问题还告诉我们，它们其中有许多是发展中的新问题，找到适合于这一系统的产权安排，既需要顾及长期以来内在制度所遵循的元规则，同时也要看到这一系统处在新的开放环境中自身也在适应和变化，因此制度安排中不可没有与外部环境对接和外在制度的支持，也不可回避在系统开放条件下遇到的新问题（比如市场经济的发展需要更加明晰的个人产权），而需要内在制度在继承和发展过程中不断进行自我调适。而当下草场产权制度安排出现的问题是颠覆了以"动"为元规则的外在制度占据了主导。

7 草场产权的重新确立

在讨论过草场家庭承包制度带来的一些未曾意料的负面结果和原因，接下来的一个问题就是怎么办？尽管草场承包制度带来许多负面结果，但是它的试错作用却具有正面意义，经过二三十年的摸索和实验，揭示出的问题为人们认识草原这个复杂系统，尤其是对矫正和完善产权制度，提供了不可取代的经验：1）产权是一种人与人关系的制度，但是草原放牧系统内除了包括人与人的关系，更重要的是人与自然的关系，故在该系统中的产权设置不单要考虑人与人的关系，更要考虑人与自然的关系，将人与人的关系置于整个生态系统之中来考虑。遵循草原放牧系统规律应当是产权设置的总前提，即人与自然关系的准则应当是确定草场产权制度元规则的基本依据，在"动"与"定"两个元规则之间的选择，"动"应当被作为元规则放在首位，起码在利用天然草场放牧的生产过程中，如草场产权制度安排时应当如此（这是讨论的重点），而"定"关涉到牧民生活质量的改善，应当在其它制度安排时来体现。2）草场并非不可作为产权，问题是把它切分到户的产权安排方式出了问题。这给了我们一个重要启示，不是什么都可以直接作为产权之物任意切分到极小化程度，草场承包的误区就在于把不适合将产权切分到户的东西当作了可切分到户的产权，才引发了一系列生态问题。但是这并不妨碍去找到能够作为切分到户的产权的"某种替代物或活动"，以满足对可切分到户的产权需要，例如可实行"确权确股不确地"的草场产权形式，使草场产权制度既可与外在制度保持一定的一致性以适应外部环境的变化，又可传承当地的内在制度的合理性以适应所依赖的生态系统。3）在产出有限的草原放牧业系统中，产权制度一定要有利于降低成本，不单是交易成本还须包括生产成本和防止成本向自然生态系统转嫁。4）产权要同时确保获益和责任，即确保权利的两方面效用的实现。在收益方面要充分体现公共资源的共享权利，保护生态的责任应体现在将牲畜数量真正控制在草原承载力范围之内。5）产权设置要捋顺草原多重价值之间的关系，有利于推进向生态文明的转型。6）最后也是最重要的是消除和避免产权制度产生的各种内生性的矛盾冲突。

回答"怎么办"会有许多不同的思路和方案，这里所提供的仅是一种，而且仅是框架性方案，其原则是：1）在经过实践检验之前建议方案宜粗不宜细，以提出思路框架为主。2）自下而上与自上而下相结合，即内在制度与外在制度相结合。秉持这一原则的理由是当地牧民是实践者最有发言权，同时也应看到市场经济和全球化已经打破了地方和外部的界线，单靠地方性已经不足以解决当地问题[①]。涉及土地的基本制度需要国家提供。此建议方案需要牧民、地方政府和国家有关部门的共同参与和制定。3）在矫正已有的制度不适的同时，最大限度保持政策延续性和减少震荡。4）充分吸纳传统游牧制度中适应自然环境的

---

① 詹姆斯·奥康纳，唐正东 臧佩洪译，《自然的理由》，南京：南京大学出版社，2003年1月，第422-435页。

规则和其他的合理内容，保持制度在演进中的传承性。5）草原问题是复杂的，存在大量多因多果的关系，需要综合性配套政策应对，而此建议方案仅针对草场产权制度，未涉及其它需要匹配的政策，特别是控制载畜量之后如何提高牧民生计的政策。

此建议方案坚持家庭承包制度，只是对现行家庭承包制度中不当部分的修正，其核心是恢复草场共用方式，牧户对牲畜的所有权和自主经营权不变，并与保护草场的责任捆绑在一起。已有学者提出过这类建议，比如草场永久使用权与社区股权的结合①，以及实行放牧权的家庭承包制度②。两者都属于草场分权不分地的一类产权设计，都是针对当前草场承包制遇到的问题的有益探索。类似的实践已经在一些地区（如青海、西藏）的牧民中出现，内蒙古牧民中也有类似的设想和打算。但目前还缺乏对已有实践的研究和形成规范制度，学者已提出的设想也需要经过实践的检验。这里提出的方案更接近草场放牧权的产权设计，称为放牧牲畜数量配额权，我们认为将这样的配额权作为产权更适于具有生态功能和不宜被分割占用的草场资源，它可兼顾对个人财产权利的保障和生态系统最适承载能力的维护。然而，此方案也同样仅是未经过实践检验的设想框架，其要点如下：

将冬季单位牲畜需要的草场面积（草场载畜力）定为一个配额，如某草场冬季承载力为60亩1只羊的话，就将其定为一个放牧配额，将放牧配额替代目前牧户草场的使用权和经营权。——*这样将牧户对草场的分户直接占用改为放牧牲畜数量配额的分户占有和经营，恢复草场共用方式。*

将各牧户承包的草场面积转换为可放牧牲畜数量的配额，如一

① 敖仁其，《牧区政策与制度研究》，呼和浩特：内蒙古教育出版社，2009年6月，第66-69页。
② 杨理，"基于市场经济的草权制度改革研究"，《农业经济问题》，2011年第10期。

个配额是60亩1只羊，6000亩草场的冬季放牧牲畜配额就是100只羊。——通过这样的转换，各户原来承包的草场面积不变，基本保持草场承包的延续性。

拆除牧户承包草场的围栏，实行嘎查范围内草场共用，所共用草场的边界与目前草场的集体（嘎查）所有制边界相一致，牧户按照放牧牲畜数量配额在共用草场上放牧，实行对各户放牧牲畜配额的严格控制，嘎查内所有牧户放牧牲畜配额的总和就是嘎查草场范围内的放牧牲畜总配额。——共用的嘎查范围内的草场与放牧牲畜总配额的结合可视为放牧的基本单元。同时根据放牧牲畜配额进行严格的载畜量控制。

各嘎查草场的合理牲畜承载量由嘎查有经验牧民和政府有关业务部门以及专家组共同确定并建档，同时建立草场承载量年评估机制（类似年检）。随气候和草场情况变化，合理载畜量保持弹性，放牧配额也随之保持弹性。——充分发挥牧民的智慧和自主管理能力，并实行弹性放牧牲畜配额控制。

在控制放牧牲畜配额的前提下，由嘎查领导班子负责统筹安排全嘎查的草场利用和规划管理，如规划四季草场和适时安排转场（曾经的集体经济制度为此积累了以嘎查为单元管理草场的经验），并由嘎查领导班子根据草场情况统筹安排适当比例的大畜。——恢复嘎查在草场共用方面的管理职能，保障牧户对草场上的资源（如水资源、饲草料地资源）共享权利和保护草场资源的公共性质，将保护草场的责任与嘎查的所有制主体身份一致起来。

改草场租赁流转为放牧牲畜配额租赁流转，牲畜配额流转控制在嘎查内的牧户之间。——将放牧牲畜配额作为一种可进行交易的产权，既发挥市场调节作用又不至于造成负面生态后果。

遇到灾害需要跨嘎查范围走场时，可由嘎查之间协商决定并报相关部门，在放牧牲畜配额允许范围内调剂。可通过劳动或资产合作方式（如代放苏鲁克方式），也可以按有偿流转方式实行灾害走场。——恢复继承低成本的传统游动避灾方式，是更大范围应对资源时空差异的草畜平衡机制。

开矿征地须由嘎查全体牧民决定并由嘎查全体牧民共同获益，因征地减下来的牲畜配额由嘎查所有牧户按配额比例分摊。——实现资源收益共享和责任、成本、环境风险共担。

对于草场承包向牲畜配额经营权转变中给牧户带来的利益损失，可由嘎查集体内部解决的由嘎查解决，其他由国家补偿，不可损害牧民利益（这在生态治理实行禁牧的过程中曾大量发生，一定要避免再发生）。——尽量避免因制度转换给牧户特别是那些自草场承包以来靠勤劳发展起来的牧户带来损失。

实行家庭承包牲畜配额权制度的同时，鼓励牧民合群放牧的合作，如将配额折成股份的合作，以有利于草场的统筹利用和减少经营成本，开发其它增值途径。——以家庭为单位的放牧牲畜配额经营方式与草场公用管理仍然存在个人和集体之间的矛盾，嘎查内部牧户合作越广泛，越能够最大限度发挥放牧牲畜配额和共用草场制度的优势。放牧牲畜配额制度和草场共用制度也为牧户在多方面合作提供了更加便利的条件。

这仅是一个思路框架，而不是实施方案，是否可行或将其健全和完善，甚至否定都有待深入研究和实践。这一制度改变是为了消除草场承包制度产生的内生性矛盾和自我困扰。但产权制度的完善不可能解决一切问题，只是为解决草原放牧业中的其他问题提供更加适宜的制度条件。

8 结语

　　将连片和组合才有价值的草场分割成碎片导致了生态的负面结果和连锁反应，这是把一个不该作为产权细分的东西当作了产权分包到户所引起的。其实大多数牧民和许多基层政府官员都看到了问题，但至今却难以突破这一制度的束缚，其中有着复杂的背后原因，例如：外在制度是自上而下的正式制度，有法律保障，而内在制度则相反，当前者出现失当时纠正起来较难，或需要较长的过程；需要纠正曾经过度集中的集体经济制度和归还个人应有的权利，甚至如今还有许多该赋予而没有赋予的个人权利，两种情况交织在一起，个人与集体仍然没能找到各自合适的位置而冲突不断；人口的压力还在不断增加，资源的稀缺性也不断增加，如何配置资源的难度在加大，靠市场还是靠政府，哪些靠市场哪些靠政府仍在模糊之中；草原放牧系统存在自身的不足，产出十分有限而又十分不稳定，人们设法摆脱受制于自然的动力有增无减，而这种追求是以顺应自然为主还是以改造自然去实现，哪些需要顺应哪些可以改造尚未得到共识；牧民的生计状况亟待改善，不能因为保护生态而使他们与其他人群的生计水平的差距加大，但也不能以牺牲环境去弥补差距，在此情况下是追求无止境的公平还是抑制过度的消费，尚缺少清晰的政策指向；草原的土地具有鲜明的准公共品性质，在放牧利用上以共用为宜，而其他一些领域的土地正在私有化方向上推进，两种土地价值取向能否在市场经济中共存，如果能的话如何共存？

　　所有这些问题都与实行什么样的草场产权制度有关，但又常常超出草场产权制度所能解决的范围，或许这些是当前许多人（包括牧民和基层官员）看到草场承包制度的问题又找不到其替代制度而徘徊不前的原因，也就是说草场承包制度的改变只能是解决问题的手段之一，而并不能单独解决面对的所有问题，消除了制度内生性的矛盾和困扰，不等于一切客观问题就可以自然消失。而问题的全面解决在全球化时代有赖于整个文明的转型，消除现代工业文明的内在矛盾和转向生态文明，其过程甚为艰巨复杂。《尘暴》一书的作者唐纳德·沃斯特在反思美国西部大平原的土地制度的缺陷时，并未限于土地制度本身，而是坚持对美国普遍存在的个人主义扩张式的经济文化开展了更加深刻的反思和批判①。我们是否也需要在草场承包制度反思的基础上，进一步从文化乃至文明的角度进行反思？草原是生态敏感地区，草原放牧业直接与自然打交道，是能够为生态角度的反思提供更加清楚的事实依据的领域，草原作为人与自然打交道的前沿地区应当能够为整个社会向生态文明转型提供有价值的理论和路径参考。

---

① 唐纳德·沃斯特，《尘暴，1930年代的美国南部大平原》，读书¦生活¦新奇¦三联书店，2003年8月，第1-8页。

访谈录

郑宏问:《尘暴》一书作者沃斯特指出，导致20世纪30年代美国大平原尘暴灾害的直接原因是国家实行的鼓励个人自由公平占有的土地政策，内蒙古草原在2000年后的数年里发生沙尘暴的频度增加，在原因方面与美国大平原有何异同之处？

韩念勇答:《尘暴》一书指出，美国大平原当时的土地政策是将当地印第安人驱赶走（这是一段悲惨的拓殖史）之后，政府对迁移来的白人实行公平私有的土地制度，鼓励他们在公平的起点上实现个人的自由发展和追求最大的商业化利益。相对于大量土地集中在少数人手里的状况，应当看到这种公平享有土地的做法在当时的社会背景里是一进步。但是它的后果是私人耕地在不适宜开垦地区迅猛扩张，最终导致黑风暴灾害。中国内蒙古草原2000年后发生的严重沙尘暴原因是多方面的，其中与草场过度利用状况分不开，而草场过度利用与20世纪80年代初开始实行的草场承包到户的利用方式分不开。家庭承包制度是为克服集体经济出现的伤害个人生产积极性而产生的，草场承包是其一部分，同样强调公平原则按照每人均等的面积将草场分到各个牧户，试图通过草场产权个人化激励牧民在生产和保护两方面的积极性。之后具有产权标志的围栏蛛网状地布满了内蒙古草原，千百年来的移动放牧变成了围栏定牧，导致了一系列事先未料的结果：如阻断了游动避灾，加剧了牲畜对草场的践踏，草原生物多样性下降，包括牧草多样性减少和畜群种类单一化，直接依靠放牧为生的人口数量增加，单个牧户的生产成本显著增加，灾害损失从牲畜的高死亡率转化为牧民的高借贷和高负债，同时开垦草原种植饲料地的规模也在扩展，这些都直接或间接构成对草原压力的增加，为沙尘暴的发生铺垫了条件。可以看到两个地区的土地利用方式不同，美国大平原是在不适宜的地区过度垦殖引发了沙尘暴。

而内蒙古草原的沙尘暴的原因比较复杂，对原因的主次有各种不同的判断，我们认为草场承包制度和由此带来的放牧方式的改变是其中一个重要原因，虽然没有像美国大平原那样发生全面的大规模的农业开垦，但是全面的大规模的套用了在农村推行的土地承包到户的制度，颠覆了传统的共用草场和游动放牧制度，导致了草原的加速退化。由于采用了不适宜的土地制度，在两个地区都成了造成沙尘暴的原因或者其中的重要原因。另外，两个地区的相同点是都处于生态敏感区域，土地都是用于发展第一产业，农业或牧业。农牧业经济发展的共同之处是对自然生态系统具有直接的依赖性，自然生态系统不同于人工系统，农牧业生产也不宜套用工业化生产方式和单纯激励个人利益的产权方式。相对而言草原放牧业对自然的依赖性更强，不确定性和多因多果现象缠绕在一起，使得内蒙古草原所面对的问题更加复杂，对问题判断的难度也更大。尽管对自然系统的依赖程度不十分相同，但是两个地区在生产过程中遇到了一个共同问题：土地不单是生产资料，还担负着维护公共利益的生态功能，土地的私有化使得两个地区都出现了个人利益和公共利益的冲突，结果是两败俱伤。在内蒙古草原还发生了个人利益之间的尖锐冲突，比如为了保护个人的草场需要建立围栏，牲畜跨越围栏常常导致牧户间的纠纷。而围栏还阻碍了所有人游动避灾的机会，并给每户人家都带来生态和生计上的伤害。

问：在这样的比较中能在土地制度方面得出什么样的重要认识呢？

答：通过比较得到的最重要的认识是：两个地区都是以公平分配土地为起点，鼓励土地私有化的发展方向，结果招致生态灾难，出现了殊途同归的现象。产权私有在其他许多领域被证明有效，但是对于直接依赖自然系统的产业，当土地被作为私有产权时出现了问题，即生态系统受损和环境恶化问题，这是两个地区得到的共同结果。这一点在草原上更加明显，将土地私有化的制度导入自然生态系统，它不断成为问题的制造者，比如虽然它表面上实行的是草场按面积均等分配到人，但是使人们失去公平分享不同资源的机会和权利。这种机会和权利的丢失在资源异质性极强的干旱草原表现得十分明显，并使生态系统破碎化和生物多样性衰减，成为一个实际上与产权设置目的相悖的制度。这是依赖自然系统的生产过程与人工系统的生产过程截然不同的地方。承载着生态功能的草场被作为产权分割到家庭这一社会最小单元时发生了意料之外的严重生态问题。当我们看不清这样的关系并实行了不当的土地制度时，就会遇到解决不完的制度自身产生的问题。造成生态问题的原因很多，如人口压力、认识的局限性，技术使用不当等，而土地产权制度比起其他因素有着基础性作用，把它单拿出来分析和认识有助于避免制度导致的内生性问题。

问：《尘暴》作者的反思并没有停留在大平原实行的土地制度上，而是与当时整个美国经济萧条联系起来，追问背后的资本主义个人扩张式的经济文化根源，作者认为这种以攫取个人利益为目的的文化已经渗透于美国的一切领域，所以大平原的土地制度问题难以得到解决。内蒙古草原是否遇到同样的问题呢？

答:《尘暴》作者始终将大平原生态问题的根子归结于整个国家的文化取向,并以此对大平原爆发黑风暴的原因进行了穷追不舍的拷问,矛头始终指向资本主义的扩张性经济文化。他在批评土地制度的同时,深入分析了商业化和企业化主导土地利用导致超过土地产出极限的垦殖,以及大规模不适宜的作物种植,并指出机械化的技术对扩张性开垦和地下水超采注入了新的动力,造成只适宜少数人集中财富的高成本投入的生产模式。由此作者认为大平原的土地制度不是孤立的,是资本主义扩张性文化价值体系的一部分,或者说是个人化和商业化的文化体系选择了大平原的土地制度。这种对问题背后原因的追问是真正解决问题的前提。我们也需要深度追问和思考,尽管我们反思得出的结论在许多方面会是不同的。

美国大平原发生尘暴后,土地制度的改革问题虽被国家决策层认识到并数次触及,但是却难以纠正,因为受到个人主义的价值观束缚,任何对公共利益的维护和对个人主义的限制都会被认为是走向集权,只有不断改进开发技术可以被接受,公共政策中可操作的也只是通过国家收买的办法将收回国有的土地建立保护区,走入个人开发和国家保护的二元化格局,形成个人和国家利益的两个极端,缺乏中间道路的经验参照和选择。即使《尘暴》作者作了十分深刻的反思,也未能从实践中而不是纸面上找到解决问题的答案。内蒙古草原的情况则不同,虽然草场承包制度遇到的人与自然关系方面的问题与美国大平原极为相似,但是历史和文化背景存在很大差别,内蒙古草原的土地制度历经数度变化,既有千百年游牧的历史,这是美国没有的而且是活的文化遗产,是可以帮助我们走出当前困境的历史参照,也有过集体化经济体制(人民公社)的经历,又有30年来的草场家庭承包制度的实践摸索以及后来的生态治理政策的实施，这些不同时期的土地制度实践对比给我们提供了更大的反思空间，比如通过游动实行共用草场具有生态适应的传统制度是如何被丢弃的？它有没有可能注入到现代产权制度之中？集体经济时期剥夺了哪些应当属于个人的权利而又在哪些方面有利于整体利益？土地制度如何在保障个人权利的同时能够维护集体和公共利益？为什么家庭草场承包制度的初衷是保护草场而结果却适得其反？问题出在哪里？这些真实的历史经历为内蒙古草原提供了丰富的反思线索，它有助于我们避免非此即彼的偏差，从而另辟蹊径找到实现个人与集体价值相融，人与人同人与自然关系的平衡的路径，即找到打开这一难题的钥匙。

另外，草场家庭承包制度虽出现问题，包括背后也存在追求个人利益扩张的价值取向问题，但是国家的土地制度始终保持着灵活性，有学者称之为模糊性，这其中显现出在价值取向上保持平衡的考虑，保留着摸索和调整的空间，与美国大平原一味坚持土地私有的个人主义价值不同。近年来也出现了国家层面的反思，力求摆脱单一追求GDP（国内生产总值）的倾向，生态文明建设已经纳入国策，所以在矫正不当的土地制度时面临的价值束缚相对较少，而历史可提供的价值和文化方面的借鉴却很丰富。当然，这并不意味着道路会一帆风顺，毕竟内蒙古草原土地制度所面临问题也超出其本身范畴，向生态文明的转型需要在所有领域建立全新的发展观和价值观，不是在一个地区可以率先实现的。内蒙古草原问题的解决有待于社会整体的转变。离开全面深刻反思和全新发展观的建立，草场产权制度问题恐怕将难以单独解决。或许在反思方面内蒙古草原与美国大平原可能再次殊途同归，过程上是殊途，在目标上将是同归。

问：据《尘暴》一书介绍，对土地制度是不是大平原尘暴发生的原因在美国一直存有争议，关于草场承包制度在国内也存在不同看法，为什么两个地区都出现了对同样问题较大的争议？ 争议的焦点是什么？ 如何看待这种争议？

答：根据《尘暴》一书，对于20世纪30年代美国大平原发生尘暴的原因一直存有异议。当时受联邦政府委派的一个委员会在对大平原尘暴灾害区做了专门调查，之后提出尘暴"是由于错误的宅地政策和战时需求的刺激所引起的，联邦政府应该全面承担起救灾的责任"。《尘暴》作者在书中引证了大量事实为这一结论提供了佐证。但是，至今对这一结论仍然存有异议，看来这与生态问题的复杂性有一定关系，生态问题往往不是简单的因果关系，不是一个可以用方程式呈现出来的，除了复杂的利益原因外，它还关系到人们的价值取向，关系到自然生态系统的不确定性和人们对自然的认识的局限性，大量问题缠绕在一起时产生异议是不奇怪的。关于内蒙古草原退化和发生沙尘暴的原因判断也出现了十分相似的情况，比如许多人都认为直接原因是超载过牧，但是导致超载过牧的原因又是什么，则看法不一。内蒙古草原退化原因应该是多方面的，干旱、人口增加、政策和制度不适等因素一起构成了草原退化的原因。但是在多种因素中政策和制度是人的主动应对行为，气候是人不可控制而又需要人加以应对的因素。同样，在人口数量成为既定事实的情况下，实际上也成为需要选择恰当的政策和制度来应对和化解的问题，不当的应对制度会增加人口压力，比如草场承包到户使牧区从事牧业人口增加，同时个体化增加了经营成本，这些都直接或间接增加了既定人口对草场的压力。气候和人口因素都应当是制定草场产权制度时所要对应的问题，如果把它们与应对措施排在同等作用的位置上，就会将需要解决的问题与解决问题所选用的办法（或将目标与到达目标的途径）相混淆。带着这样的角度我们着重对内蒙古草原牧区实行的草畜承包制度加以观察和分析，看到草畜双承包制度在纠正了原来的人民公社制度缺陷的同时也产生了一系列负面结果，其中许多负面结果源于草场承包制度，而恰恰是它的这些负面结果又强化了气候和人口的影响，加速了草原退化过程。当诸多原因造成问题时，是否应当将人应对问题的策略选择（包括价值取向、政策、制度、措施）作为首要审查的对象，大概是两个地区都出现争议的一个原因。关于争议的焦点是什么，看起来两个地区都遇到的人与自然如何相处的问题是焦点所在，它在提醒我们，当我们追求人的自由和公平的时，如何保持人与自然关系的融洽，我们应采取尊重和顺应自然的态度，还是为了自身的自由与公平强力去改造自然？

应该看到在充满复杂性的生态问题上存在争议不但不奇怪，而且需要鼓励争论。这应该是人们认识自然和认识自我，进而学会与自然相处不可缺少的过程。处在一个复杂系统中，每一个角度的观察和认识都是在"摸象"，获得对它的完整认识需要大家来"拼图"。更何况内蒙古草原的许多生态问题是过去不曾遇到过的，许多问题有待反复观察和研究来取得共识。在草原问题上我们经常发现对某一问题的认识实际上只是从一个角度观察得出的结果，换个角度时已经得到的认识或许就会捉襟见肘，难以圆说。认识草原是一个艰难的过程，不可避免充满争议，也因此《尘暴》作者提出向自然学习的倡导。

问：《尘暴》作者指出美国大平原农业没有能找到更好的土地制度来替代现有的土地制度，内蒙古草场家庭承包制度已经既成事实，为了保持政策稳定是否可以在维持草场承包制度的前提下通过其他路径解决问题?

　　答:《尘暴》作者指出美国政府在大平原控制私人开垦的政策没有收到明显的效果,土地拓耕虽然在一些地区得到控制,而在另一些地区还在扩展。但是耕作和灌溉的机械化水平已经与以往不可同日而语,当地人的物质生活水平也在提高。然而尘暴与干旱周期相伴未能被遏制,同时出现了新问题,比如农场主们的经营成本极大增加,地下水过耗的问题突显出来。这实际上是问题的转移扩展。内蒙古草原也遇到类似问题,在维持草场承包制度不变的前提下不断加大草原建设投入,舍饲比重越来越大,牧民的生产成本越来越高,收益空间越来越小,成为牧民生计的新问题。在依赖自然系统的生产过程里,成本问题不单影响牧民生计,成本还可以向自然转嫁,形成问题的循环。因为草原放牧对自然系统的依赖程度更大,成本向自然转嫁的问题在内蒙古草原更加突出。根据《尘暴》作者,美国大平原地下水过耗问题已经十分严重,这与全面开垦和灌溉直接有关。这对内蒙古草原是一个重要警示,如果内蒙古草原也选择全面开垦饲料地发展畜牧业的话,地下水将同样出现严重危机。在一些地区已经出现因开垦饲料地或农田地下水位下降的现象。这是试图绕开制度问题,单纯用资源开发技术解决问题带来的结果。技术进步并非不重要,但是它不可以取代制度的作用。

　　考虑制度转型给社会带来的震荡需要尽量保持政策的延续性。但这只应当是在改变不当制度的前提下去考虑的事情,如果以难度为理由去维持一个不断自己制造问题的制度就失去制度的意义了,而且现在看来不是你想不想去改它,而是它不断制造出的问题会倒逼你不得不去改它。相比起来内蒙古草原的土地制度的改进可能要容易些，可行性也更强些，因为这里有着延续了千百年的合理利用草原的传统文化的积淀，可以为土地制度安排提供丰富的经验和智慧。把草场切割成碎片分到牧户这个内蒙古历史上从未有过的事情都尝试过了，还有什么比它更难的呢？面对今后的实践，我们也提出了在制度调整过程中尽量保持制度连续性的建议方案。

问：《尘暴》一书充满了批判性，但它也对美国大平原的治理提出了许多建设性看法，比如对曾经的土地新政的支持态度和对大平原今后发展的方向性见解，这些建设性见解对内蒙古草原的土地制度有什么借鉴意义？来自内蒙古草原本身有什么可行的建设性方案？

答：《尘暴》一书的建设性可以从两方面看到。一是《尘暴》作者对1936年美国大平原委员会在《大平原的未来》报告中提出的土地新政报告给予了肯定。新政包括了三个主要内容：一是停止对未开垦的土地进行垦殖；二是由政府收购已经开垦的不宜垦殖的土地，并实行自然保护措施；三是建立大平原开发者的社区自主管理的制度，以建立具有约束力的内在机制去维护社会利益。虽然这些建设性目标未能完全实现，甚至建立社区自主管理制度基本未能实现，但是从这些建设性政策的指向来看，是针对土地利用和制度层面出现的根本性问题，而不是简单的技术性问题。前两项是旨在矫正《尘暴》一书所指的资本主义经济文化鼓励个人扩张的政策，后一项则是在个人与国家之间寻找中间道路的一种尝试，也是被视为最困难的事情。因为这与美国社会主流价值有较大差异。但是实现后一项建议的条件在内蒙古草原比在美国大平原要好，内蒙古草原有着集体价值的传统积淀，只要能找到既可保留牧户对承包草场的使用权又能把不该被分割的草场重新实行连片共用的办法就行了，比如"分权不分地"的思路就值得探索和尝试。这样的制度转变需要上下结合共同商讨，一旦建立起来就需要社区集体对土地实行管理，至于具体管理的方式可以由牧民自己去探索，实行自主管理。总之需要内在制度与外在制度的结合，这就是所谓的需要探索的第三条路径。

另外，《尘暴》作者在全书最后提出了两点原则性的建设意见：一是约束大平原的人口发展和欲望，减少大平原农产品的输出和对有限资源的需求；二是帮助需要进口粮食的国家和地区用生态合理的方式种植粮食满足自己的需要，而不再依赖美国大平原的粮食出口。作者认为第一条比较难也是最根本的对策。其实美国大平原和中国内蒙古草原所陷入的问题不论多么复杂，归结起来可能都十分简单，即资源是有限的。所以人们除了在选择增长方式上需要考虑与资源特点相适应之外，还有一个更大的问题：人类能否约束自己的欲望和控制增长以适应资源的有限性。内蒙古草原放牧业即使建立起适宜的土地制度，也回避不了这一根本性问题。